北京建筑大学学术著作出版基金　资助出版

建筑批评的一朵浪花：实验性建筑

丁光辉　著

中国建筑工业出版社

著作权合同登记图字：01-2016-7847号

图书在版编目（CIP）数据

建筑批评的一朵浪花：实验性建筑 / 丁光辉著. —北京：中国建筑工业出版社，2018.12
ISBN 978-7-112-22708-2

Ⅰ.①建… Ⅱ.①丁… Ⅲ.①建筑艺术—艺术评论—中国 Ⅳ.①TU-862

中国版本图书馆CIP数据核字（2018）第215252号

责任编辑：程素荣　张鹏伟
责任校对：芦欣甜

建筑批评的一朵浪花：实验性建筑
丁光辉　著
*
中国建筑工业出版社出版、发行（北京海淀三里河路9号）
各地新华书店、建筑书店经销
北京点击世代文化传媒有限公司制版
北京建筑工业印刷厂印刷
*
开本：787×1092毫米　1/16　印张：14¼　字数：316千字
2018年11月第一版　2018年11月第一次印刷
定价：58.00元
ISBN 978-7-112-22708-2
（32631）

目　录

前　言

1978 年，中国开启了改革开放的历史进程。随着现代化建设不断深入，社会转型悄然推进，期间伴随着传统与现代性之间的激烈冲突。这种高度不均衡的发展模式鲜明地体现在规模空前的城市化进程中。不断建设的高层建筑和封闭小区已经彻底改变了许多城市的原有面貌。在各大城市新区日益扩张的同时，传统城市的结构和肌理也逐渐消失。中国的城市化一方面促进了经济的快速发展，另一方面，也在社会、文化和环境领域引发了巨大的危机。因此，一种对城市和社会变革的反思迫在眉睫。

20 世纪 50 年代以来，在国有设计院工作的建筑师是建筑生产的主要从业人员。这些机构主导了大规模的城市和建筑设计，他们的作品强有力地塑造和影响了人们的居住环境和日常生活。然而，自 20 世纪 90 年代中期以来，私人设计公司和事务所逐渐兴起，在“文化大革命”（1966 ~ 1976 年）之后接受教育的新一代中国建筑师，以张永和、王澍、刘家琨等人为代表，在他们的独立实践中创造了另一种视觉、触觉和空间体验。

这些独立建筑师试图抵抗流行的“布杂”美术传统、各种时尚的现代和后现代建筑风格。他们的实践强调建筑本体（ontology）和建筑自治（autonomy），摆脱各种意识形态的束缚，挑战世俗的建筑观念——建筑几乎被简单而肤浅地理解为装饰和象征。在一个日益自由而开放的社会中，这些新兴人物的思想和视野多与国际接轨，通过出版、建造、写作、教学和展览等活动积极参与国内外的文化交流，而这一点也显著区别于他们前辈的境遇。有趣的是，自 2000 年以来，这些新兴建筑师的设计、理论和教学实践经常出现在上海同济大学出版的《时代建筑》杂志上，偶尔也会在其他期刊上发表。这些多样的建筑活动对建立一个批判性的建筑话语做出了重要贡献。

然而，与惊人的城市发展不相称的是，在国际学术界，中国建筑从业者的声音依然微弱。与常见的——关注建筑师个人或特定项目——专题史学研究不同，本书选择研究一本建筑期刊，因为期刊里汇集了不同建筑人物的思想和作品。本书专注于《时代建筑》杂志，探索批评性建筑是如何由编辑、建筑师、评论家、学者、客户、官员等许多实践者所生产、展示和讨论的。之所以选择《时代建筑》作为案例研究，其原因是长期以来，它以独特的方式将理论讨论、建筑作品、批评和历史研究整合到一起，形成了一个个富有深度的研究项目（in-depth intellectual projects）。与此同时，笔者还注意参阅其他重要的建筑期刊，包括《建筑学报》、《建筑师》、《世界建筑》等。

本书的写作有两个目的：一方面试图建构21世纪初期的中国建筑思想史（intellectual history），另一方面试图构建一种辩证的批评模式，以阐释当前中国批评性建筑实践的可能性和局限性。我用《时代建筑》作为一个窗口来展示它所呈现的建筑世界。就像20世纪法国哲学家莫里斯·梅洛庞蒂（Maurice Merleau-Ponty）所说的那样，这个世界首先是客观的，因为在我任何可能的分析之前它已经存在；同时也是主观的，正如我的身体经验所感知的那样，并且是从我自己特定的观点来构建的。它不仅包括纯粹的建筑物，还包括思想和关系，以及它们之间的互动方式。我试图调查哪些建筑实践在哪些方面呈现批评性，发表的评论如何回应物质实践，以及该期刊如何将批判性建筑和建筑批评塑造成一个倾向于反思现状的新的项目。

就像建筑杂志的制作一样，本书的问世也是集体努力的结果，并得到许多人的无私帮助。我的本科老师曾经鼓励学生广泛阅读建筑杂志，这个建议对我影响很大。我对建筑批评的兴趣受到Jonathan Hale教授的热心鼓励和坚定支持。后来，在英国诺丁汉大学，他与Steve Parnell博士和Darren Deane博士一起帮助塑造了这个项目的研究框架，耐心地阅读了数遍手稿并提出了许多建议。我对他们的感激之情难以言表。同时，我还要衷心感谢已故的英国谢菲尔德大学Peter Blundell-Jones教授，他在生前慷慨地阅读了全部文稿，并提供了一些细致的评论和宝贵的建议，这为我开启了新的学术世界；感谢诺丁汉大学的王琦博士和Didem Ekici博士，他们的反馈建议加深了我对课题的理解。

在香港城市大学开展博士后研究期间，我有幸得到薛求理教授的大力帮助和支持。感谢肖靖博士，谭峥博士，刘新博士，臧鹏博士，陈家俊博士，Jeff W T Kan博士，Per-Johan Dahl博士，Stefan Krakhofer博士，Carmen C. M. Tsui博士，他们以各种方式提供必要的帮助。在这项研究的过程中，与一些专家的交流让我受益匪浅，特别要感谢的是王国光教授，朱雪梅教授，马威先生，胡林博士，赖德霖教授，刘家琨先生，刘晓都先生，徐苏斌教授，李华教授，李红光教授，Arindam Dutta教授，Chong Keng Hua教授，冯仕达教授，Peg Raws教授，Murray Fraser教授，Peter Rowe教授，朱剑飞教授，张路峰教授和周榕教授。感谢北京建筑大学张大玉教授，刘临安教授，欧阳文教授，金秋野教授，吕小勇博士为本书的出版提供的协助。

特别感谢中国国家留学基金管理委员会和诺丁汉大学的奖学金支持，以及华南理工大学相关老师为我公派出国攻读博士学位提供的热心帮助，这些都是这项研究得以开展的重要因素。《时代建筑》、《建筑师》、《建筑学报》和《世界建筑》的编辑们慷慨地为我提供了他们的出版资料。我要特别感谢支文军教授，彭怒教授，黄居正主编，范雪主编，张利教授，孙凌波编辑，陈佳希编辑，王小龙先生，周宇辉先生，宋玺先生。第4章和第5章的部分内容分别在*Architectural Research Quarterly*和*Journal of the Society of Architectural Historians*上刊登。感谢英国剑桥大学出版社和美国加州大学出版社的转载许可。同时也非常感谢Adam Sharr主编，Swati Chattopadhyay主编以及杂志的匿名审稿人对这两篇文章的修改建议。

很多热心的朋友与我分享了他们自己的工作和研究经历，特别感谢Ehab Kamel博士，吕芳青博士，吕尹超博士，类延辉博士，李国鹏博士，高岩先生，吴津东博士，孙铭蔚博士，陈雁缇博士，Yuri Hadi 博士，Tom Froggatt 博士和 Ali Cheshmehzangi 博士。与 George Wilby 先生和 Giorgio Strafella 博士的日常交流大大扩展了我的视野。资深出版人 Valerie Rose 女士是一位富有远见的编辑；她在 Ashgate 出版社的同事以及三位匿名审稿人对本书的出版做出了重要贡献。本书中文版的面世得益于中国建筑工业出版社程素荣女士、张鹏伟先生的大力协助。资深编审王伯扬先生细致地审阅了全书，并提出了宝贵的建议。当然，本书存在的任何问题都是我自己的责任。

感谢母亲，姐姐，以及岳父、岳母的无私帮助。最后，也是最重要的，要感谢我的妻子和女儿，她们在研究过程中给予我智力和情感支持并展现了无比的耐心。

丁光辉

2018 年 8 月

北京

第1章
绪 论

长期以来我一直认为，在当代中国超速发展的喧嚣之下，远离各种争论的新一代中国建筑师正在悄悄地探索和培育另一种更加微妙和更加根深蒂固的建筑文化。庞大过剩的生产和国际炒作的狂潮大都与他们擦肩而过，留下的是一个充满各种奇观而贫瘠的风景，以此冒充了进步。[1]

——肯尼思·弗兰姆普敦（Kenneth Frampton）

2014年8月，美国《建筑实录》杂志出版了一个讨论艺术与建筑之间关系的专辑，发表了大舍建筑设计事务所设计的上海龙美术馆（西岸馆）。[2] 该项目的原址是一个位于拟建旅游中心的地下停车库，在大舍的建筑师接手以前，停车库地下工程已经完工，处于烂尾状态。在美术馆设计中，他们保留了现存的结构柱网（间距8.4m，可以停放三辆小汽车），在柱子的两侧分别浇筑了200mm厚的混凝土墙体，中空的墙体在上部连接在一起并向两侧悬挑，构建了一个个独立的伞状结构，创造了戏剧性的空间效果和简洁朴素的艺术品展示背景。该杂志常驻上海的编辑克莱尔·雅各布森（Clare Jacobson）认为，建筑师的创造力成功地将这些负债变成资产，这也使该美术馆从2000年以来中国建成的数百个新博物馆中脱颖而出。[3]

同一年的6月，龙美术馆（西岸馆）也发表在中国建筑学会主办的《建筑学报》上，同时还刊登了大舍建筑设计事务所主持建筑师柳亦春撰写的设计笔记，以及建筑师冯路和柳亦春就该项目进行的一场对谈。[4] 在中国文化背景下，这样一篇对谈可以被看作是一种评论。2014年8月，上海同济大学出版的《时代建筑》杂志也发表了这个项目，邀请青年建筑评论人茹雷撰写评述文章（图1.1）。[5]

这一年，该项目广泛而高调地出现在世界各地的出版物中，印证了探索性作品往往是当今媒体争相报道的对象。[6] 在这里笔者最想探讨的不是一座建筑本身如何的辉煌和伟大（一棵树），而是在特定的社会和政治环境（生态系统）中如何培育一种“微妙和根深蒂固的文化”（cultivating subtle and rooted culture，借用弗兰姆普敦的用语）。这个项目是大舍工作室迄今为止完成的最重要的作品，得到建筑界的广泛认可，但也应该承认，这样一件创新性作品绝不是凭空出现的——与其他事情无任何关系。在很大程度上，建筑杂志可以看作是一个有趣且最易获取信息的窗口，通过它可以审视建筑文化的状况和演变，因为它出版的内容不但“共时性”（synchronically）反映了建筑师、评论家、编辑、客户以及官员的各种意见，而且“历时”（diachronically）记录了这个领域的思想潮流和权力关系的变化。

《时代建筑》对大舍作品的持续报道有助于读者了解一颗“种子”成长为“森林”中一棵

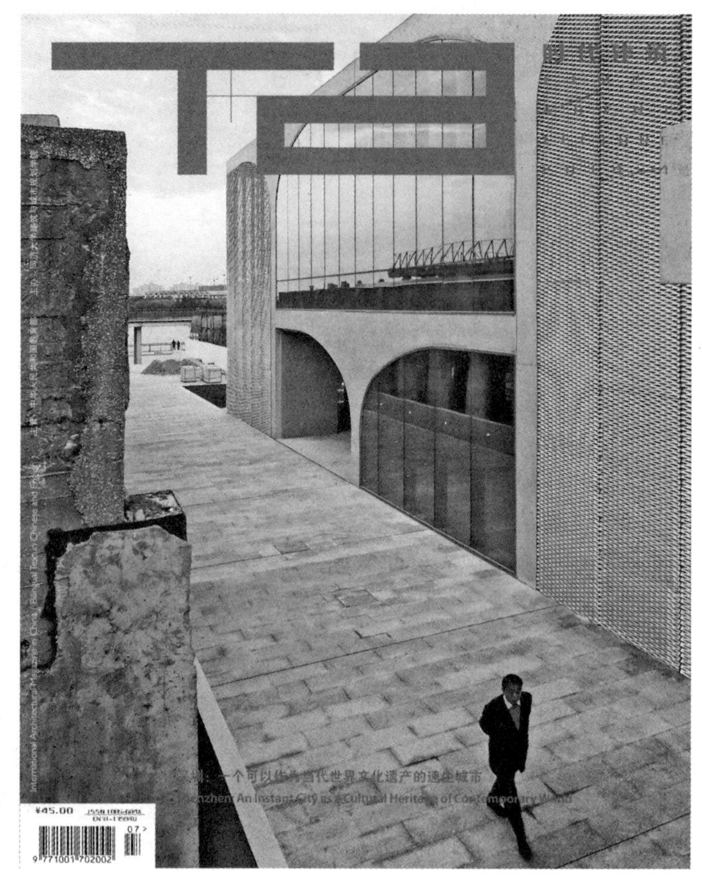

图 1.1　大舍建筑设计事务所，上海西外滩龙美术馆

资料来源：《时代建筑》，2014 年第 4 期，封面

参天“大树”的过程。2001 年，曾在同济大学建筑设计研究院工作几年的年轻建筑师柳亦春、陈屹峰和庄慎合伙成立了大舍建筑设计事务所。[7] 三位合伙人比实验建筑师如张永和、刘家琨、王澍等人年轻十来岁，于 20 世纪 80 年代末期和 90 年代在同济大学建筑系求学。1998 年，庄慎和陈屹峰在《时代建筑》杂志上发表了他们设计的上海科学会堂方案，展示了一种在建筑设计中积极创造公共空间来应对城市环境的意图。[8] 2002 年，柳亦春在《时代建筑》“当代中国实验建筑”专辑中发表了一篇对张永和建构实验的评述文章，揭示了他对窗户和墙等基础建筑构件的敏锐观察。[9] 上海龙美术馆的设计实际上延续了柳亦春对建构和材料的理论思辨。

虽然大舍的作品偶尔也会出现在其他杂志和展览上，《时代建筑》则一直持续地关注他们的设计，并邀请他们的同仁撰写评述文章。仔细阅读这些出版物，人们可以发现，大舍的项目主要建在上海的郊区，包括青浦、嘉定和徐汇。[10] 例如，2012 年 1 月，《时代建筑》出版了“大都市郊区的建筑策略——透视上海青浦与嘉定的建筑实践”专辑，发表了一系列介绍并反思上海周边新城建设和发展的文章。其中，柳亦春和陈屹峰在题为《情境的呈现——大舍的郊区实践》的文章中用三个关键词——边界、分离和并置来解释他们处理形式的工作方法。[11]

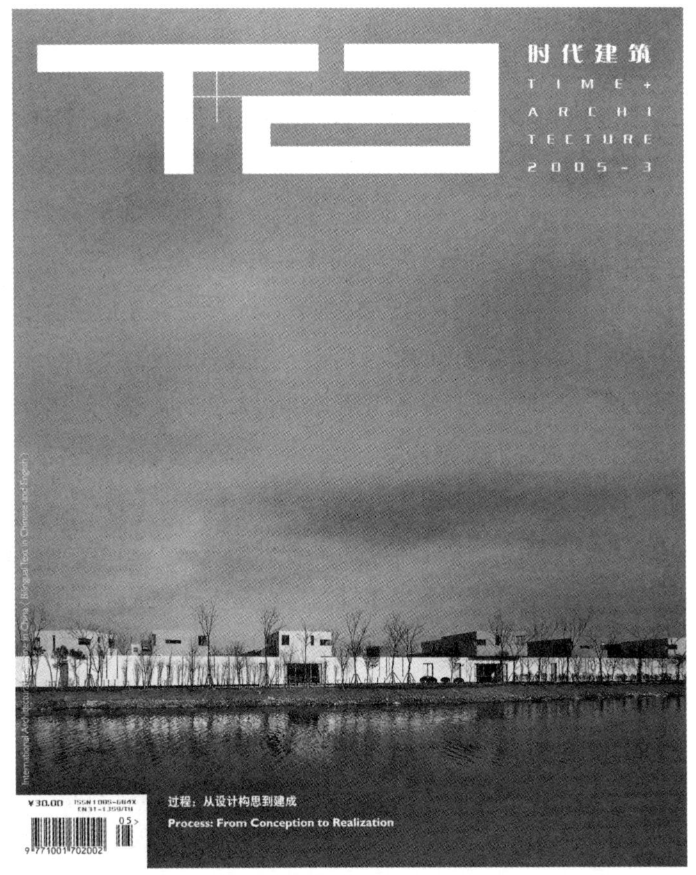

图 1.2 大舍建筑设计事务所，上海青浦区夏雨幼儿园

资料来源：《时代建筑》，2005 年第 3 期，封面

这些设计策略典型地体现在上海青浦夏雨幼儿园项目中——2005 年发表在《时代建筑》上（图 1.2）。[12] 在这座建筑里，一层的体量被连续封闭的实墙所包围，对内形成一系列与当地园林空间相似的内向庭院，对外则隔离了基地周边的公路和河流。幼儿园的卧室位于基座上部，是一些稀疏放置的方盒子，由五颜六色的穿孔金属面板包裹。一层基座的实墙与二层卧室的金属表皮形成强烈的材料差异，上轻而下重，并在视觉上相互分离，形成一种漂浮感。

《时代建筑》对大舍作品的关注是其致力于推介当代中国批评性建筑的有力证明。虽然笔者尚未更详细地分析这些建筑，但可以得出一个初步的结论——该杂志致力于出版新兴建筑师的作品。本书试图回答一个直截了当的问题：建筑期刊在发表和生产批评性建筑的过程中起到哪些作用。更具体地说，它侧重于探讨《时代建筑》与批评性建筑之间的关系。这个问题与两个基本要素密不可分：建筑期刊和批评性建筑。同时，这个核心问题也可以拆分为一系列的研究问题：1）在中国的文化和历史语境里，批评性建筑，建筑批评和建筑期刊的状况是什么？ 2）《时代建筑》在多大程度上对推动新兴建筑师的实践和发展批评性建筑的话语起着决定性作用？ 3）该杂志如何通过报道与批评性建筑有关的话题来揭示其批判性的编辑议程？

4）在中国，建筑批评性的可能性和局限有哪些？本书之所以选择建筑杂志作为案例来分析，其原因如下：

英国思想家雷蒙德·威廉姆斯（Raymond Williams）认为杂志是“集体、公众的表现形式”（collective public manifestation）。[13] 建筑杂志通常报道当前的建筑实践和话语，是学术讨论和思想对话的重要场所。20 世纪的许多重要建筑师，包括勒·柯布西耶（Le Corbusier）和密斯·凡凡·德·罗（Mies van de Rohe），都致力于出版或编辑建筑期刊。他们把出版作为“战略武器”来发表辩论性的陈述和宣言或者阐释自己的建筑设计。[14] 建筑杂志融合了一系列包括设计、写作、教学、展览、摄影和编辑等在内的智力活动。作为一个机构（institution），杂志记载了意识形态的一致性和冲突，也是提升个人文化资本和权力，扩大理论话语影响力的重要工具。作为知识的载体，杂志拥有内部和外部的差异性。前者特别强调页面内容的微妙区别，而后者则指不同期刊之间的对比。

此外，本书采用《时代建筑》作为个案研究的原因是，自 1984 年创刊以来，《时代建筑》在主编罗小未和王绍周的带领下，始终致力于介绍探索性项目和批评性写作。20 世纪 90 年代末以来，在支文军的主持下，它开始确立明确的编辑议程，倾向于发表独立建筑师和新兴学者的作品（包括批评性建筑和建筑批评）。

2000 年的“当代中国的实验建筑”专辑是该刊物与张永和、王澍、刘家琨等新兴建筑师开始互动合作的标志。后来这些独立建筑师积极参与设计、理论、教学和展览活动，《时代建筑》及时跟进他们的实践，出版了“上海双年展”、“实验与前卫”以及“集群设计”等多个专辑。该刊物的实验精神体现在，它致力于记录探索性项目和辩论性话语，并反思不断演变的建筑文化。由于其持续影响或干预建筑创作，该杂志已经构建了一个不可或缺的智力平台，在此，许多专业人士积极阐述他们的建筑和城市思想。

在深入介入这种新的建筑潮流之前，《时代建筑》在 20 世纪 90 年代后期对编辑方式进行了大胆的改革，开始推行主题组稿的编辑模式。以前，杂志被动地接受松散的投稿材料，之后，杂志主动地整合理论思辨、设计项目、评论和历史理论研究。至此，杂志从“接收者”（receiver）向“生产者”（presenter）转型。这一变革具有重要意义，它揭示了编辑的意识形态，使得这本杂志在世纪之交的中国建筑出版界脱颖而出。当时其他建筑期刊主要关注国有设计院的项目，偶尔报道年轻建筑师作品；而《时代建筑》以专辑的形式密集报道新兴建筑师的探索性工作，表明了对这些实验活动的认可和支持。

通过积极讨论和评述实验建筑，《时代建筑》在推动这一建筑运动方面发挥了至关重要的作用。[15] 20 世纪 90 年代中期以来，持续的经济增长大大刺激了建筑生产，很多职业建筑师都曾屈服于资本和权力的意志，在设计市场上复制各种现代和后现代建筑风格。而实验建筑师专注于探索建筑的自主性——空间、构造、材料和施工技术，旗帜鲜明、立场坚定地反对折中主义设计方法。张永和的二分宅和“基本建筑”，王澍的苏州大学图书馆与“业余建筑”，以及刘家琨的鹿野苑石刻艺术博物馆和“处理现实”分别体现了这种实验项目和批评话语。

《时代建筑》出版的一系列专辑非常重视新兴建筑师的形式美学实验，同时揭示了这一运动的社会冷漠性和政治无力感。新兴建筑师受各种政府机构和公司的委托，在东莞、南京、上海和金华等地开展了形式丰富的集群设计活动。由于实验作品潜在的美学差异性，其纯粹抽象的形式语言被各种机构和企业广泛接受，并迅速转化为主流意识形态的重要组成部分。这种以市场为导向，以美学抵抗为主要特征的建筑生产很快屈服于资本积累的压力，直接或间接地忽视了深入的文化关切和必要的社会责任。

这种问题在一定程度上反映了新兴建筑师面临的挑战。为了展示《时代建筑》与批判性实践的关系，有必要提及王澍和陆文宇设计的中国美术学院象山校区项目（图 1.3）。两位建筑师专注于整合现代主义建筑原则、传统智慧、可回收的材料以及本地工艺，试图营造一个与众不同的教育机构。这些非比寻常的形式和空间深深植根于当地的文化传统，并与当代生活经验密切相关。与此同时，张永和的河北教育出版社，刘家琨的广州时代玫瑰园小区公共景观花园和都市实践在深圳完成的一系列市民建筑，均在城市语境下积极营造公共场所。相比这些温和而渐进的城市干预实践，王澍建设“一种差异化世界”的雄心呈现出一种大胆激进的“革命理想”。

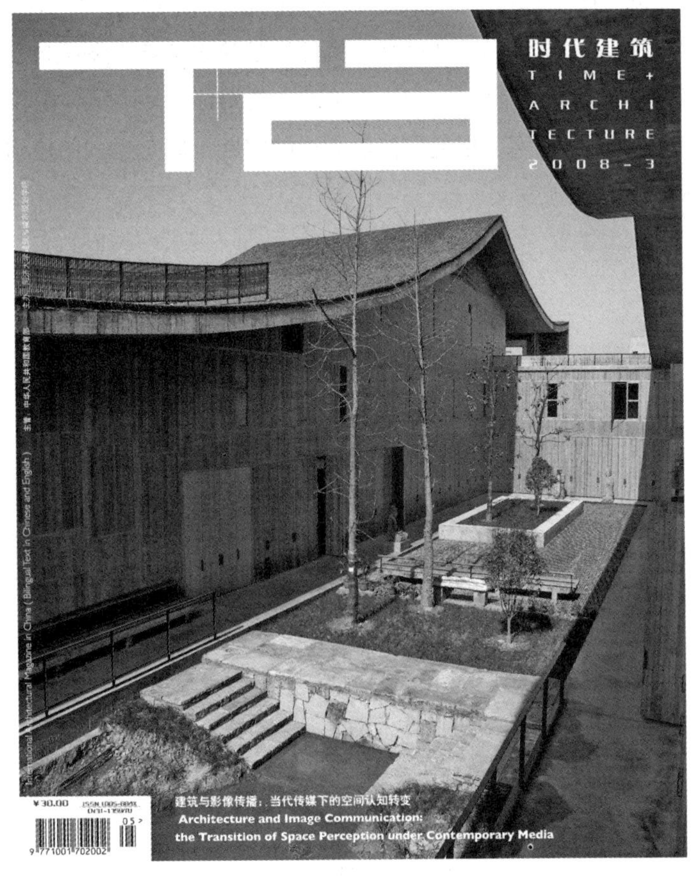

图 1.3 王澍和陆文宇，杭州中国美术学院象山校区

资料来源：《时代建筑》，2008 年第 3 期，封面

批评性的建筑实践（包括设计、教学、写作、展览和出版等活动）反映了建筑界的思想变化——年轻的从业者为了建立自己的合法性而勇于挑战现存的、占统治地位的思想和规则。然而本书重点关注的是《时代建筑》的出版实践，以及在期刊页面上发表的项目和评论（图 1.4）。

在 2009 年出版的《中国现代建筑：一部历史批判》（*Architecture of Modern China：A Historical Critique*）一书中，朱剑飞设想了中国建筑实践可以为世界输出一种关联的批评性（relational criticality）。对于他来说，这区别于美国建筑师彼得·埃森曼（Peter Eisenman）对批评性的定义——否定和对抗。关联的批评性倾向于强调参与，并试图转变与实践相关的他者，包括权力、资本和自然资源。[16] 的确，笔者对《时代建筑》的研究表明，建筑的批评性实践表现出一种关联性，因为没有权力和资本的介入，这种批评性在现实中难以实现。然而，笔者还认为，建筑生产中的批评性不仅需要关联的视角，而且也需要一个辩证的维度，因为批评者和主流界之间的意识形态对抗仍然存在，无论是明确的还是隐含的。[17] 没有这种特定情境下的思想或观念冲突，就无法辨别出什么样的建筑实践具有批评性。因此，一种辩证、关联的双重视野（dialectical-relational approach）有助于掌握和理解批评性的矛盾和复杂之处。[18]

"辩证"一词是指，批评性应该涉及形式美学和社会政治两个层面，突出学科内外批评的双重性。由于批判理论旨在批评和改造社会，批评性建筑也应该强调抵抗、参与以及必不可少的社会责任和义务。这种抵抗 / 参与（否定 / 介入）的辩证法（二元对立）体现在两个方面：批评性建筑试图干预或改造现实，拒绝无价值立场的实践，同时也试图建构不寻常的形式和空间来批评学科和社会现状。

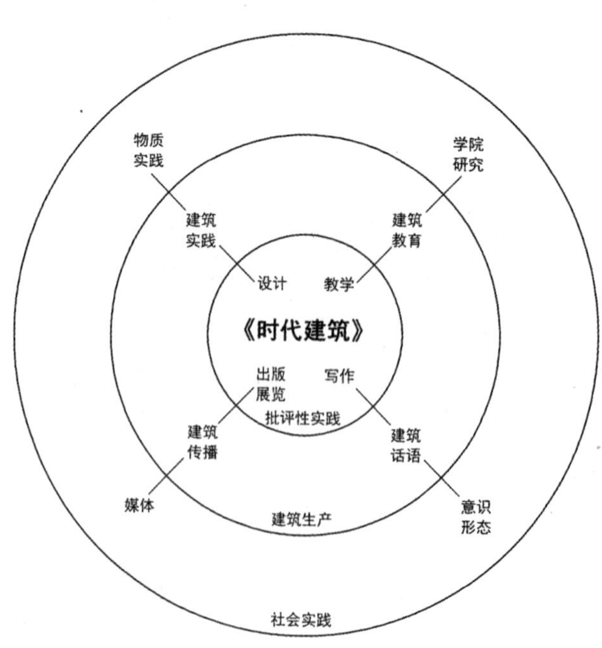

图 1.4　批评性建筑实践图解

“关联”一词指的是，批评性既与各种外部因素密切相关，又与形式的自主性（formal autonomy）、社会参与不可分割。批评性建筑是一种特殊的实践活动，其存在和意义与主流的建筑生产有关。批评性建筑是一面镜子，可以反映建筑实践的其他方面。批评性建筑与其他事物（things）相关联，通过这些事物，思维与制作之间以及对象与主体之间实现动态的交互。另一方面，形式和内容也是一个复杂的关系，其中形式自主和社会承诺之间是一体的。形式的自主性可以从两个方面来理解：它应该关注空间、材料、构造、结构和施工技术；同时还应该注意现有文脉（context）。社会参与也体现在两个方面：一是体现在形式实验的过程之中；其次，它也体现在形式所带来的社会影响，特别是基于特定场所的空间干预，以及其在促进空间公正和社会公平的作用。

这种辩证、关联的复合分析框架有助于我们了解20世纪中国现代建筑历史上存在的主流与批判之分，以及建筑期刊与批评性建筑之间的关系。[19] 对于批评性建筑的理解可以追溯到20世纪30年代，一些西方留学回国的建筑师如董大酉、范文照、童寯、奚福泉等人探索了现代主义建筑语言；林克明、黄作燊、梁思成等人实验了现代主义教育模式；过元熙、卢毓骏、范文照、林克明等人在写作中鼓吹现代主义美学原则。当时的建筑期刊，如《中国建筑》、《建筑月刊》、《申报》副刊、《时事新报》副刊以及学生编辑的《新建筑》杂志均报道了他们的实践，抗议了将“布札”美术模式与传统建筑主题相结合的主流折中方法。虽然这一短暂的建筑运动受到当时社会政治经济和意识形态的限制，这些出版物向社会各界传播了现代主义建筑知识。

建筑界这种微妙的批评立场同样存在于20世纪50～60年代。虽然建筑生产受到意识形态和建筑方针的影响，一些建筑师如杨廷宝、华揽洪、夏昌世、冯纪忠、林乐义、莫伯治等依然在特定的时间、特定的项目中探索了现代主义建筑的可能性，从思想和实践上均抵制了主流正统的美学观念，《建筑学报》是建筑界学术讨论和交流的主要平台。在杂志上发表的文章和项目经常受到当时环境的影响，某些时候对建筑思想的讨论往往演变为对不同意识形态的批判。[20] 即使在特定的历史时期内，公开辩论的内容还局限于“民族形式、社会主义内容”等话语，宣扬纯粹现代主义出版物相对稀缺。

然而，在20世纪80年代，很多建筑师和学者开始积极探讨自己对现代建筑、传统和后现代主义等多个主题的看法，这一切都记录在新创立的建筑期刊中。其中，《建筑学报》发挥了重要作用，因为在专业人士看来，作为建筑学界最重要的平台，它能够汇集不同人物的声音。举例来说，1981年冯纪忠在《建筑学报》上首次发表了上海方塔园的规划设计，1983年美籍华裔建筑师贝聿铭设计的香山饭店登上杂志封面，1986年报道了戴念慈创作的阙里宾舍，当然还有建筑师齐康、关肇邺、彭一刚、程泰宁、何镜堂等人的首个重要作品。如果说20世纪80年代见证了传统文化和现代性的矛盾与冲突，那么90年代则见证了建筑实践的快速商品化（commodification）。

在这种情况下，新一代年轻建筑师以实验建筑的名义，探索了纯粹抽象的形式语言，挑战了主流的装饰性建筑风格。[21] 同时必须指出，这种新建筑运动的出现受益于90年代社会经济文化和思想转型：首先是从中央计划经济向社会主义市场经济的过渡；其次是私营建筑设计公司的出现；另外是来自包括客户、评论家、杂志编辑和策展人等个人和机构的支持。从2000年起，《时代建筑》持续发表并评论这种最初边缘的对建筑自主权的探索。

《时代建筑》在对当代中国新兴建筑师工作的推介过程中展现了一种“双重批判或抵制”（dual critique or resistance）。首先，它通过出版专辑来关注新兴建筑从业者的实践，表现出对主流出版模式——简单地宣传知名人士的成就——的抵制态度。另一方面，这本杂志关注诸如建构、建筑现象学、城市公共空间、社会住房、适宜生态技术和社区建设等学科、社会层面的问题，对建筑和城市现状进行了批评性反思。这种“双重批判或抵制”是杂志强烈的文化责任和公民意识的缩影，展示了学术出版物在改造社会现实的力量或能动作用（agency）。[22]

杂志的这种力量或能动作用是在话语和项目的选择、推介和再生产过程中实现的，是在一定的历史时期内、一定的社会条件下由期刊编辑和文章作者等人共同构建的，并在杂志页面中再现了文本、图纸、照片以及编辑方式的思想互动。这种能动作用是一种集体的力量，因为在某种意义上说，批评性建筑的实践者是具有明确意图的个人，但他们具有共同的目标——对现状的不满和挑战。[23] 当然，这种能动作用也是有其局限性的。在当前文化和政治环境的制约下，这种能动作用体现在，杂志首先对作品进行简单的介绍（presentation），然后再以作品为媒介来进一步生产批判性的思想（production）。这种思想的深度取决于生产者的能力、视野和勇气。

《时代建筑》对批评性建筑和建筑批评的报道揭示了一种“中间阶段”的批评性（intermediate criticality）——包括内部学科批评和外部社会批评—— 一种在抵抗（resistance）与革命（revolution）之间摇摆的立场和姿态，适度而恰当，而非彻底或激进，因此，它在现实中也是被各种利益攸关方所接受的。[24] 这一术语概括了批评性实践的可能性和局限性。这些实践主角试图在既有的规则框架内，利用社会上各种进步力量来挑战学科和社会现状。这种中间阶段的批评性融合了意识形态或思想上的抵抗和日常操作或实践上的妥协，首先体现在杂志的立场上——既不是纯粹的学术出版物也不是常见的行业类杂志，而是介于两者之间，既有一定的学术性内容也关注部分行业话题。这种双重性呈现两个相反但互补的思考维度。

一方面，这本杂志的编辑大都是建筑学者，在大学任教，具有历史、理论与评论的背景，而不是职业实践建筑师，他们对建筑文化格外关注。然而，在目前的建筑领域，学术生产、学术氛围、经济状况、读者群等一些内在因素大大限制了高质量的、纯粹学术杂志出版的可能性。即使有可能，编辑也不会对这种出版物感兴趣，尤其是因为它可能会疏远读者，不利于增加学术话语权和行业影响力。另一方面，这本杂志与商业设计公司（国有设计院和民营设计企业）密切合作，试图以一种有效的方式介入建筑实践。这些赞助单位的支持也有助于该刊物在出版市场上快速发展。《时代建筑》对理论思辨，设计项目和建筑批评的关注，对弥合理论与实践，学界与行业之间以及官方与民间之间的鸿沟发挥了重要作用。

值得注意的是，这种中间阶段的批评性不仅体现在杂志的立场上，而且体现在杂志的内容中（关于批评性建筑和建筑批评的出版物）。如果说实验建筑在 21 世纪之初就显示出一定程度的批评性，这种批评性在很大程度上只限于形式美学和学科内部批评。《时代建筑》虽然发表了这些探索性项目，但是大都缺乏一种深度的批评性评估（critical evaluation）。虽然建筑师本人积极介绍或评论家受邀阐释这些作品，但是很少有作者关注建筑实践的社会意义。

该杂志的中间立场有助于避免杂志出版物走向过于狭窄的专业化。在当代中国的建筑领域，劳动分工尚未如发达资本主义国家那般明确、细致。更确切地说，许多杂志作者身兼数职，既是建筑师又是评论家，既是学者也介入评论，既是策展人也热心批评，既是编辑也充当评论人的角色，或者是设计师——教师——策展人——撰稿人，他们经常介入设计、教学、写作、出版和展览活动。这样较为粗略的劳动分工（the division of labour）既为批判性思维和实践带来了新的可能性，也不可避免地影响了作品的质量（人的精力毕竟是有限，无法专注地把一件事情做到极致）。本书虽然指出了建筑批评性所呈现的中间维度，其目的并不是完全支持这一现象，而是要分析在当前的语境下，批评性实践的可能性、局限性、特点及其历史意义。分析这种中间阶段的批评性有助于读者加深理解中国建筑师——知识分子为摆脱某种形式的统治和压迫而进行的斗争和探索。

本书结构

上篇包括第 2 章和第 3 章，为读者了解现代中国的建筑文化提供了理论性和历史性解读。

第 2 章探讨了中国文化和历史语境下的批评性建筑，建筑批评和建筑期刊的发展演变。发表在《时代建筑》上的关于批评性建筑的学术讨论提醒了我们关注批评性建筑的两个相互矛盾之处：内部学科批评和外在社会批评。这种二分法（dichotomy）——形式美学分析和社会参与也可以应用于建筑批评，虽然批判性的写作在很大程度上受到社会和思想语境的限制。由于经常关注设计项目和理论话题，建筑期刊较好地整合了批评性建筑和建筑批评。其出版质量取决于发表的建筑、文本和编辑方式的批评性潜力。通过分析中国建筑领域的设计、写作和出版之间的互动情况，笔者认为建筑期刊的出版实践可以构建一种独特的批评形式，整合各种单一、分离的批评性活动。

第 3 章概述了 20 世纪中国现代建筑的历史转型，以及其与社会、政治、经济、文化和意识形态等方面的关系。本章的叙事总共分为三部分，分别讨论了三个历史时期内设计、教学和出版实践中始终存在的两种思想对立：民国时期（1920 ~ 1949 年），新中国成立初期（1949 ~ 1978 年）和改革开放时期（1978 ~ 2000 年）。权威主义强调在建筑上采用纪念性和装饰性的传统元素和图案，以复古和象征为手段来寻求政权合法性；而远离权力中心的新兴资产阶级倾向于选择现代主义美学来满足自身的实际需求。相对于前者来说，基于欧洲现代主义传统的建筑实践体现了一种批评性。这种现代运动（没能够得到连贯的发展）在美学上具有抵抗性，反对起初源于“布杌”美术传统、后来又受到社会主义现实主义和后现代主义影响的主流装饰性折中主义。

中篇由第 4、5 和 6 章组成，全面而详细地研究了《时代建筑》与批评性建筑之间的互动。

第 4 章介绍了《时代建筑》的历史演变和主要内容。该杂志于 1984 年创刊于上海同济大学，20 世纪 90 年代末建立了“主题组稿”的编辑制度，2000 年之后又经历了两次关键性的改版。《时代建筑》与学术和设计机构联系密切，形成了兼具学术性和行业性的双重性质。在主编支文军的主持下，它在 21 世纪之初出版了一些关于新兴独立建筑师和民营设计公司的专辑。《时代建筑》对冯纪忠设计的上海松江方塔园的报道巧妙整合了批评性建筑和建筑批评，不仅积极推介，而且形成了一种新的批评性实践。

第 5 章论述了《时代建筑》对实验建筑的关注和报道。建筑评论家用“实验建筑”一词来描述新一代独立建筑师如张永和、王澍、刘家琨等人的工作。自从 20 世纪 90 年代中期以来，这些建筑师在思想上强调建筑的自主性，在实践中尝试运用新的形式语言，采用常见材料和简易的施工技术，抵制了当时以装饰为主要特征的主流商业化建筑生产。这种美学实验探索了长期受到抑制的现代主义建筑，但又忽视了建筑实践中不可或缺的社会政治介入。在 21 世纪初期，一些个人、机构、政府部门和私人公司利用建筑展览大力赞助、积极推介新兴建筑师的作品。本章以杂志出版的建筑展览为媒介来追踪实验建筑的转型。

在蓬勃发展的设计市场上，实验建筑的美学表达很快被业主所接受。部分业主利用这种机会，来体现自我价值。一些建筑师试图在建筑实践中积极介入公共领域，挑战传统的空间秩序，并为社会互动创造一个有意义的场所。这体现在《时代建筑》对城市问题的报道上，其中张永和、刘家琨和都市实践的城市干预策略体现了建筑师对城市的思考。这些实践将在第 6 章中进行探讨。与此同时，本章还分析了杂志对王澍作品的介绍（文字、项目、批评和访谈等），展示批评性思想的生产、呈现与消费过程。

下篇从辩证和关联的角度解释《时代建筑》的出版实践所体现的批评性。

第 7 章分别研究杂志如何通过发布年轻建筑师的作品，以及如何通过融合理论话语和批评性实践来生产批评性建筑，展示批评性建筑从美学抵制到形式实验和社会承诺的微妙演变。这种转变与杂志发表的主题相一致，表明了中国建筑师——知识分子在当前政治和经济条件下努力以设计、写作和出版为媒介来挑战现状，不断构建新的可能性。

结论部分是对《时代建筑》与批评性建筑关系的总结和阐释，认为《时代建筑》的出版内容展示了一种“中间阶段的批评性”。这种批评模式的历史意义在于，建筑期刊在批评贫瘠的土壤里（不经常鼓励甚至抑制批评性思想的情况下），依然对培养和加强批评性活动发挥至关重要的作用。建筑出版实践受到社会主义市场经济和政治体制的深刻影响，这种“中间阶段的批评性”既不是一种直率的个人表达，也不是无条件地屈服于资本和权力的意志，而是可以被描述为兼具形式美学实验和社会政治参与，是构建与抵抗之间相互平衡和妥协的产物。

注释：

[1] Kenneth Frampton, "Beneath the Radar: Rocco Yim and the New Chinese Architecture," in Jessica Niles DeHoff (ed.), *Reconnecting Cultures: The Architecture of Rocco Design* (London: Artifice books on Architecture, 2013), 10. 原文：I have long been aware that beneath the cacophony of contemporary Chinese hyper-development, there lies another more subtle and rooted culture being quietly cultivated by an emerging generation of Chinese architects who have largely remained out of the fray. The furore of gigantic excess and international hype has mostly passed them by, leaving in its wake a spectacular rather sterile landscape masquerading as progress.

[2] Clare Jacobson, "Catalytic Converter: Long Museum West Bund," *Architectural Record*, no. 8 (August 2014), 64-71.

[3] Clare Jacobson, *New Museums in China* (New York: Princeton Architectural Press, 2013).

[4] 柳亦春．介入场所的结构——龙美术馆西岸馆的设计思考 [J]. 建筑学报，2014（6）：34-37；冯路，柳亦春．关于西岸龙美术馆形式与空间的对谈 [J]. 建筑学报，2014（6）：37-41.

[5] 茹雷．韵外之致：大舍建筑设计事务所的龙美术馆西岸馆 [J]. 时代建筑，2014（4）：82-91.

[6] 周榕，周南．"典范"是如何炼成的：从《建筑学报》与《时代建筑》封面图像看中国当代"媒体——建筑"生态 [J]. 时代建筑，2014（6）：22-27.

[7] 2009 年，原创始合伙人庄慎离开了大舍建筑设计事务所，之后和同事联合创立阿科米星建筑设计事务所。

[8] 庄慎，陈屹峰．竖向分流，避实就虚：上海科学会堂新楼设计方案 [J]. 时代建筑，1998（4）：89-91.

[9] 柳亦春．窗非窗，墙非墙：张永和的建造与思辨 [J]. 时代建筑，2002（5）：40-43.

[10] 这些设计大都是受地方政府委托，特别是同济大学毕业生孙继伟博士的鼎力支持。孙曾经在这些区担任区长，喜欢邀请新兴建筑师设计新城的公共建筑。

[11] 柳亦春，陈屹峰．情境的呈现：大舍的郊区实践 [J]. 时代建筑，2012（1）：44-47.

[12] 大舍建筑设计事务所．上海青浦夏雨幼儿园 [J]. 时代建筑，2005（3）：100-105.

[13] Raymond Williams, *Culture* (London: Fontana, 1981), 68.

[14] Ulrich Conrads, ed. *Programs and Manifestoes on 20th-Century Architecture*, trans. Michael Bullock (Cambridge, Mass.: MIT Press, 1975).

[15] Charlie Q. L. Xue, *Building a Revolution: Chinese Architecture Since 1980* (Hong Kong: Hong Kong University Press, 2006), 155.

[16] Jianfei Zhu, *Architecture of Modern China: A Historical Critique* (Abingdon: Routledge, 2009), 198.

[17] 在最近的一篇文章里，朱剑飞提倡一种复合的批评性，整合对立的力量，强调社会转型。参见 Jianfei Zhu, "Opening the Concept of Critical Architecture: The Case of Modern China and the Issue of the State," in William S.W. Lim and Jiat-Hwee Chang, eds. *Non West Modernist Past: On*

Architecture and Modernities（Singapore：World Scientific，2012），105-116.

[18] 在 1996 年出版的《正义、自然和差异地理学》一书中，马克思主义城市地理学家大卫·哈维认为，辩证法的基本原则强调过程、关联、改变、矛盾以及整体等要素。在这本书中，哈维受到欧洲哲学传统的启发，提出了一种辩证——关联的分析框架，以此来解释与地理学有关的基本概念，比如空间、时间和场所。这种整体性的分析思路对研究建筑实践的批评性很有帮助，因此值得笔者借鉴。参见 David Harvey，*Justice, Nature and the Geography of Difference*（Cambridge，Mass.：Blackwell Publishers，1996）.

[19] 21 世纪以来，多本研究中国现代建筑的书籍先后出版，比如，邹德侬 . 中国现代建筑史 [M]. 天津大学出版社，2011 年；（美）彼得·罗（Peter G. Rowe），关晟（Seng Kuan）；成砚译 . 承传与交融：探讨中国近现代建筑的本质与形式 [M]. 北京：中国建筑工业出版社，2004 年；英文原版见 Peter G. Rowe，and Seng Kuan，*Architectural Encounters with Essence and Form in Modern China*（Cambridge，Mass.：MIT Press，2002）；Duanfang Lu，*Remaking Chinese Urban Form: Modernity, Scarcity and Space, 1949-2005*（London and New York：Routledge，2006）；薛求理著 . 水润宇，喻蓉霞译 . 建造革命：1980 年来的中国建筑 [M]. 北京：清华大学出版社，2009；英文原版见 Charlie Q. L. Xue，*Building a Revolution: Chinese Architecture Since 1980*（Hong Kong：Hong Kong University Press，2006）；赖德霖 . 中国近代建筑史研究 [M]. 北京：清华大学出版社，2007；爱德华·丹尼森，广裕仁著 . 吴真贞译 . 中国现代主义：建筑的视角与变革 [M]. 北京：电子工业出版社，2012；英文原版见 Edward Denison，and Guang Yu Ren，*Modernism in China: Architectural Visions and Revolutions*（Chichester：John Wiley，2008）；Jianfei Zhu，*Architecture of Modern China: A Historical Critique*（Abingdon：Routledge，2009）；Jeffrey W. Cody，Nancy S. Steinhardt，and Tony Atkin，eds. *Chinese Architecture and the Beaux-Arts*（Honolulu：University of Hawaii Press/Hong Kong：Hong Kong University Press，2011）.

[20] 比如在 20 世纪 50 年代对梁思成、陈占祥和华揽洪的批判。见杨永生编 . 1955-1957 建筑百家争鸣史料 [M]. 北京：知识产权出版社、中国水利水电出版社，2003.

[21] 对当代中国建筑的讨论散见于一些建筑展览、中文期刊论文、国际杂志报道，以及硕士学位论文等。但是，从历史与理论角度深入研究（包括设计、理论和出版等活动）批评性的成果还是较少。参见范诚，王群 . 建筑师市场策略发展趋势的展望——考察当代中国实验建筑师的活动 [J]. 建筑学报 . 2005（11）：78-81；Zhu Tao，"Cross the River by Touching the Stones：Chinese Architecture and Political Economy in the Reform Era，1978-2008，" *Architectural Design*，2009（1）：88-92；张轶伟，中国当代实验性建筑现象研究：十年的建筑历程 [D]. 深圳：深圳大学，2012.

[22] 能动作用（agency）是指个人根据其目标和愿望来改变事物的能力。参见 Alfred Gell，*Art and Agency: An Anthropological Theory*（Oxford：Oxford University Press，1998）.

[23] Christian List and Philip Pettit，*Group Agency: The Possibility, Design, and Status of Corporate Agents*（Oxford：Oxford University Press，2011）.

[24] 英文 intermediate 一词强调中间的、中级的、中等程度。德裔经济学家（E. F. Schumacher）

在其 1973 年出版的影响深远的书中提到“中间技术”（intermediate technology），一种单位成本介于 1 英镑和 1000 英镑之间的技术，前者象征着发展中国家广泛采用的本土低科技，后者代表着发达国家使用的复杂高科技。作者认为那种成本介于两者之间的技术具有很多独特的优点：比本土科技更先进，更有生产力，也比复杂的资本密集型的高科技更便宜。后来，中间技术（也叫适宜技术）演变成一场思想运动，在全球范围内大力提倡小规模的、去中心化的、劳动力密集型的、节能的、环境友好的、本土可以控制的以及以人为中心的科技。参见 E. F. Schumacher，*Small is Beautiful: A Study of Economics as if People Mattered*（London：Vintage，1993），141-157；Barrett Hazeltine and Christopher Bull，*Appropriate Technology: Tools, Choices and Implications*（San Diego，CA：Academic Press，1999）.

上篇

理论与历史回顾

第2章
关于批评性建筑实践的初步思考

哲学家们只是以各种方式解释世界，关键是要改变它。[1]

——卡尔·马克思

受马克思主义等理论的启发，德国法兰克福学派（Frankfurt School）理论家马克斯·霍克海默（Max Horkheimer）在1937年发表的题为《传统和批判理论》的文章中定义了批判理论（critical theory）。他认为批判理论是一种批评并改变整个社会的理论，区别于只是为了理解或解释社会的传统理论。[2]借用批判理论这一术语，批判性或批评性建筑是一个挑战现状的项目，或者像美国建筑理论家迈克尔·海斯（Michael Hays）敏锐地总结的那样，"不断的想象、寻找和建构新的可能性"。[3]然而，批判性建筑的社会变革潜能被意大利建筑理论和历史学家曼夫雷多·塔夫里（Manfredo Tafuri）给否定了。他指出，如果没有系统的社会革命，纯粹的建筑革命是不可能发生的。[4]在他的《建筑学的理论与历史》一书中（意大利语第二版），塔夫里写道：

正如不可能创建一门基于阶级的政治经济学，人们不能"期望"一种阶级的建筑（一种解放社会的建筑）；但是，把阶级的评论（马克思主义评论）引入建筑是有可能的。[5]

塔夫里的立场是基于正统的马克思主义单向决定论的概念，也就是说，建筑作为上层建筑是由经济基础决定的；这也揭示了纯粹的建筑变革是无法改变社会现状的。[6]虽然承认这种困境，当代美国马克思主义文化批评家弗雷德里克·詹姆逊（Fredric Jameson）认为，在晚期资本主义的条件下，一个批评性的建筑仍然是有可能的。在他的两篇文章《建筑与意识形态批判》和《空间是政治性的吗？》中，詹姆逊指出，建筑可以在现有系统中构建一个"飞地"（enclave），也许在日常生活中的行动可能是一个出发点。[7]他的这种设想与建筑师乔恩·迈克尔·席瓦亭（Jon Michael Schwarting）的认识相一致。席瓦亭指出，文化生产可能不完全由经济基础决定，而是有潜力去表明态度，去寻找表达这些构想的新方法，并最终影响社会发展的进程。[8]

本书所讨论的批评性建筑是指那些试图通过构建新的可能性来挑战现状的建筑活动。它具有形式和社会两层含义：前者是指挑战建筑学学科正统观念的形式实验，它不断扩展新的知识领域；后者强调了建筑实践的社会意义。批评性建筑的概念是建立在和占主导地位的建筑实践（一定的学科和社会条件下）的比较基础之上。由于其不断发展和演变的特征，批评性建筑应该经常否定自己并重新定位在主流之外。作为一种特殊的建筑实践，它既是主动的又是被动；既有建设性又有消极的一面；既是自由的也是具有一定条件的；既是一种事物（thing）也是一个过程（process）。

“批评”一词有多重含义，可以在多个领域和层次中使用。它可以用来描述那些与众不同的物质实践、理论实践和出版实践，也可以拆分为内部的学科批评和外部的社会批评。由于抵抗和参与是批评性建筑的两个方面，很难说它们是相互排斥的或相互依存的。由于批评性的实践经常表现在一方面或另一方面，而在美学创新和社会承诺之间的明智平衡应该是最终的目标。在目前资本主义全球化的背景下，这样的平衡立场或许可以最大程度地有益于建筑文化繁荣和社会发展。

批评性建筑的话语

2008 年第一期的《时代建筑》杂志，发表了迈克尔·海斯的文章《批判性建筑：在文化与形式之间》，这篇文章最初于 1984 年发表在《展望：耶鲁建筑学杂志》（*Perspecta: The Yale Architectural Journal*）上。[9] 由年轻建筑师吴洪德翻译，它给读者提供了一个了解西方建筑概念的机会，同时，也创造了一个极大的挑战——要深刻理解“批判性项目”（critical project）的含义实属不易，部分是因为其丰富的内涵，部分是由于中国与西方潜在的文化差异。《时代建筑》杂志发表这样一篇理论文章绝不是一个偶然或意外事件，其动机可以看作为是引入英语世界的重要理论话语。[10]

在 2007 年第二期,《时代建筑》杂志发表了罗伯特·索莫（Robert Somol）和萨拉·怀汀（Sarah Whiting）的文章《关于“多普勒”效应的笔记和现代主义的其他心境》的中文译本。[11] 以上这两篇文章是进一步阅读加拿大建筑学者乔治·贝尔德（George Baird）写的《批评性及其不满》一文的背景材料。同样被翻译成中文并发表在《时代建筑》杂志上，贝尔德的文章清晰地阐述了“批评性”和“投射性”或“后批评性”之间的争论和冲突。[12] 一直以来，迈克尔·海斯和建筑师彼得·埃森曼（Peter Eisenman）在他们的写作、教学、出版和实践中极力提倡批评性建筑这一概念，并强调建筑生产的抵抗、否定和侵犯等概念。近些年来，在北美建筑领域的一些新兴学者（包括索莫和怀汀等人）推广的投射性建筑（projective architecture），强调建筑的图解性和氛围以及“冷”性能（diagrammatic and atmospheric dimensions and cool performance），区别于批评性建筑对索引、辩证和“热”再现的强调（the indexical, the dialectical and hot representation）。[13]

虽然这些学术争论主要讨论西方的建筑实践，但是朱剑飞在 2005 年发表的文章《批评的演化：中国与西方的交流》将新兴中国建筑师的工作嵌入这个理论框架。[14] 最初发表在英国的学术期刊《建筑学报》（*The Journal of Architecture*）上，这篇文章最初源于他在 2004 年伦敦大学学院巴特雷特建筑学院举行的“批判性建筑”的会议论文。[15] 从“批评”和“后批评”

之间的辩论开始，朱剑飞认为，地理学和跨文化的视角有助于审视和分析具体的建筑文化。[16] 他指出，近些年来，中国与西方之间建立了一种“对称”的建筑思想双向交流：荷兰建筑师雷姆·库哈斯（Rem Koolhaas）吸收了亚洲实用主义的策略，他的工作被用来支持“后批评”的论证；而新一代的中国建筑师通过学习西方的建筑理念，在其抽象、纯粹的建筑作品中展示了一定程度的批判意识。[17]

虽然库哈斯在这场学术争论中的作用仍然值得商榷，但是朱剑飞对当代中国批评性建筑的论述对这一现象做了富有启发性的解释，因此有必要进行更多细致的讨论。他把对中国年轻建筑师作品的讨论纳入了更加广泛的社会语境——自 1978 年以来，中国发生了巨大的社会经济变革，开始从计划经济向社会主义市场经济的转型，经济持续快速增长，并引发了建筑领域的执业制度改革。20 世纪 90 年代中期，中国重新设立了建筑师注册制度。之后，私人设计机构和公司如雨后春笋般快速增长。它们和国有设计机构和国际设计公司一起，成为中国建筑设计市场上的主力军。

正是在这种情况下，在“文化大革命”之后接受专业教育的新一代中国建筑师开始建立自己的设计公司并独立实践，其中一些人具备中西方教育背景，比如张永和、马清运、张雷和都市实践的刘晓都、孟岩和王辉等人；另一些建筑师在中国接受建筑训练，包括刘家琨、王澍和董豫赣等人。这些新兴建筑师的工作抵抗当时中国建筑界流行的装饰风格，他们的实践表现出三个显著的特征：1）对新形式和新材料的探索；2）对重新阐释传统建筑文化的兴趣；3）对现代主义原则的认可。有趣的是，这些价值观并非出现在富有争议性的集体宣言中（polemical collective manifestos），尽管 20 世纪早期西方先锋派建筑师大都倾向于这种宣言，而是出现在他们个人的著述和建筑作品中。在朱剑飞的英文文章发表之前，这些新兴建筑师的作品——被建筑评论家王明贤和史建定义为实验建筑，在《时代建筑》杂志上广泛发表，偶尔也会出现在《建筑师》、《新建筑》和《世界建筑》等期刊上。

朱剑飞简要地回顾了中国建筑实践的历史条件，这可以帮助我们清楚地了解新兴建筑师的批评立场。对他来说，演变到 20 世纪 70 年代后期的主流“布札”美术传统，以及后来出现的后现代流行商业主义深刻影响了 80 年代和 90 年代中国建筑的特点。[18] 部分由于“布札”艺术原则的主导性影响，部分由于中国长期的社会和政治动荡，现代主义建筑并没有得到连贯的发展，并且建筑学的自主性，如空间、材料和建构等观念在建筑实践或教育方面没有得到很好的重视。这些被忽视的本体问题（ontological issues）成为年轻一代建筑师探索的出发点。重要的是，他们多元化的建筑探索得到了私人业主与官方与半官方机构的支持，这些作品在形式美学上显著区别于那些仍然痴迷于各种折中风格的主流建筑生产。正如朱剑飞所解释的那样，张永和和刘家琨对抽象地域主义的探索，以及马清运对都市主义的社会性关注均体现了一定程度的批评性。[19]

朱剑飞的文章被翻译成中文发表在 2006 年出版的《时代建筑》杂志上，作为该杂志“对话：建筑中的跨文化交流”专题讨论的一部分。这期杂志不仅为理解批评性这一概念提供了一个重要参考，而且也反映了该杂志对建筑理论话语的重视，这种有价值的研讨在中国建筑出版领域很少出现。作为本期特刊的客座主编，朱剑飞邀请了一些知名学者和建筑师参与讨论，包括埃森曼、贝尔德、迈克尔·斯皮克斯（Michael Speaks）、张永和、刘家琨等人。然而，在给朱剑飞的回信中，建筑师刘家琨根据自己的经验描述了中国与西方之间的“非对称”思想交流，认为中国建筑师对西方的了解远远多于西方同行对中国的认知。[20]

建筑师和评论家朱涛不同意朱剑飞对“批评”和“后批评”之争的观察，而且质疑了当代中国批评性建筑的合法性（legitimacy）。[21] 一方面，朱涛似乎对后批评的“胜利”姿态持怀疑态度，因为他认可贝尔德对这个学术争论的态度：不急于得到一个最终的结论，而要求更仔细的反思。[22] 贝尔德对“批评”和“后批评”之争的分析暗示了学术新人和权威人士之间的激烈的权力斗争。但是，学者希尔德·海嫩（Hilde Heynen）和奥利·W·菲舍尔（Ole W. Fischer）分别指出，埃森曼的形式批评和索莫和怀汀对社会承诺的态度可以总结为“批评性建筑”的两面，而它们看似对立的立场绝不是相互排斥的。[23] 另一方面，朱涛声称，新兴的中国建筑师在项目中所展示的抽象形式语言，不是对语言的一种特定批判，而是作为一种语言的一般实践；这种纯粹的建筑语言在中国的出现不是少数人批判性工作的结果，而是正常文化演变的产物。[24]

仔细阅读朱涛的文章（中文及其英文概要）可能会提醒人们注意这一概念的复杂性和矛盾性。朱涛认为，当代中国建筑的形式探索，包括空间感知，形式品味和建构诗性，虽然基本上属于建筑学领域，但超越了批判性的范畴。[25] 针对张永和、刘家琨等人对空间、形式的探索和对地方材料的使用，朱涛提出了几个问题：“这种方法是对建筑语言的批判还是新的探索？在今天的中国，对本体建筑语言的探索是否会自动地呈现出一种批判性？”[26] 表面上来看，他在这里没有给出明确的答案，而把这些问题留给了读者去思考，但是，他的微妙语气暗示着一种否定的态度。有趣的是，在他的英文概要里，他认为中国建筑师的形式探索实际上是建筑语言的常见实践。[27] 重要的是，朱涛的文章作了进一步的阐释，并强调了批评性建筑的双重性。他对形式创新和社会责任的及时呼吁，是建立在对中国当下的学科状况、社会经济转型及其潜在的灾难性后果的敏锐关注之上。

可以清楚地看出，朱剑飞和朱涛对于批评性的判断是建立在不同的文化语境下。抽象的形式语言，对于前者来说，是对中国长期存在的占据主导地位的折中主义的批判，而对于后者，则是世界范围内的一个普遍趋势。然而，这些看似矛盾的认识使我们回到一个核心问题：什么是当代中国文化背景下的批评性建筑？不出所料，这个定义将取决于建筑实践的文化和历史语境。[28] 批评性建筑在不同的社会、地点和时代具有不同的意义，正如这一点所暗示的，它的意义取决于主流实践和边缘活动之间的对比。

法兰克福学派的文化批评家西奥多·阿多诺（Theodor Adorno）认为，作品通常在它们出现的时代呈现出批判性；随着时间的流逝，这种批判性趋于失效，主要是因为社会关系的改变。[29] 一个地方的批评性建筑在另一个地方可能看起来是正常的。同样，20 世纪 70 年代的批评性建筑也许会在今天看起来没有什么特别之处。这些文化和历史的差异使我们能够以一种辩证的和关联的思路来看待批评性建筑。换句话说，在不断变化的学科状况和社会条件下，批评性应该得到不断的审视和质疑。为了将当代中国的批评性实践纳入到建筑生产的广泛网络中，有必要对现代建筑的历史背景进行详细的描述，笔者将会在下一章再作具体的阐述。

建筑批评的困境

英文中的 critique（批判）一词来源于希腊语“kritikē”（κριτική），意思是指“识别的艺术”。许多词典将批判定义为一种仔细的判断，在这种判断中，你会对某些东西好的和坏的部分作出判断（比如，一篇文章或一件艺术品）。批判是一种对思想或话语结构进行严格、系统分析的方法。在哲学史上，在非特定用法中，批判是批评的同义词。[30] 对于伊曼努尔·康德（Immanuel Kant）而言，批判就是批判性地和反思性地检验知识的局限性和有效性。在这一背景下，许多后来的思想家受到康德的批判性思想的极大影响，从卡尔·马克思对政治经济学的批判到法兰克福学派的批判理论，他们将这个术语的定义扩展到社会和意识形态领域，并将其与社会革命实践紧密联系起来。

英文中的 crisis（危机）一词在词源学上与批判有关，其形容词是 critical（至关重要的），源于希腊词根 krisis（κρίσις），大致意味着一段测试时间或一件紧急事件。对于西班牙建筑师和理论家伊格纳西·德·索拉·米拉雷斯（Ignasi de Sola-Morales）来说，联系批判和危机的是另外一个词，分离（separation）。[31] 对他来说，对危机的感知是建筑批评的起点。关于批评与危机关系的类似论证也可在塔夫里的文章中找到，他强调了批评者的任务不仅是将他的对象置于危机中，以揭示其神秘和矛盾之处，而且将批评本身处于不断的危机之中。他认为：

> 建筑批评在今天面临着一个相当困难的处境，这一点无需刻意强调。批评，其实意味着抓住历史的现象，通过严格的评估、过滤和筛选，展示他们的神秘性，价值观，矛盾和内在的辩证法，探索他们的全部意义。[32]

另外，他还写道：

> 为了不失去其目的，批评必须转向（建筑）改革运动的历史，揭示它的缺点、矛盾、如何背叛最初的目标、失败之处，特别是它的复杂性和分裂的局面。[33]

塔夫里强调批评要强有力地渗透到事物的本质，这一点可能与法国哲学家米歇尔·福柯（Michel Foucault）的主张相类似。“批评，”福柯说，“就是去揭示有些事情并不像人所相信的那样不证自明，去甄别那些被接受的、不言而喻的东西”。[34] 为了达到这种目标，一种描写性和解释性的叙述是必要的，但是肯定还不够。迫切需要的是，一种整体性和历史性的态度应该被纳入批判性分析的过程之中。塔夫里曾经声称，“没有批评，只有历史”。[35] 鉴于大多数评论主要是由职业建筑师所写的，这句富有争议性的口号给建筑批评提出了巨大的挑战。由于批评倾向于聚焦个别建筑师的个人作品，塔夫里认为它应该被历史所代替。因为历史更专注于建筑活动的各个角度，或者说，与各种社会、政治和意识形态有关的一系列事物。他不认为历史是由纯粹的建筑物所构成，而是包含了人和人类文明。[36]

塔夫里对历史的重视有助于我们理解当下中国的建筑批评状况。Critique 翻译成中文是批判（既可以当动词又可以作名词）。据考证，批判一词最早出现在公元 11 世纪，在之后的几个世纪里，它的意思是“作出评论和判断”。[37] 在 20 世纪初期，批判是反对偏见的意思。受西方思潮的影响，在当时有些学者倾向把 critique 翻译成批评或评判。[38]

在很长一段历史时期内，“批判”一词与中国社会的特殊语境有关。在“百花运动”（百花齐放，百家争鸣）期间，华揽洪接受《文汇报》记者刘光华的采访，表达了他对兴建奢华的高楼大厦而忽视公共住房的担忧。在采访结束时，华说：

> 为了加速我们的社会主义建设过程，必须立即考虑降低现有各项建筑的标准。不能再盖那些富丽堂皇的大楼了，不容许再浪费国家宝贵的资金来追求所谓的气派。其实，建筑艺术表现的美不美，或者是否合乎民族风格，并不取决于高价的材料，复杂的结构和外形，一些毫无用处的装饰。而在于艺术布局，在于比例的恰当，这在低标准的情况下也是同样可以做到的。[39]

在 1951 年回国之前，华揽洪在法国生活、学习和工作了 20 多年。他对新中国所面临的问题（落后的经济，有限的资源和庞大的人口）保持清晰的洞见和深刻的理解。对他来说，社会主义建设最紧迫的问题是用适当的材料和经济的手段去改善数亿人的生活环境。[40] 他对北京建筑情况的批判态度不仅仅体现在言语上，而且清楚地表达在设计实践中。在 1956 年设计的北京幸福村街坊项目（图 2.1）中，华揽洪创作了不同类型的外廊式社会住宅（包括一个房间，两个房间和三个房间等户型），展示了他的美学创新意识和强烈的社会责任感。[41] 建筑师结合不规则的地形和现状的树木，灵活而细致地安排了居住区的总体布局并塑造了各种各样的内院空间。这种做法与当时主导的苏联行列式布局截然不同，以一种新的方式阐释了四合院的文化传统。整个小区包含了商店，学校等公共配套设施，体现了他对公共生活和公共领域的特别关注。华揽洪对有限资源（砖和木材）的运用和非常规的居住区布局实验表明了他对建筑领域盛行的奢侈和教条主义倾向的不满。

对于留学英国学习城市规划的陈占祥而言，在 1957 年的“百花运动”期间，他在工作场所北京市建筑设计院张贴了一篇题目为《建筑师还是描图机器》的文章，表达了他对国有设计院设计体制和过程的批评，认为现有的制度限制了建筑师的自主性和创造性，并将建筑设

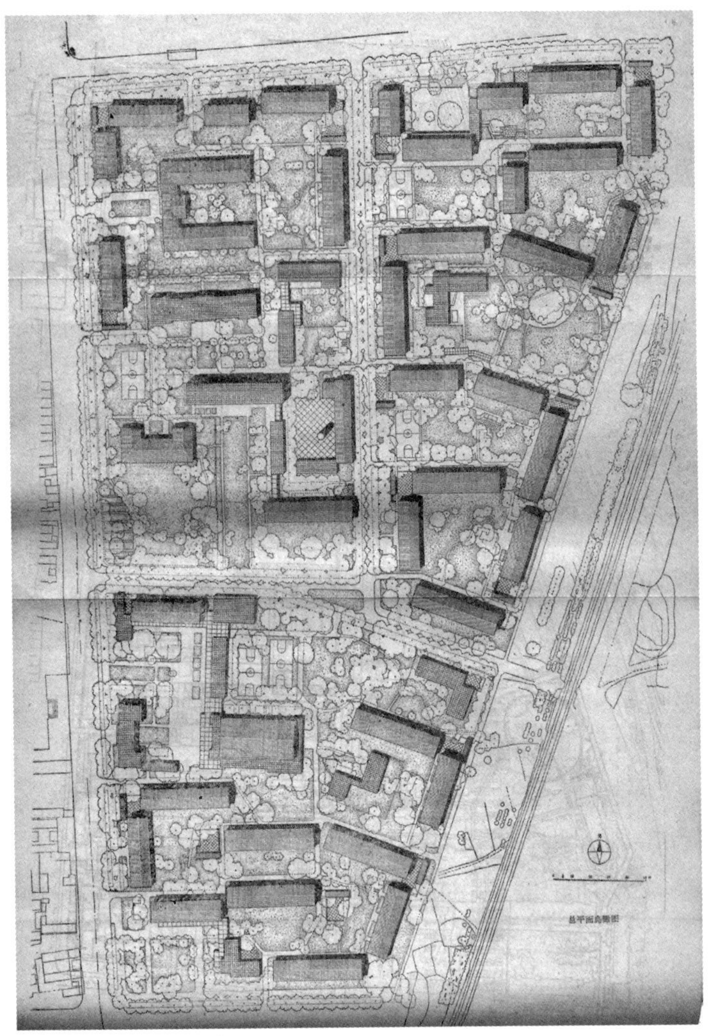

图 2.1　华揽洪，北京幸福村街坊

来源：《建筑学报》，1957 年第 3 期，31 页

计简化为毫无创意的体力劳动。[42] 在 20 世纪 50 年代初期，陈占祥和梁思成共同提出了新北京规划的建议，并着力保护历史城区。然而，这一富有远见的提案没有得到有关领导和苏联专家的认可。

由于华揽洪和陈占祥对现状的正式和非正式批评，他们成为建筑界反右运动的批判目标。为了与他们划清界限，华和陈的上级、同事、朋友和学生参加了批判华和陈的活动。因此，百家争鸣运动最后演变成了一家独鸣。[43]

20 世纪 80 年代以来，受益于社会经济的转型和建筑实践的繁荣，建筑批评获得了长足的发展。许多学者在改革初期通过创立学术期刊和撰写大量著述，为活跃建筑批评做出了不懈努力。

有趣的是，在中国报纸上发表的评论很少专门关注建筑。[44] 即使有些报纸偶尔会对某些建筑物进行评论，很少有专栏致力于建筑评论。而建筑杂志一直是开展建筑批评的主要场所。在这些发表的评论中，大量是由建筑师自己撰写的，他们倾向于总结设计的过程、思想和经验。这样的设计笔记对于其他建筑师、评论家、历史学家和青年学生是很有价值的，特别是当他们试图研究建筑师的作品时。大多数评论人（学者和实践建筑师）利用发表的文章来提升自己的学术和专业声誉。

在文化和思想层面，当代中国的建筑写作充满了过多的抒情描写，而较为缺乏深刻的理性分析；侧重于对个体建筑物的关注，而不是建筑与社会、经济、文化之间的联系。强调情感、忽视理性的倾向是中国传统文化最显著的特征之一，这对建筑话语的影响是非常微妙的。建筑学者冯仕达对此写道：

> 在1000多年的时间里，中国主流的建筑写作倾向于短篇文章，叙述意图、环境和具体的经验。这种对建筑的理解，长于具体的意象，短于抽象概念的解释，并常常从使用者或游客的角度来出发。[45]

除了这些外部因素，抑制建筑批评的内部原因或许是思想资源的贫乏。虽然每年的建筑期刊发表了许多评论文章，但只有少数才可以真正被称为有意义的批评。[46] 因此来说，那些拥有科学而严密的分析，并试图阐释优秀作品所蕴含的重要意义以及揭示价值观和神秘、矛盾之处的建筑写作是迫切需要的。

徐千里在《重建思想的能力：批评的理论化与理论的批评化》一文中指出，批评中理论的缺乏是影响批评质量的关键点。[47] 对于他来说，建筑批评能够成为联系建筑实践和建筑理论之间的桥梁；为了直指建筑学的核心议题并避免过于主观性的写作，批评需要理论启发。[48]20世纪80年代以来，中国建筑学界大量翻译、引进了西方的理论，由于很多概念和话语并没有得到深刻的分析和理解，徐千里认为，有必要建立一种批判的态度来对待这些理论和国内的学术成果。[49]

另外，他还指出，对待批评中的理论有两种普遍的态度：沉迷于新术语或来自西方的话语（盲目崇拜理论）；放弃理论性思考（彻底抛弃理论）。[50] 他认为，建筑批评中的关键问题是要思考人与建筑环境之间的关系。[51] 对他来说，探索这种关系能够使评论家密切关注人在建筑内的身体体验，而不是专注于修辞（华而不实的话语）。[52] 在这一点上，徐千里对建筑根本问题的探寻可能在英国建筑理论家乔纳森·黑尔（Jonathan Hale）的著作中得到回应，因为黑尔探讨了哲学原则在建筑写作中的重要意义，特别是现象学中的关于身体的理论在建筑批评中的应用。[53]

在中国的建筑院系里，建筑批评并不是一个专门的学科。虽然一些学校老师在课堂上讲授如何欣赏建筑，但对建筑批评的详尽讨论却很少见。[54] 其最大的困境在于，建筑批评与社会和政治层面密切相关，仍然受到多方面的限制。[55]

建筑期刊作为批评性实践的载体

学术期刊的特点

尽管在当前情况下难以建立一个繁荣的建筑批评领域，建筑期刊及其编辑和作者在这方面仍可发挥关键性的作用。[56] 在某种程度上来说，建筑期刊的文化重要性在于其批评的质量。例如，鲁迅在 20 世纪 20 年代和 30 年代编辑了几本文学期刊并撰写了大量的批评性文章。他认为一个期刊迫切需要文明批评和社会批评的结合。[57] 关于建筑期刊的作用，美国学者迈克尔・席沃扎（Mitchell Schwarzer）写道：

期刊，当然也是建筑批评的领域。书通常有长期的生命和不定期的购买节奏，而期刊属于快速的消耗品，但有着定期的订阅。由于它们的寿命较短，期刊通常关注当下的事情。因此，建筑期刊是研究不断变化的理论论证和历史叙述如何与日常建筑实践和建筑职业相互动的最好的话语场所之一。[58]

由于建筑批评和批评性建筑经常汇集在建筑杂志中，它们有可能构建一种特殊形式的批评性，整合一系列单独、分离的批评性建筑活动，增强它们在行业和社会中的变革力量。作为一个多元的话语场所，建筑期刊能够传播和激发关于建筑环境的批判性思考，创造性地结合物质实践和理论话语，以改变现有状况下普遍存在的统治，不公正和不平等现象。

英文术语"journal"源于法语单词 jour 和拉丁语 diurnalis，表示每日的意思。杂志通常按每周，每月，每两个月，每季度，每半年或每年来出版。它们与书籍，报纸和各种电子出版物（包括网站、电子书、博客、微信和微博）一起，是传播知识和信息的主要媒介。自从它在 17 世纪第一次在西方出现以来，学术期刊一直在稳步成长，特别是在最近几十年里。[59] 期刊的发展与自然科学、社会科学、人文艺术和其他领域研究人员的增长和知识的不断增加有关。学术期刊的基本功能首先被亨利・奥登堡（Henry Oldenburg）描述为注册、认证、传播和存档。[60]

西方的学术期刊一般由学术文章和评论构成。对于前者，同行评议的过程（被选定的专家组以匿名的方式向编辑提供对提交文章的评论，然后编辑做出最终决定）通常被认为是维持和提高特定领域高质量研究的关键步骤。虽然这个过程在出版实践中已经被讨论了很长时间，但仍被认为对建立可靠的知识体系起着至关重要的作用。后者是对出版的书籍、发表的文章、举办的展览以及其他内容的评论，往往分析最新产生的学术成果。

鉴于学术期刊的特殊受众群体，它们的写作风格不同于大众杂志。[61] 一般来说，许多发表的学术文章在正文之前都有摘要或简介；在文章中或之后，脚注或尾注也很容易找到，而大多数引用也来自相应领域的其他学术著作。学术期刊创建了一个话语平台，不同的作者可以从不同的角度对特定的主题作动态解释，或者在一定的研究领域展示他们个人的研究成果。因此，在学术期刊里常常会出现思想的冲突、张力和矛盾以及连续性。

学术期刊和学术书籍有着明显的区别。一本书通常是一个或几个作者对一个问题长时间的深入探讨，它从手稿到最终印刷出版一般需要几年的时间。期刊倾向于发表最新的学术成果或者主导当前的学术讨论，而书籍侧重于在更广泛的知识背景下分析特定的主题。然而，有些时候它们之间的边界可能会变得十分模糊。例如，许多编著往往收录一定数量作者的文章。在这一点上，期刊成为检验思想的重要基础，并尽可能地为书籍提供足够的研究资源和初始学术材料。

许多学术期刊在经济和智力资源等方面与大学或专业团体有着密切的关系。它们可能由这些机构资助出版，或者它们的编辑和作者来自这些机构。在许多情况下，学术期刊的发展受到内部因素的影响，例如编辑议程、学术立场，以及外部环境，包括经济形势和学科发展状况。从长远角度来看，这些内外因素在塑造学术期刊的质量和在特定领域建立相应的声誉等方面发挥重要作用。[62]

中国建筑期刊的出现和重现

中国的建筑杂志出现在 20 世纪 30 年代初期。[63] 然而，关于建筑的写作可以追溯到《考工记》。作为一部经典著作，《考工记》编于春秋时期（从大约公元前 771 到公元前 476 年），它提到匠人的城市建设活动。公元 1103 年，北宋官员李诫编制并出版了第一本详细的官方建筑技术手册——《营造法式》。它是一部关于建筑设计、材料、结构、规模和工艺的国家建筑标准。[64] 另一本关于古代中国建筑的重要官方手册是由清王朝完成并于 1763 年出版的《工程做法》。这两本书被梁思成认为是中国建筑的两部语法教科书。[65]

1930 年，现代中国第一本建筑期刊《中国营造学社汇刊》由中国营造学社资助出版。1929 年，退休的国民政府高级官员朱启钤在北平创建了中国营造学社。这个私人性质的学术团体致力于科学而系统地研究中国传统建筑，试图在国际学术界传达本土研究人员的声音。[66] 朱启钤邀请梁思成、林徽因、刘敦桢等人加入学社，负责收集文献和探寻现有古迹。这个期刊的创建是专门用于学术交流，为研究人员提供一个发布他们工作并介绍海外研究人员成果的平台。其中最重要的内容是收集建筑文本、实物，以及对重要古建筑进行保护和文档编制。[67] 1944 年（也就是在其停刊的前一年），梁思成发表了《为什么研究中国建筑》一文。他写道：

> 研究实物的主要目的则是分析及比较冷静地探讨其工程艺术的价值，与历代作风手法的演变。知己知彼，温故知新，已有科学技术的建筑师增加了本国的学识及趣味，他们的创造力量自然会在不自觉中雄厚起来。这便是研究中国建筑的最大意义。[68]

这些前辈学者的工作为研究中国传统建筑作出了卓越贡献。在这之后，一些基于他们详细而严格调查的重要书籍得以出版，例如，梁思成的英文著作《图解中国建筑史》（*A Pictorial History of Chinese Architecture*）在其去世 12 年之后由美国汉学家费慰梅（Wilma Cannon

Fairbank）整理，1984 年在麻省理工学院出版社出版。其后又在国内由中国建筑工业出版社出版了中文版。在《中国营造学社汇刊》出版的同时，另外一些建筑杂志开始出现并侧重于报道现代建筑话语和设计项目。1930 年，上海建筑师学会成立，其目的是研究中国建筑，提升建筑业，并促进东方建筑艺术的繁荣。两年后，该学会出版了自己的杂志——《建筑月刊》，由本土建筑师杜彦耿编辑（图 2.2）。正如他们在《发刊词》中所写的那样，该出版物的使命是：

以科学方法，改善建筑途径，谋固有国粹之亢进；以科学器械，改良国货材料，塞舶来货品之漏卮；提高同业智识，促进建筑之新途径；奖励专门著述，互谋建筑之新发明。[69]

要理解这段文字，人们需要知道在当时的大都市如上海，建筑设计和建造市场是由外国建筑师和建筑公司所垄断。作为一个爱国主义者，杜彦耿致力于本土建筑技术的发展，并提

图 2.2　《建筑月刊》创刊号

资料来源：《建筑月刊》，1932 年第 1 期，封面

倡广泛采用西方建筑技术，如砌砖、石雕、木工和细木工。在主持编辑这本杂志期间，他通过大量的翻译和写作来推广先进的建造技术。

除了上述杂志之外，其他的建筑出版物包括《中国建筑》、《新建筑》、《申报》副刊、《时事新报》副刊等。这些期刊的面世得益于20世纪30年代相对宽松的政治气候，反映了中国建筑学人在传播建筑知识，宣传其重要性和提高建筑环境质量所做的努力（图2.3）。受西方先进的建筑设计和技术以及多元出版实践的启发，他们在不断变化的社会环境中寻求建立身份认同，并强调建筑学作为一个独特专业的合法性，以区别于传统意义上的工匠。[70] 这些建筑出版活动记录了重要的建筑项目和话语，并唤醒了人们对建成环境的意识。

然而，由于抗日战争以及之后解放战争，这些期刊的出版受到严重冲击而终止。随着中华人民共和国的成立，共产党人十分重视出版宣传。正是在这样的政治背景下，《建筑学报》于1954年创刊（图2.4）。这本杂志主要宣传党的建筑政策，报道设计和理论，以及介绍苏联

图2.3 《中国建筑》创刊号

资料来源：《中国建筑》，1932年，封面

建设经验。《建筑学报》发表了大量的建筑项目和文章，记录了建筑领域的各种实践、理论和政治活动。几乎在同一时期，许多西方建筑师通过出版独立的、自我管理的期刊，介绍各种前卫的想法和传达多样化的审美和社会批判来传播他们的意识形态。[71] 其中最具影响力的独立期刊当属纽约建筑与城市研究学院出版的《反对派》。[72]

20 世纪 80 年代以来，建筑出版实践迅速恢复，并成为最繁荣的文化领域之一。出版业的繁荣首先体现在出版物种类的多元化，包括期刊、专著、教科书和译著等，这些极大地促进了中外思想的交流。

20 世纪最后一个季度见证了中国建筑期刊的广泛出现：1979 年杨永生和王伯扬等人在北京创办了《建筑师》；1980 年吕增标、陶德坚、汪坦、曾昭奋等人在清华大学创办了《世界建筑》；1981 年郑祖良等人在广州创办了《南方建筑》；1983 年周卜颐和陶德坚等人在武汉华中工学院创办了《新建筑》；同年，高介华等人在武汉创办了《华中建筑》；1984 年罗小未和王绍

图 2.4 《建筑学报》创刊号

资料来源：《建筑学报》，1954 年第 1 期，封面

周等人在同济大学创办了《时代建筑》；1985 年汪坦等人在深圳大学创办了《世界建筑导报》；1989 年北京市建筑设计研究院创办了《建筑创作》等（图 2.5）。这些期刊与专业机构、建筑学院和国有设计机构有密切的联系，其中许多编辑和作者均来自这些单位。

最近十几年来，受到市场因素的影响，建筑出版物进行了大的调整，由此获得了更多发展的空间。首先，建筑实践的繁荣刺激了建筑书籍的消费，特别是那些有着精美图片的出版物，因为这些书籍似乎为建筑师提供了一些能够产生立竿见影效果的设计灵感。由于理论研究的生产和消费均受到市场的压力，学术界人士倾向于为期刊撰写短文，以满足职称晋升的要求。另一方面，建筑期刊也试图积极应对城市化过程中建筑项目的激增。在这些期刊中，同济大学的《时代建筑》做出了引人注目的调整和改革。《时代建筑》与学术机构和设计公司均保持

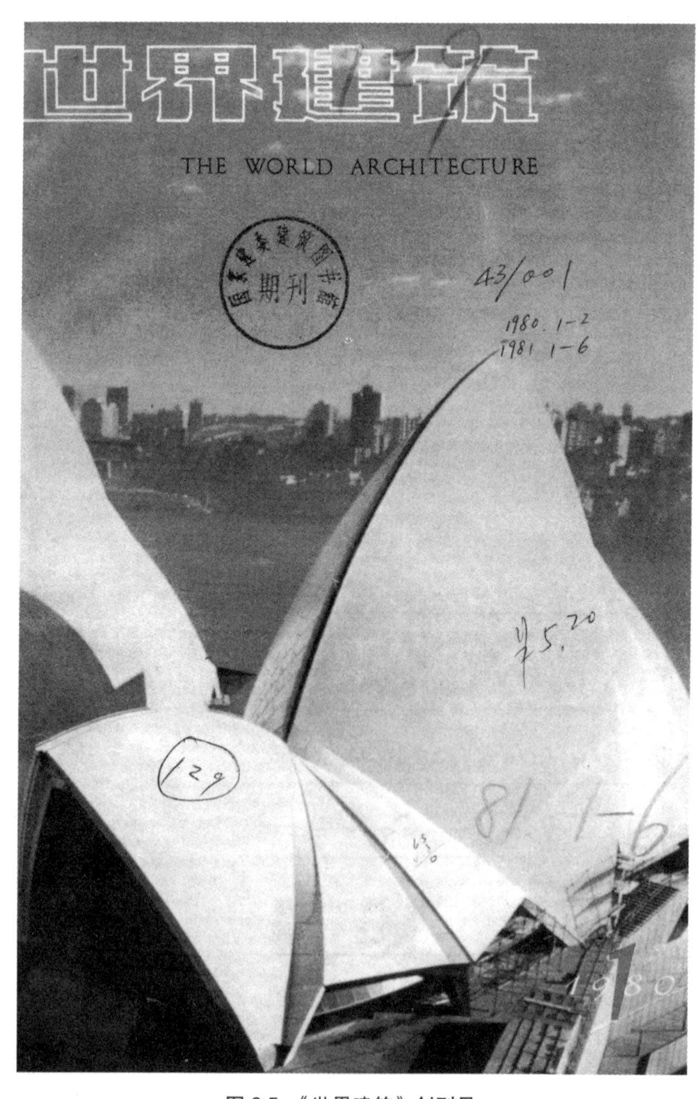

图 2.5 《世界建筑》创刊号

资料来源：《世界建筑》，1980 年第 1 期，封面

密切的联系，具有学术和职业的双重性质。基于其对创新性实践的支持，在罗小未和支文军的主持下，该杂志通过推出主题编辑，对新一代中国建筑师的作品给予了极大的关注。该杂志对主题、项目和作者的选择表明，它致力于培育批评性文化。

当代中国建筑期刊的状况

当下深刻的社会经济转型给中国建筑师提供了大量的机会，他们通过物质、理论和出版实践来表达形式创新和社会参与。如今,中国的建筑师有更多的机会和媒介来发表他们的作品，包括宣言、期刊、展览、互联网、小册子和专著等形式。与此同时，建筑期刊的内容趋向于同质化，且缺乏批评性分析。在中国建筑出版业中出现了一个新现象，那就是许多新兴建筑师倾向于同时向几个出版物提交他们的项目和几乎相同的文本或设计说明。有两个原因可以解释这一现象：一方面，建筑师试图利用各种渠道尽可能广泛地宣传他们的作品；另一方面，期刊编辑越来越依赖于新颖的形式来吸引读者并保持其出版物的竞争力。

在这个信息膨胀的时代，建筑批评在区分不同出版物的质量方面起着至关重要的作用，因为如何对待建筑项目是出版物的内在特征。建筑期刊与建筑批评的互存关系为编辑和评论家提供了探索批评边界的可能性。虽然建筑师的工程总结仍然占主导地位,《建筑学报》、《建筑师》和《时代建筑》等杂志非常注重培育建筑批评。

中国的建筑从业者倾向于介入工程实践而不是写作和出版，这并非是一种偶然现象。批评性写作不可避免地会触及政治层面，而批评性实践倾向于为建筑学学科和社会现实提供一些积极的解决方案。批评性的理论和出版工作倾向于批评现状，揭示其缺点，甚至会损害某些个人或机构的利益，而物质实践有可能通过建设性参与为社会做出贡献。换句话说，写作和出版将通过破坏性表达来传达建设性建议，而物质实践通过积极参与来表达不满和抗争。

也许更重要的是，批评性建筑，虽然旨在挑战现状和实现社会和文化解放，几乎不会影响到社会稳定。相反，它通过提供适当的范例，有助于实现“构建和谐社会”的目标。虽然建筑活动仍然需要地方政府的建设许可，但较少受到政治干预（具有政治或文化意义的政府项目除外），正是因为它不会像艺术、电影、戏剧、文学、新闻等作品那样直接暴露其意识形态。在这个意义上，不难理解一些开明的政府官员会支持那些具有强烈社会责任感的建筑项目。

从历史角度来看，广州的政府官员对现代主义建筑的蓬勃发展作出了重要贡献。他们的支持，为建筑师提供了一个相对自主的、有利于追求创造性表达的创作环境。比如，林西在担任广州市副市长期间（从 20 世纪 50 年代到 80 年代，负责城市建设），鼓励建筑和庭园设计的创造性思维。[73] 他很欣赏夏昌世、莫伯治和佘畯南等建筑师的才华。[74] 在他的领导和支持下，广州出现了一批现代主义建筑，如 1951 年修建的华南土特产展览交流会馆，20 世纪 60 年代的白云山庄、70 年代的广州外贸工程项目和 80 年代的白天鹅宾馆等。

在今天的深圳，地方政府通过组织建筑双年展和委任有才华的建筑师设计民用项目，展示了其对建筑文化的追求和打造国际“设计之都”的雄心。[75] 最近一个能够明确说明这种合作的例子是由深圳市南山区政府委托，当地的都市实践事务所设计完成的社区婚姻登记中心。这个项目被广泛地发表在中国的建筑期刊上，配以建筑师的设计注释，而非评论家的批评性解读，包括2012年的《时代建筑》和《建筑学报》(图2.6)。[76]这个建筑位于基地一角，由一个两层高的圆形体块（容纳了主要功能），水池和一个有顶的结构所组成。作为一个试点项目，它展示了政府和建筑师将常见的政府机构转变成富有人情味的场所的努力。不论是对经历这种仪式空间的新人，还是对当地居民来说，这一尝试是非常有意义的。该项目还表明了都市实践通过最小化干预来重建和重新定义通常被快速城市扩张所遗弃的公共空间的一贯承诺。[77]

此外，在中国建筑期刊上发表的大多数项目都是已建成的。在西方，特别是在20世纪60年代和70年代，新兴建筑师几乎没有机会在现实中建造建筑，因此，提高声誉和吸引潜在客户的最引人注目的方式莫过于通过写作、绘画、教学和出版设计方案来宣传他们的批判性思想。中国的现状（商业压力）也限制了建筑从业者单纯地从事批判性写作、出版和绘画。

相当数量的建筑期刊的生存取决于建筑师提供的文字、图纸和照片。[78]建筑师不可避免地会对照片和作者进行选择，甚至对文本的内容进行修改。建筑师和杂志之间的这种关系创造了表面上的和谐而不是思想上的张力，因此也会影响知识的生产。在中国文化背景下，编辑和建筑师之间的这种密切联系也深深地影响了特定作品在公共领域的出现方式。虽然每年建造的建筑物数量巨大，只有极少部分项目可以在专业期刊上出版。因此，期刊编辑可以保

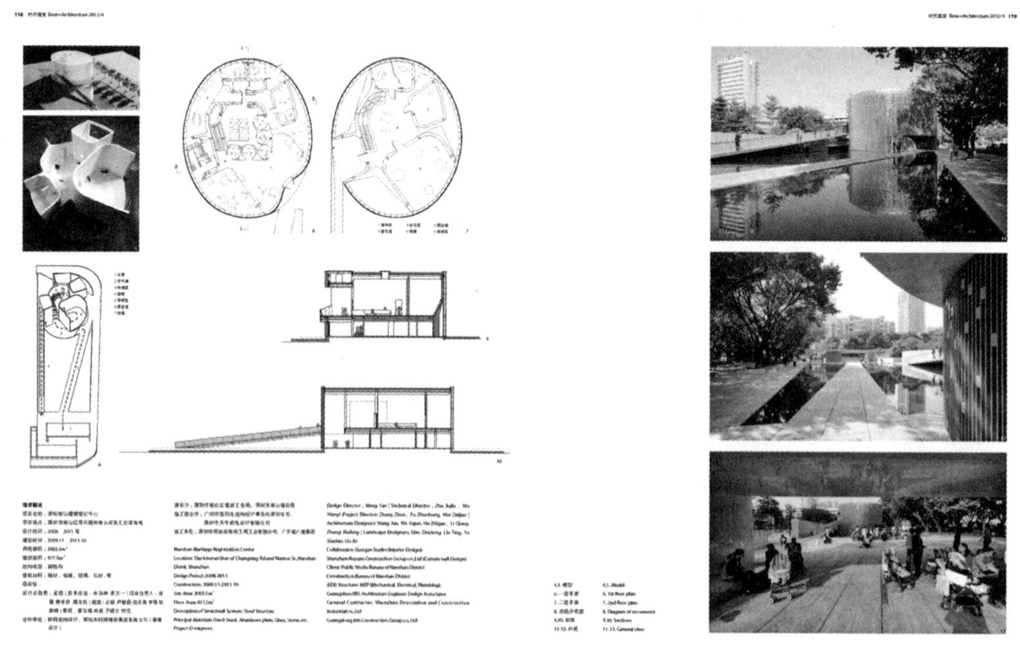

图2.6 都市实践，深圳南山婚姻登记中心

来源：《时代建筑》，2012年第4期，118-119页

留挑选素材的权利。这种选择权也是《时代建筑》的出版特征之一，其优势在于向所选择的建筑提出了理论性的讨论和历史性的评论。这尽管类似塔夫里所批评的“操作性批评”（operative criticism），此种方法仍然是十分必要的，因为它有助于探索新的建筑实践和写作模式，不同于那种无立场的、支配性的建筑生产。[79]

在许多层面，批评性的出版实践与批评性建筑和建筑批评紧密关联。建筑师并不是建筑文化生产唯一的主角，其他的参与者包括编辑、理论家、评论家、历史学家以及建筑学之外其他专业人士。他们对建筑期刊的集体贡献有助于人们观察和分析一些有趣的建筑议题。自从创刊以来，建筑期刊与思想的传播紧密联系。虽然新媒介或大众、社交媒介的不断出现并改变知识传播的方式，但期刊的重要性在于它们为专业人士创造了一个（精英）话语场所，已经并继续塑造人们对建筑学的理解。

注释：

[1] Karl Marx and Friedrich Engels, “Theses on Feuerbach,” in *Selected Works* 1, trans. W. Lough（Moscow: Progress Publishers, 1969）, 13–15. 原 文: The philosophers have only interpreted the world, in various ways; the point is to change it.

[2] Max Horkheimer, “Traditional and Critical Theory,” in *Critical Theory: Selected Essays*, trans. Matthew J. O'Connell and others（New York: Continuum, 1982）, 188-235.

[3] K. Michael Hays, Kogod, Lauren and the Editors, “Twenty Projects at the Boundaries of the Architectural Discipline Examined in Relation to the Historical and Contemporary Debates over Autonomy,” *Mining Autonomy*, eds. Michael Osman, Adam Ruedig, Matthew Seidel and Lisa Tilney, a special issues of *Perspecta*, 33,（2002）, 54-71, 58.

[4] ManfredoTafuri, *Architecture and Utopia: Design and Capitalist Development*, trans. Barbara Luigia La Penta（Cambridge, Mass.; London: MIT Press, 1976）.

[5] ManfredoTafuri, “Note to the second（Italian）edition,” in *Theories and History of Architecture*, trans. Giorgio Verrecchia（London: Granada, 1980）. 原文: Just as it is not possible to found a Political Economy based on class, so one cannot ‘anticipate’ a class architecture（an architecture ‘for a liberated society’）; what is possible is the introduction of class criticism into architecture.

[6] 一方面，塔夫里对建筑与社会之间的“悲观”看法给建筑实践留下了阴影 . 另一方面，他也忽视建筑作为意识形态或上层建筑对经济基础（基础设施）的潜在作用 . 关于经济基础与上层建筑之间关系的讨论，参见 Louis Althusser, *Essays on Ideology*（London: Verso, 1984）.

[7] Fredric Jameson, “Architecture and the Critique of Ideology,” in *Architecture, Criticism, Ideology*, ed. Joan Ockman（New York: Princeton Architectural Press, 1985）, 51-87; Fredric Jameson, “Is Space Political?” in Neil Leach ed. *Rethinking Architecture: A Reader in Cultural Theory*（London and New York: Routledge, 1997）, 255-69.

[8] Jon Michael Schwarting, "In Reference to Habermas," in *Architecture, Criticism, Ideology*, ed. Joan Ockman (Princeton, N. J.: Princeton Architectural Press, 1985), 94-100.

[9] Michael Hays, "Critical Architecture: Between Culture and Form," *Perspecta*, 21 (1984), 15-29; 中文参见迈克尔·海斯．吴洪德译，童明校．批判性建筑：在文化和形式之间 [J]. 时代建筑，2008 (1): 116-121.

[10] 杂志还组织翻译了其他学者的相关文章，参见迈克尔·斯皮克斯．凌琳译，王群校．设计智慧与新经济 [J]. 时代建筑，2007 (4): 80-83；英文原文 Michael Speaks, "Design Intelligence and the New Economy," *Architectural Record*, no. 1 (2002), 72-76.

[11] 罗伯特·索莫、萨拉·怀汀．范凌译，王飞校．关于"多普勒"效应的笔记和现代主义的其他心境 [J]. 时代建筑，2007 (2): 112-17；英文原文 Robert Somol and Sarah Whiting, "Notes around the Doppler Effect and other Moods of Modernism," *Mining Autonomy*, eds. Michael Osman, Adam Ruedig, Matthew Seidel and Lisa Tilney, a special issue of *Perspecta*, 33 (2002), 72-77.

[12] 乔治·贝尔德．都铭译，朱剑飞校．"批评性"及其不满 [J]. 时代建筑，2007 (3): 54-57. 英文原文 George Baird, "'Criticality' and Its Discontents," *Harvard Design Magazine*, (Fall 2004/ Winter 2005), 16-21.

[13] 然而，埃森曼的"批评性建筑"和索莫、怀汀的"投射性建筑"的关键区别在于他们对社会的基本态度。更准确地说，前者特别强调学科自主性的意义，而后者则注重建筑与现有社会条件的多重关系．在"批评"和"后批评"之争的背后（尽管一些人不认可这个标签），是年轻一代的评论家和学者，在新的历史情况下以新的思想为参照，试图敏锐地回应建筑实践不断变化的外部条件，并挑战老一辈的学术权威．新的思想参照是指新兴建筑师的作品和来自其他学科的知识；新的历史情况是指目前全球化背景下的新自由主义时代．在许多层面，"投射性建筑"对创新形式的倡导是迎合大型集团公司对于文化资本积累的需求，而不是否定现有空间逻辑和社会再生产的不平等．比如，这些新兴学者常利用库哈斯的工作作为参考．事实上，库哈斯曾经质疑建筑实践在复杂现实中的批判意义．他曾经说："在建筑实践的深层次动机中，有些东西不能是批判性的；处理建筑项目中的极端困难，包括应对经济、文化、政治和后勤等问题，都需要一种接触，坦率地说，我使用另一个词——共谋来代替接触。"（原文：In the deepest motivation of architecture there is something that cannot be critical, to deal with the sometimes insane difficulty of an architectural project, to deal with the incredible accumulation of economic, cultural, political, and logistical issues, requires an engagement for which we use a conventional word-complicity-but for which I am honest enough to substitute the word engagement or adhesion)。Peter Eisenman, "Critical Architecture in a Geopolitical World," in *Architecture beyond Architecture*, eds. Cynthia C. Davidson and Ismail Serageldin (London: Academy Editions, 1995), 78-81; Michael Speaks, "After Theory," *Architectural Record*, no. 6 (2005), 72-75; Rem Koolhaas, comment made during a discussion forum, in Cynthia C. Davison, ed. *Anyplace* (New York, Anyone Corporation/Cambridge, Mass. and London: MIT Press, 1995), 234.

[14] Jianfei Zhu, "Criticality in between China and the West," *The Journal of Architecture* 10, no. 5 (2005), 479-98.

[15] Jianfei Zhu, "China as a Global Site: In a Critical Geography of Design," in *Critical Architecture*, eds. Jane Rendell, Jonathan Hill, Murray Fraser and Mark Dorrian (London and New York: Routledge, 2007), 301-8. 朱剑飞于 20 世纪 80 年代在天津大学学习建筑 .1994 年，他获得伦敦大学学院巴特雷特建筑学院哲学博士。从 1999 年起，他任教于澳大利亚墨尔本大学 .

[16] Zhu, "Criticality in between China and the West," 487.

[17] 同上, 482-93.

[18] 同上, 495.

[19] 同上, 77.

[20] 刘家琨 . 给朱剑飞的回信 [J]. 时代建筑, 2006 (5): 67-68.

[21] 朱涛 . 近期西方"批评"之争与当代中国建筑状况："批评的演化——中国与西方的交流"引发的思考 [J]. 时代建筑, 2006 (5): 71-80.

[22] 同上, 72.

[23] Hilde Heynen, "A Critical Position for Architecture," in *Critical Architecture*, eds. Jane Rendell, Jonathan Hill, Murray Fraser and Mark Dorrian (London and New York: Routledge, 2007), 48-56; Ole W. Fischer, "Atmospheres – Architectural Spaces between Critical Reading and Immersive Presence," *Field: A Free Journal of Architecture* 1, no. 1 (2007), 24-41.

[24] Zhu, "The 'Criticality' Debate in the West and the Architectural Situation in China," 77.

[25] 同上, 74.

[26] 同上 .

[27] 同上, 77.

[28] Murray Fraser, "The Cultural Context of Critical Architecture," *The Journal of Architecture* 10, no. 3 (2005), 317-322.

[29] Theodor W. Adorno, *Aesthetic Theory*, eds. Gretel Adorno and Rolf Tiedemann; newly translated, edited, and with a translator's introduction by Robert Hullot-Kentor (London: Athlone Press, 1997), 228.

[30] Rodolphe Gasché, *The Honor of Thinking: Critique, Theory, Philosophy* (Stanford: Stanford University Press, 2007), 12.

[31] Ignasi de Sola-Morales, *Differences: Topographies of Contemporary Architecture* (Cambridge, Mass: The MIT Press, 1997), 5.

[32] Manfredo Tafuri, *Theories and History of Architecture*, trans. Giorgio Verrecchia (London: Granada, 1980), 1. 原文：That architectural criticism finds itself, today, in a rather difficult situation, is not a point that requires much underlining. To criticize, in fact, means to catch the historical scent of phenomenon, put them through the sieve of strict evaluation, show their mystifications, values, contradictions and internal dialectics and explore their entire charges of meanings.

[33] 同上，1-2. 原文：Then，in order not to lose its purpose，criticism will have to turn to the history of the reforming movement，showing its shortcomings，contradictions，betrayed goals，failures and，particularly，its complexity and fragmentation.

[34] Michel Foucault，"Practicing Criticism，" in Lawrence D. Kritzman（ed.），*Politics，Philosophy，Culture：Interviews and Other Writings 1977-1984*，trans. Alan Sheridan and others（London and New York：Routledge，1988），155.

[35] ManfredoTafuri，"There is No Criticism，Only History，" an interview conducted in Italian by Richard Ingersoll and translated by him into English，in *Design Book Review*，no. 9（Spring 1986），8-11.

[36] 同上，8.

[37] 司马光 . 司马光奏议 [M]. 太原：山西人民出版社，1986：426.

[38] 陈兆福 . 一词之译七旬半世纪（之一）[J] . 博览群书，2001（5）：25-26.

[39] 刘光华，华揽洪 . 不能光顾着盖高楼大厦了 [J]. 建筑学报，1957（9）：42-44.

[40] 华揽洪 . 李颖译，华崇民编校 . 重建中国：城市规划三十年 1949-1979[M]. 北京：生活· 读书· 新知三联书店出版，2006：65. 法文原版 Leon Hoa，*Reconstruire la Chine：Trente ans d'urbanisme，1949-1979*（Paris：Editions du Moniteur，1981）.

[41] 华揽洪 . 北京幸福村街坊设计 [J]. 建筑学报，1957（3）：16-35.

[42] 陈占祥 . 建筑师还是描图机器 [J]. 建筑学报，1957（7）：42.

[43] 朱正 . 1957 年的夏季：从百家争鸣到两家争鸣 [M]. 郑州：河南人民出版社，1998.

[44] 这一原因是复杂的，并且与社会的整体发展水平紧密相关 . 与民生问题相比，建筑不是新闻的主要关注点 . 虽然当下的社会条件会影响人们对建筑的态度，但这绝不是忽视批评的一种借口；相反，建筑批评将建筑作为一种载体来质疑美学和社会政治问题，具有为公众启蒙的潜在功能 .

[45] Stanislaus Fung，"Orientation：Notes on Architectural Criticism and Contemporary China，" *Journal of Architectural Education* 62，no. 3（2009），16–17. 原 文：For over a thousand years，mainstream Chinese writings on architecture favoured short essays recounting intentions，circumstances，and concrete experiences. This is a discourse on the reception of architecture，rich in concrete imagery and short on elaboration of abstract concepts，which took the vantage point of inhabitants or visitors.

[46] 欧美学术界对批评的不满表现在：文学批评家特里· 伊格尔顿（Terry Eagleton）认为批评缺乏真正的社会关切；艺术批评家詹姆斯· 埃尔金斯（James Elkins）指出批评缺乏雄心，批评家眼里只有单个的孤立的作品而忽视整个艺术生产生态机制；建筑批评家马丁· 波利（Martin Pawley）呼吁真诚的批评 . 参见 Terry Eagleton，*The Function of Criticism：From the Spectator to Post-Structurism*（London：Verso，1984）；James Elkins，*What Happened to Art Criticism?*（Chicago：Prickly Paradigm Press，2003）；Martin Pawley，*The Strange Death of Architectural Criticism：Martin Pawley Collected Writings*，ed. David Jenkins（London：Black Dog，2007）.

[47] 徐千里 . 重建思想的能力：批评的理论化和理论化的批评 [J]. 新建筑，1998（1）：35-38.

[48] 同上，36.

[49] 同上，37.

[50] 徐千里 . 建筑批评与问题意识（下）[J]. 建筑，1999（2）：29-30.

[51] 同上，30.

[52] 徐千里 . 建筑批评与问题意识（上）[J]. 建筑，1999（1）：32-33.

[53] Jonathan Hale, *Building Ideas: An Introduction to Architectural Theory*（Chichester：John Wiley & Sons，2000）.

[54] 支文军，徐千里 . 体验建筑：建筑批评与作品分析 [M]. 上海：同济大学出版社，2000. 郑时龄 . 建筑批评学 [M]. 北京：中国建筑工业出版社，2014.

[55] Merle Goldman, "The Party and the Intellectuals," in *The Cambridge History of China, vol. 14, The People's Republic, Part I: The Emergence of Revolutionary China 1949-1965*, eds. Roderick MacFarquhar and John K. Fairbank（Cambridge：Cambridge University Press，1987），218-58；Merle Goldman, *China's Intellectuals: Advise and Dissent*（Cambridge，Mass.：Harvard University Press，1981）；Edward Gu and Merle Goldman, eds. *Chinese Intellectuals between State and Market*（London and New York：Routledge，2004）；Richard Kraus, "Let a Hundred Flowers Blossom and a Hundred Schools of Thought Contend," in *Words and Their Stories: Essays on the Language of Chinese Revolution*, ed. Wang Ban（Leiden and Boston：Brill，2011），249-262.

[56] 近些年来，西方一些建筑杂志出版专辑专门探讨建筑批评的状况 . 参见 *OASE* 81,（2010）；*Journal of Architectural Education* 62, no. 3（2009）；Suzanne Stephens, "Assessing the State of Architectural Criticism in Today's Press," *Architectural Record*, no. 3（1998），64-69+194.

[57] 鲁迅，景宋 . 两地书 [M]. 北京：人民文学出版社，2006：62. 在鲁迅的文章中，文明批评是指对各种压迫性的意识形态、文化、制度和美学等攻击，而社会批评则指的是对目前存在于社会、文化、政治、经济和民族环境中各种不当行为的批评 .

[58] Mitchell Schwarzer, "History and Theory in Architectural Periodicals: *Assembling Oppositions*," *Journal of the Society of Architectural Historians*, vol. 58, no. 3,（September，1999）：342. 原文：Periodicals, of course, are also the domain of architectural criticism. Unlike books, with their long shelf life and irregular rhythms of purchase, periodicals are consumed rapidly but also regularly through subscription. And because of their brief shelf life, periodicals typically focus on what is current. The architectural periodical is consequently one of the best discursive sites for investigating how changing theoretical argumentation and historical narration intersect with day-today architectural practice and profession.

[59] 现代学术期刊的历史可以追溯到 1665 年在法国由戴尼斯·德·萨罗（Denis de Sallo）创立的《学者杂志》（*Le Journal des Scavans*），而在英语世界中，由亨利·奥登堡（Henry Oldenburg）创立的《皇家学会哲学交易》（*Philosophical Transactions of the Royal Society*）是最早的一个 . Carol Tenopir and Donald King, "The Growth of Journals Publishing," *The Future of the Academic*

Journal, eds. Bill Cope and Angus Phillips（Oxford：Chandos Publishing，2009），105-23.

[60] Sandra Knapp and Debbie Wright，“e-Publish or Perish?” in *Systema Naturae 250：The Linnaean Ark*，ed. Andrew Polaszek（Boca Raton；London：CRC Press，2010），83-94. 尽管承认期刊职能的重叠和模糊性，安· 夏弗纳（Ann Schafner）提出了一个包括以下内容的模型：1）建立集体知识库；2）传递信息；3）验证研究的质量；4）分配各种奖励；5）建设科学共同体 . 事实上，科学期刊的重要作用与人文科学和社会科学的期刊非常相似，尽管它们在具体方面可能有微小的差异 .Ann C. Schafner，“The Future of Scientific Journals：Lessons from the Past，” *Information Technology and Libraries* 13，no. 4（1994），239-47.

[61] 尽管期刊（journal）有时可以当作杂志（magazine）的同义词，但它们有着本质区别，前者在学术界使用，在大多数情况下是指针对专门高级别专家和学生的同行评议的出版物，而后者一般是指为非专业人士、普通听众撰写的非学术出版物 . 然而，应当指出是，学术期刊和专业杂志之间的边界在许多情况下越来越模糊 . 一些期刊也包含面向普通读者的文章，同时许多杂志也发表专业领域的学术文章 .

[62] 像许多其他领域的实践一样，今天，出版业也受到技术的极大影响，这些影响体现在知识的生产和传播过程之中 . 鉴于互联网提供了一种分享学术成果的新途径，为了积极适应这一新趋势，许多学术期刊也在网上发布文章，以便让更多的成果便于搜索和共享 . 换句话说，学术资源的开放性为出版业带来了重大挑战和机会 . 虽然电子形式的出版物改变了期刊出版的生态，但期刊的实质功能将保持相对稳定或可以改进，因为纸质和数字格式都是不可缺少，而且是互补的 .Michael Mabe，“The Growth and Number of Journals，” *Serials：The Journal for the Serials Community* 16，no. 2（2003），191-197.

[63] 最早在西方出版的建筑论著是马库斯· 维特鲁威（Marcus Vitruvius）的多卷本《建筑十书》。正如安东尼· 维德勒（Anthony Vidler）所总结的那样，15 世纪对维特鲁威的重新发现导致了在之后几个世纪里产生类似的论著；其次是 19 世纪产生的关于风格的手册和教学手册；在 20 世纪出现了一系列争论性的宣言，以及第二次世界大战之后更多关于目的和战略的客观叙述 . 除了这些出版的书籍，出现于 19 世纪的建筑期刊在向公众和专业传播建筑知识方面发挥了重要作用 . 由于这些建筑期刊不仅关注技术信息而且关注建筑批评，建筑作为一个受人尊敬的专业最初被大学接受为一门学科 . Anthony Vidler，“Troubles in Theory Part 1：The State of the Art 1945-2000，” *The Architectural Review*，no. 10（2011），102-107；Frank Jenkins，“Nineteenth-Century Architectural Periodicals，” in *Concerning Architecture：Essays on Architectural Writers and Writing Presented to Nikolaus Pevsner*，ed. John Summerson（London：Allen Lane，1968），153-160.

[64] Qinghua Guo，“*Yingzao Fashi*：Twelfth-Century Chinese Building Manual，” *Architectural History* 41（1998），1-13；Li Shiqiao，“Reconstituting Chinese Building Tradition：The *Yingzao fashi* in the Early Twentieth Century，” *Journal of the Society of Architectural Historians* 64，no. 4（2003），470-489.

[65] 梁思成 . 中国建筑之两部“文法课本”// 梁思成文集 [M]. 第 4 卷 . 北京：中国建筑工业出版社，

2001：295-301.

[66] 朱海北 . 中国营造学社简史 [J]. 古建园林技术，1999（4），10-14. 崔勇 . 中国营造学社研究 . 南京：东南大学出版社，2004.

[67] 陈薇 .《中国营造学社汇刊》的学术轨迹与图景 [J]. 建筑学报，2010（1）：71-77.

[68] 梁思成 . 为什么研究中国建筑 . 梁思成文集 [M]. 第 3 卷 . 北京：中国建筑工业出版社，2001：377-380.

[69] 编辑 . 发刊词 [J]. 建筑月刊，1932（1）：3-4.

[70] 在 20 世纪初期的欧洲，建筑期刊是新一代建筑师的主要讨论平台，他们在此集中发表、热烈讨论自己对现代建筑的辩论性观点 . 其中一个明显的例子是，勒· 柯布西耶使用了名为《新精神》（*L'Esprit Nouveau*）的杂志作为强有力的平台来倡导在建筑业中使用现代工业技术和策略，以改造现有的社会问题 . 他在这里发表的激进宣言被收集起来，后来编辑成书 . 当时其他有影响力的现代主义杂志包括荷兰建筑师特奥· 凡· 杜斯伯格（Theo van Doesburg）主编的《风格派》（*De Stijl*）和德国建筑师密斯· 凡· 德· 罗（Mies van de Rohe）参与的设计杂志《G：初步设计的材料》（*G：Material zur Elementaren Gestaltung*）. 这些出版物发表了一些年轻建筑师未建成的、有争议的作品，除此之外，在其他欧洲国家，如英国、意大利和法国，建筑期刊也成为一个传播进步建筑理念，特别是现代主义的重要平台 .Beatriz Colomina，*Privacy and Publicity：Modern Architecture as Mass Media*（Cambridge，Mass.：MIT Press，1994）；Ad Petersen ed. *De Stijl：Volume 1（1917-1920）and Volume 2（1921-1932）*，（Amsterdam：Athenaeum；Bert Bakker，Den Haag and Polak & Van Gennep，1968）；Detlef Mertins，Michael W. Jennings，eds. *G：An Avant-Garde Journal of Art，Architecture，Design，and Film，1923-1926*（Los Angeles：Getty Research Institute，2010）.

[71] Beatriz Colomina，Craig Buckley（eds.），*Clip，Stamp，Fold：The Radical Architecture of Little Magazines，196X - 197X*（Barcelona：Actar，2010）.

[72] 1973 年，在纽约建筑和城市研究学院（Institute for Architecture and Urban Studies），彼得·埃森曼，肯尼斯·弗兰姆普敦和马里奥·盖德桑纳斯（Mario Gandelsonas）等人创立反对派（*Oppositions*）杂志，宣称它是关于"建筑学思想和批评的杂志"，并一直致力于讨论建筑文化和实践的复杂历史问题 . 编辑们试图挑战那种遵循建筑领域最新趋势的主流出版模式 . 该期刊把自己置于美国和欧洲的文化和建筑转型语境中，并保持反叛的、原创的格调 . 正是因为它在美国建筑出版领域中的独立地位，既非学术型也非职业型，这本杂志秉承了一种批评立场，有力促进了美国和欧洲之间的思想交流 .Joan Ockman，"Resurrecting the Avant-Garde：The History and Program of *Oppositions*，" in *Architectureproduction*，eds. Joan Ockman and Beatriz Colomina（New York：Princeton Architectural Press，1988），181-99.

[73] 韦国荣 . 深切悼念林西同志 [J]. 广东园林，1993（3）：48-49+40.

[74] 佘畯南 . 林西：岭南建筑的巨人 [J]. 南方建筑，1996（1）：58. 莫伯治 . 白云珠海寄深情：忆广州市副市长林西同志 [J]. 南方建筑 2000（3）：60-61.

[75] 2008 年深圳被联合国教科文组织全球创意城市网络认定为设计之都 . 深圳市"十二五"规划

重点打造创意产业.

[76] 孟岩.城市礼仪空间的再生：深圳南山婚姻登记中心 [J]. 时代建筑，2012（4）：117-124；都市实践.南山婚礼堂设计 [J]. 建筑学报，2012（2）：17.

[77] 孟岩.城市礼仪空间的再生.123.

[78] Francoise Fromonot，“Why Start an Architecture Journal in an Age That is Disgusted with（Most of）Them?” *OASE* 81,（2010），66-78.

[79] 在塔夫里看来，建筑历史学家希格弗莱德·吉迪恩（Sigfried Giedion）和布鲁诺·赛维（Bruno Zevi）的写作是意识形态导向的，是提倡某种建筑思潮的，因而是一种“操作式的批评”（operative criticism）.针对塔夫里立场的分析，参见 Mark Wigley，“Post-operative History，” *ANY* 25/26（2000），47-53.

第3章
20世纪中国现代建筑：一个历史性回顾

在旧事物的衰落与新事物的形成之间往往是一个过渡时期，它必然也是一个充满不确定性、混乱、错误和野蛮狂热的过程。[1]

——约翰·卡尔霍恩（John C. Calhoun）

虽然政治学家卡尔霍恩的论述深深地植根于19世纪中叶的美国政治环境，但用它来描述中国近现代历史也显得富有前瞻性。几乎在同一时间，马克思和恩格斯在1848年的《共产党宣言》中写道，西方工业化国家较便宜的商品大肆涌入到中国。[2]为了维持政权，清政府在鸦片战争后，派出许多优秀青年学生赴国外学习以期获得第一手经验。[3]此时，中华帝国的文化传统、社会政治观念和专业制度等方面都面临着西方文明的巨大挑战。

在此前的2000多年里，中国建筑建立了自己独特的体系。突然之间，它遭遇到资本主义生产方式和劳动分工的冲击。在中国的营造传统中，工匠统领设计和施工，学徒跟随师傅学习建筑技艺。这种在日常实践中形成的知识转移方式有效维系了建筑文化的微妙演进。直到20世纪初期，第一批在西方留学的中国建筑师回国创业，现代意义上的建筑学科、建筑教育和建筑职业才开始出现。[4]

在20世纪的中国，主要存在着两种建筑思潮：来自美国而源自法国巴黎美术学院的“布札”体系与源自欧洲的现代主义，但它们的历史发展轨迹却有着显著的差异（图3.1）。国家政权为了象征性（representational）的需要曾大力支持前者，同时，一些思想开明的个人和机构更倾向于采用现代主义来满足其工具性（instrumental）目的。在过去的一个世纪里，“布札”美术在中国建筑界占有主导性地位，而一些个人通过介入实践、教育和出版来追求进步的现代主义，试图挑战那种普遍存在的折中主义立场和方法。

“布札”美术与现代主义的初步相遇：1920 ~ 1949年

20世纪初期，西方留学归来的中国建筑师在实践、教学和出版等方面为现代建筑的发展奠定了基础。由于明治维新之后社会政治的成功转型和相似的文化背景，日本曾经是许多中国留学生学习的热门目的地。然而，在1909年“庚子赔款奖学金”（The Boxer Rebellion Indemnity Scholarship Program）设立之后，大批留学生逐渐转移到美国和欧洲，如英国、法国和德国等国。[5]有趣的是，当中国学生开始在西方学习建筑的时候，许多西方建筑师在中国设立了自己的设计公司，外国学者也对中国传统建筑非常重视。[6]在建筑领域，中西之间的

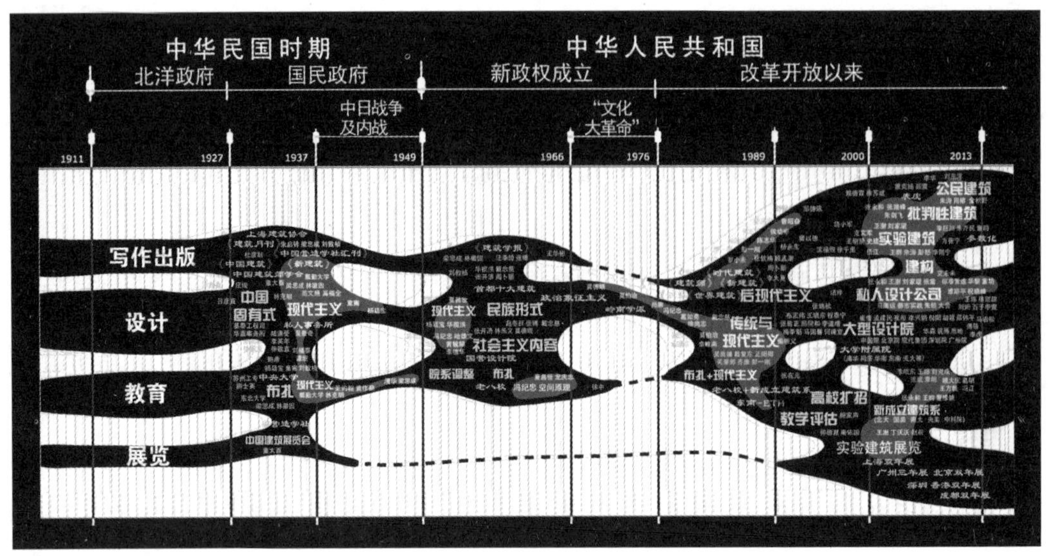

图 3.1　20 世纪中国现代建筑历史图解

一种知识交流体系开始建立。

荷兰历史学家冯客（Frank Dikötter）认为，在中国，20 世纪前半叶是一个前所未有的开放时期，人员、商品和思想开始频繁流动，这在以前是从来没有过的。[7] 建筑界这种动态的场景便是一个明显的例证。当西方留学回国的建筑师在 20 世纪 20 年代开办设计事务所时，国家正处于社会、政治和文化的动荡之中。一方面，随着清政府的灭亡，新生的“中华民国”仍然面临着分散混乱的局面。北洋政府（1912 ~ 1927）对外国人作了各种让步并在大城市实行较为宽松的社会文化政策。另一方面，民族资产阶级集中力量发展资本主义，知识分子试图在新文化运动中倡导民主与科学意识。

在这一时期，许多西方训练有素的中国建筑师开始在实践中参与处理传统文化与外来影响，社会需求和个人美学。南京中山陵的国际建筑设计竞赛也许可以说明这种复杂的局面。这一具有政治和文化意义的竞赛吸引了许多中西建筑师的关注。1925 年，留学美国康奈尔大学的中国建筑师吕彦直获得竞赛头奖。[8] 在 1921 年设立自己的事务所之前，吕彦直曾在美国建筑师亨利・基拉姆・墨菲（Henry Killam Murphy）在纽约和上海的工作室工作。为了在建筑里表达中国文化，墨菲曾经尝试将中国传统建筑的形式语言与现代建筑技术、材料和要求相结合。[9] 对此，吕彦直应该非常熟悉墨菲的实践方式。

吕彦直的设计整合了中国帝王墓葬建筑元素与“布札”美术建筑原理，清晰地回应了国民党对“中国固有式”风格的要求（图 3.2）。该项目对传统建筑与西方设计理念的诠释，代表了建筑师在调和本土文化和国际影响的初始努力，并与政治文化精英对构建现代国家身份的期望相一致，也对以后的建筑实践和思想产生了重要影响。

自 1927 年国民党在南京组建了一个相对统一的政府以来，建筑生产像其他文化创作一样在其政权的头十年中达到了高峰。建筑学的巨大转变体现在教育、出版和实践的动态发展中。

中　山　陵

中山陵在南京中山門外紫金山麓，完成於民國十八年五月，全陵以花岡石建成，由陵門達祭堂石道，凡三百餘級，墓室在祭堂背後，總理遺體安置其內，四周圍爲陵園，面積計四萬五千餘畝。上圖爲陵墓正面，右圖爲國葬石碑，下圖係陵墓全景。

The Dr. Sun Yat-sen Mausoleum The most impressive sight in Nanking and indeed one of the greatest architectural achievements of modern times is the Dr. Sun Yat-sen Mausoleum, a gigantic structure which covers the southern slope of the Purple Mountain. The tomb costs more than 2,000,000 dollars and took more than five years for its completion. Climbing the several hundred marble steps to the tumulus where the Father of the Republic is buried, the visitor may obtain a marvelous view of the country-side stretching as far as Anhwei Province. Above: Front view of the Mausoleum. Right: The Pavilion containing the Memorial Tablet. Below: An aeriel view of the mausoleum.

图 3.2　吕彦直，南京中山纪念陵

资料来源：伍联德等编，《中华景象》上海：良友图书印刷有限公司，1934 年，34 页

海外归来的中国建筑师在建筑教育中采用了他们所经历的教学模式。例如，留日建筑师柳士英、刘敦桢、朱士圭等人在 1923 年创办了苏州工业专门学校建筑科，就是以他们的母校日本东京高等工业学校（现东京工业大学）建筑科的教育模式为参考对象。[10] 同样，留美建筑师梁思成和林徽因也于 1928 年在沈阳建立了东北大学建筑系。他们采用了宾夕法尼亚大学保罗·菲利普·克雷特（Paul Philippe Cret）教授的“布札”体系教学方法，包括工作室模式和设计竞赛制度。[11]

虽然有些人在欧洲幸运地遇到了刚刚涌现的现代主义运动，但大多数建筑师是在美国接受的“布札”体系指导。在相对自由的教育气氛下，这些多样化的教学方法有助于形成多样

化的教育模式，但学院派传统依然占据主导地位。这一现象在“南京国立中央大学”（在整合东南大学与苏州工业专门学校建筑科的基础上新成立的机构）较为明显。在中央大学，留美的刘福泰与其他具有西方学习经验的建筑师一起工作，其中包括留英的李毅士，留美的卢树森，留德的贝寿同，以及宾夕法尼亚大学毕业生谭垣。

首先，中大教师各种各样的学术背景使得学院派与现代派之间维持了相对的平衡，表现在课程上就是强调艺术和技术层面的技巧。然而，1932 年的学生抗议运动被保守的国民政府镇压之后，“布杂”美术与现代主义之间的这种微妙平衡逐渐被打破。之后，越来越多的留美和留法人员加入建筑系，“布杂”美术传统开始占主导地位。这种状况在 20 世纪 40 年代达到顶峰，当时许多教师离开了中央大学，随后，刘敦桢、陆谦受，以及宾夕法尼亚大学毕业生杨廷宝和童寯加入到教师队伍中来。他们的教学强调平面构成与表达，以及对中西经典建筑的立面渲染（*analytique*）。

需要指出是，也有一些西方留学归国的建筑师在 20 世纪 40 年代致力于探索现代主义建筑教育。1942 年，曾经留学英国伦敦建筑协会建筑学院（Architectural Association School of Architecture）和哈佛大学设计研究生院（Graduate School of Design）的黄作燊在上海圣约翰大学创建了建筑系。在 1949 年之前，黄邀请了一些在上海执业的中外建筑师，如理查德・鲍立克（Richard Paulick）、A. J. 布兰特（A. J. Brant）、王大闳和陆谦受等人参与教学。[12] 在教学中他们引入包豪斯的“初步课程”（*vorkurs*）来培养学生处理不同形式和各种材料的能力。[13] 据当时的学生罗小未和李德华回忆说，教学课程强调历史、理论、批评和研究型设计。[14]

1945 年，梁思成在清华大学建立了建筑系。虽然梁在 20 世纪 20 年代末的东北大学引进了美国“布杂”美术教学理念，但他在拥抱现代主义方面却是非常开明的。在写给清华大学校长梅贻琦的信中，梁认识到传统的“布杂”美术模式是非常不切实际和过时的，转而倡导包豪斯的做法。[15] 值得注意的是，梁思成的 1946 年美国之行对他的教学思想产生了决定性的影响。[16] 回来之后，他开始改革清华的教学体系，并试图将建筑系改名为营建系，以传达其广泛的建筑概念：即从庭园到城市规划、从设计到施工、从艺术到工程。[17] 在课程设置中，立面渲染被抽象的平面构成和手工练习所取代，并添加了城乡社会学等课程；然而美术和艺术史在这个体系中仍然起着重要的作用。[18] 梁思成强调艺术、人文、科学和技术之间的平衡，在某种程度上代表了他对一种崭新建筑教育模式的探索与追求。[19]

除了教育方面，一些中国建筑师致力于创立研究机构、专业组织和建筑期刊，挑战外国建筑师、营造厂商和学者在中国建筑实践和研究中的影响力，试图建立专业身份认同并宣传新的建筑知识。1927 年，庄俊、范文照等人成立了上海建筑师协会。考虑到越来越多上海以外的建筑师，一年后，他们将该组织更名为中国建筑师学会。1932 年，中国建筑师学会出版了《中国建筑》杂志。在第一期社论中，留学宾夕法尼亚大学的建筑师赵深（兼任中国建筑师学会会长）写道：该期刊致力于 1）记录重要的历史古建筑；2）发表国内外新建筑；3）介绍西方建筑技术和研究成果；4）发表建筑学生的设计作业。[20] 他说，这本期刊的重要任务是“综合东西方建筑优点，促进中国传统建筑的固有特征”。[21]

《中国建筑》发表了一系列关于中国传统和西方现代建筑与城市的论文，刊登了一些东北大学和“国立中央大学”的学生设计作业。更重要的是，它连续集中发表了中国建筑师设计的工程项目，其中绝大多数建筑师是中国建筑师学会会员。这种现象与其在创刊初期的编辑议程不大一致，揭示了建筑行业中自我保护和认可的重要趋势，背后因素是要与西方建筑师、工程师和本地营造商一起生存和竞争。[22]

《中国建筑》发表的项目和话题反映了 20 世纪 30 年代中国建筑实践与思想的动态状况。刘源的研究指出，这其中一半以上的作品明显地采用了传统的主题和元素，与该杂志旨在发扬中国传统建筑的内在特征相一致。[23] 该杂志发表的两个具有更多细节和丰富插图的项目分别展示了两种不同的审美表达方式：一个是留美建筑师董大酉设计的上海市长大楼，位于新规划的市民中心（图 3.3），另一个是留德建筑师奚福泉设计的上海虹桥疗养院（图 3.4）。前者展示了建筑师用现代结构、施工技术和材料来再现传统图案、元素和装饰的技巧和能力，满足了地方当局对象征性的要求；后者显示了建筑师对整合功能、自然、阳光、心理感受和现代原则的敏锐性。

通过阅读该期刊所发表的建筑项目，可以得出一个初步的结论：对于具有政治意义的机构建筑来说，其形式仍然受到“布札”美术传统和国民政府对象征性需求的影响；而在没有政治干预的私人委托中，建筑师致力于创造简洁的现代建筑。新兴的资产阶级认可这种纯粹的形式，倾向于将纯抽象建筑视为进步的美学。

上述两个项目中所展示的美学差异性与这期间存在的两种意识形态相一致。作为《中国

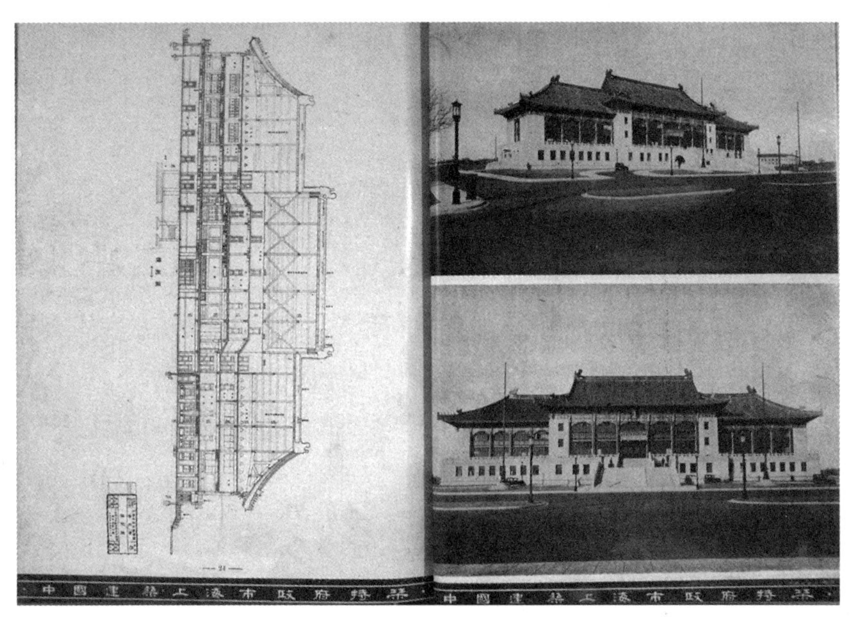

图 3.3　董大酉，上海市长大楼

资料来源：《中国建筑》，1933 年第 6 期，24-25 页

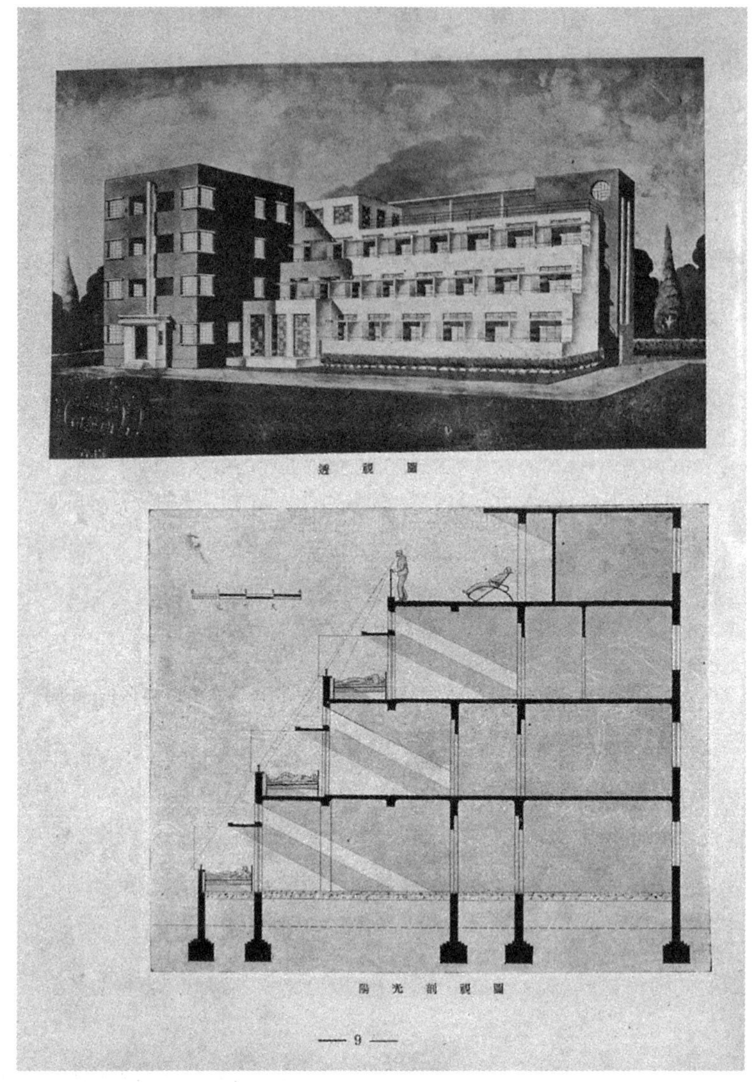

图 3.4　奚福泉，上海虹桥疗养院

资料来源：《中国建筑》，1934 年第 5 期，9 页

建筑》的主编，毕业于东北大学的建筑师石麟炳，可以说是提倡中国古典风格的代表人物。他在 1934 年发表的题为《建筑循环论》的文章中指出，建筑形式的变化有重复性的规律：从简单到复杂，从复杂到简单。[24] 对于他来说，国际风格的出现是风格变化的结果。后来在杂志的社论中，编辑们建议，为了保持中国建筑的内在特征，迫切需要改造传统的宫殿式建筑使其符合经济理性。[25]

然而，对于另一些建筑师来说，传统宫殿式建筑并不经济，也不适合社会发展的需要。这种看法体现在过元熙于 1934 年发表的题为《论中国新建筑》的文章中。[26] 在 1933 年至 1934 年间，过元熙在芝加哥举行的世界博览会中担任中国馆的驻场建筑师。在文章中，他认为所谓的古典中国风格不应该被用来代表国家精神和艺术，而建筑施工应以新技术和新方法为基础。[27] 除了对传统建筑的批判性思考外，一些关于现代运动的介绍、翻译文章也出现在《中国建筑》和其他期刊上，包括《建筑月刊》、《时事新报》和《申报》副刊等。在 20 世纪 30 年代，这些关于现代主义的出版物影响了许多建筑师的设计方法，比如，受到现代主义思潮的影响，范文照在广州中华书局大楼项目中表达了对现代主义原则和当地骑楼环境的敬意。

当石麟炳于 1935 年卸任编委一职时，《中国建筑》开始邀请建筑师轮流担任主编。通过发表个人项目，该杂志成为展示不同建筑思想和美学的重要舞台。自从 1932 年创刊到 1937 年停刊，数十名建筑师都担任过主编并发表他们的建筑项目，包括基泰工程司、联合建筑师事务所、董大酉、杨锡镠、范文照、陆谦受、吴景奇、奚福泉、李锦沛、李英年、华欣建筑事务所等。除了采用“中国固有式”和现代主义之外，在杂志上发表的作品还展示了各种各样的将“布札”传统与现代原则相结合的折中主义风格。建筑历史学者朱永春认为，中国建筑师学会内部的多元性，加上没有绝对的权威，使得这本杂志能够保持一定的活力。这种活力反映在建筑师对社会现实的探索和关注上，而不是通过吸收中国文化的精髓或输入西方的现代建筑来实现的。[28]

《中国建筑》杂志为建筑师创造了一个重要的话语平台来展示他们充满差异化的思想和项目。此外，广州勷勤大学建筑系的教师和学生也为推动现代主义建筑做出了重要贡献。1933 年留法建筑师林克明创建了该系。在 20 世纪 30 年代初期，林克明设计的广州市府合署大楼回应了国民党对“中国固有式”的要求，但他又积极倡导现代主义建筑教育。林克明对现代主义的呼吁最早体现在他于 1933 年发表的题为《什么是现代建筑》的文章中。他指出，现代建筑应以实用为基础，高层次审美取决于建造、材料与简洁的结合。[29]

在林克明及其同事的努力下，现代主义建筑思想在广州得以传播。1935 年，该系举办了学生作业展，展示了现代建筑的教学成果。在这次展览的出版物中，林克明首先宣称，展览的目的就是鼓励学生们努力工作并吸引社会关注。[30] 在他的文章之后是学生对现代建筑的热情赞颂。这种独特的氛围为 1936 年《新建筑》杂志的创刊提供了一个重要基础。令人惊讶的是，这个由学生郑祖良和黎伦杰编辑的出版物竟然有一个德文标题 *Die Architektur*（图 3.5）。尽管不像《中国建筑》拥有那么大的影响力，但《新建筑》体现了作者们对进步的现代主义的明确追求。第一期的封面图片是一张构成主义草图，它展示了一种纯粹的抽象构图，也反映了编辑们对这种形式的偏爱。

《新建筑》创立的主要目的是抵制传统的建筑风格，并创造一个基于功能性的新建筑。正如编辑在第一次社论中所说的那样：“我们作为年轻的建筑研究人员，不应该忽视无序、不和谐的和过时的城市机构，不能接受不卫生、不明快、不合目的性的建筑物”。[31] 对于他们来说，对新建筑的倡导是对“新生活运动”的及时响应，因为它能够改变人们的生活环境。[32] 通过介绍欧洲和苏联现代建筑的发展动向，《新建筑》发表了许多关于住房、社区、高层建筑甚至修建防空洞的论文，从而揭示了其鲜明的社会责任感。

尽管如此，当日本侵略者于 1939 年到达广州时，《新建筑》的出版工作也遭到破坏。两

图 3.5 《新建筑》创刊号

资料来源：《新建筑》，1936 年，封面

年后，在郑祖良和黎伦杰的努力下，《新建筑》在重庆重新发行。然而，在有限的内容中，读者仍然可以感受到强烈的现代主义立场。在 1941 年发表的题为《国际建筑与民族形式》的文章中，霍然指出，现代建筑是基于新的制作方法，新材料的使用和新建筑物的组成原则，而不是基于风格样式。[33] 这种对中国现代建筑状况的批判性思考也反映在林克明的文章里。在他于 1938 年发表的题为《纪念国际建协十周年》的文章中，林克明批评说，过去十年可谓是中国建筑的黄金时代，而许多建筑师倾向于迎合客户和当局，忽视了现代主义的潮流。[34] 在此，他还指出，国民政府对“中国固有式”的倡导在社会上是不合理且过时的，并敦促年轻建筑师专注于能够满足功能和时代需要的新建筑。[35] 虽然编辑和作者通过这本小刊物热情地传播新的建筑理念，但由于日本侵华战争和解放战争造成的社会、政治和经济环境的动荡，现代主义在中国的发展受到很大的限制。[36]

社会主义与资本主义之间的思想斗争：1949 ～ 1976 年

1949 年中华人民共和国的成立可以说是中国近现代史上的一个分水岭，它确立了中国共产党在整个社会生活中的主导地位。在社会、政治、经济、文化和意识形态等方面，中国均受到苏联的影响。

1949 年之后，建筑师与城市规划师的首要使命是设计新的政治和文化机构，以满足社会主义的发展需要。由于意识形态的原因，几乎所有的外国建筑师和教育工作者在 1949 年之前离开了大陆。[37] 而另外一些建筑师包括梁思成、杨廷宝等很多人留了下来，认为建筑师将在新社会里发挥重要作用。这一大批建筑师及其学生承担了新中国建筑实践、教育和出版事业的重任。

苏联的中央计划经济制度和先进的文化和科技知识体现了一个社会主义超级大国的成就。在向苏联学习的过程中，它的建筑教育模式以及理论主张被移植到了中国。1952 年，受苏联高等教育模式的影响，中国进行了高等院校专业重组，设立了一批技术学院，以培养国家急需的工业建设人才。在建筑教育方面，以前全国各地公立和私立的建筑院系被合并成 8 个建筑系，分别设在 8 所工学院里面（俗称“老八校”）。[38] 这一重组强化了建筑教育的工科色彩，不可避免地带来了技术与人文思想、设计与生活之间的分裂。苏联建筑教育中的“布扎”美术模式在中国的教学课程中得到了加强。更重要的是，当时中国建筑界已存的学院派传统为这一知识体系的顺利过渡提供了重要的推动作用。虽然梁思成和黄作燊等人曾经探索过现代主义的教学模式，但由于政治气候使然，他们的努力无法继续下去。

经过三年的经济复兴和社会重建，中国政府开启了基于苏联风格的第一个“五年计划”。除了教育模式的改变之外，通过双向交流（苏联派专家到中国支援和中国派专家去苏联考察），中国还引入了苏联的建筑理论——民族形式和社会主义内容。[39]20 世纪 50 年代初期，苏联建筑专家穆欣（A. S. Mukhin）和巴拉金（D. D. Baragin）来到北京，担任各地政府的规划和设计顾问，他们强烈地倡导这一教条式口号，并大力批评纯粹抽象的现代主义。

1952 年，时任北京市城市规划委员会副主任的梁思成前往莫斯科考察参观了苏联的建筑和城市建设成就。回来之后，他于 1953 年在《新观察》杂志上发表了题为《民族形式和社会主义内容》的文章，描述了他的个人感受，并记录了他与时任莫斯科建筑学院院长的阿尔卡迪·莫尔维诺夫（Arkady Mordvinov）之间的交流谈话。[40] 梁思成对苏联建筑的描述从一个中国建筑师的角度解读了“民族形式、社会主义内容”这一口号，而苏联建筑师在北京设计的一系列项目，从实践的角度阐述了他们对“社会主义现实主义”的理解。由谢尔盖·安德烈耶夫（Sergei Andreyev）设计的北京展览馆就是一个将“布扎”美术原理与俄罗斯传统建筑装饰相结合的典型案例。

在建筑实践之外，建筑教育和专业期刊也分别贯彻和宣传“民族形式、社会主义内容”。一方面，建筑教育再次强调平面表达和构图技巧的重要性。教学课程不仅关注中西古典建筑、工业建筑和住房等知识，而且重视意识形态的思想教育。这种全国统一的教学方案限制了建筑教育的动态多元化模式，过分强调了美术和历史遗产的作用，限制了现代主义建筑的发展。也许最糟糕的是，建筑教育日益机构化和工具化。整体的社会形势开始抑制个人创作和知识分子或建筑师的独立思考能力。

另一方面，为了在建筑领域传播党的政策、方针和路线，并介绍苏联的建设经验，中国建筑学会于1954年创刊了《建筑学报》——梁思成任该刊的编辑部主任，汪季琦和朱兆雪为副主任。[41] 编辑们在第一次社论中写道：

本学报有明确的目的性，它是为国家总路线服务的，那就是为建设社会主义工业化的城市和建筑服务的。社会主义工业化的城市和建筑不仅是经济建设，同时也是祖国文化建设的一部分。它必须满足人们不断增长的物质和文化需要。在这方面，苏联有三十余年建设的丰富经验。本学报将以实际行动来响应毛主席所提出学习苏联的号召，以介绍苏联在城市建设和建筑的先进经验为首要任务。其次是介绍我们自己在建设中的经验，通过本刊开展批评与自我批评。此外，批判地介绍祖国建筑遗产及其优良传统，也是学报的重要任务。在新中国的民族形式、社会主义内容的建筑的创造过程中，学习遗产是一个重要环节，因为中国的新建筑必然是从中国的旧建筑发展而来的。在这一点上，我们要学习苏联各民族的建筑师创造性地运用遗产的观点和方法。[42]

第一期刊登的内容清楚地揭示了这个编辑议程。除了张稼夫在中国建筑学会首届会议上发表的官方讲话外，这期杂志还发表了两篇由苏联建筑师撰写的文章，分别介绍了他们的建筑理论与实践，展现了苏联理论家和建筑师在具体条件下对斯大林式现代主义的理解。同时，杂志发表的关于"民族形式、社会主义内容"的文章和项目也呈现了中国建筑实践者对于这个问题的认识。王鹰在题为《继承和发展民族建筑的优秀传统》的文章中，从阶级意识的角度，首先批评西方形式主义和构成主义的建筑倾向，并指出，它们代表了西方资产阶级的过时思想。[43] 他还说，在社会主义社会，我们应该放弃"全盘西化"和"保存国粹"的思想。[44] 然而，王鹰并没有对"民族形式"提出明确的定义，这也为以后的讨论留下了空间。

与此同时，梁思成在《中国建筑的特征》一文中不但阐释了中国传统建筑的一些鲜明特征，而且试图发展出一套基于传统建筑元素（词汇）和原理（语法）的创作理论。[45] 对他来说，熟悉这些建筑"词汇"和"语法"是创造新的民族形式的基础。[46] 在20世纪50年代，梁思成的写作具有很大的影响力，同时，党内高级官员认同苏联专家对民族形式的推崇，再加上期刊的出版和传播，这些内外因素共同塑造了当时主流的建筑实践。[47]

本期发表的北京友谊宾馆项目在一定程度上阐释了"民族形式、社会主义内容"（图3.6）。[48] 这座建筑由梁思成的学生张镈设计，被用来招待苏联援华专家。友谊宾馆采用的大屋顶和传统装饰图案和元素显然得到了苏联建筑专家和北京市领导（特别是北京城市规划委员会）的

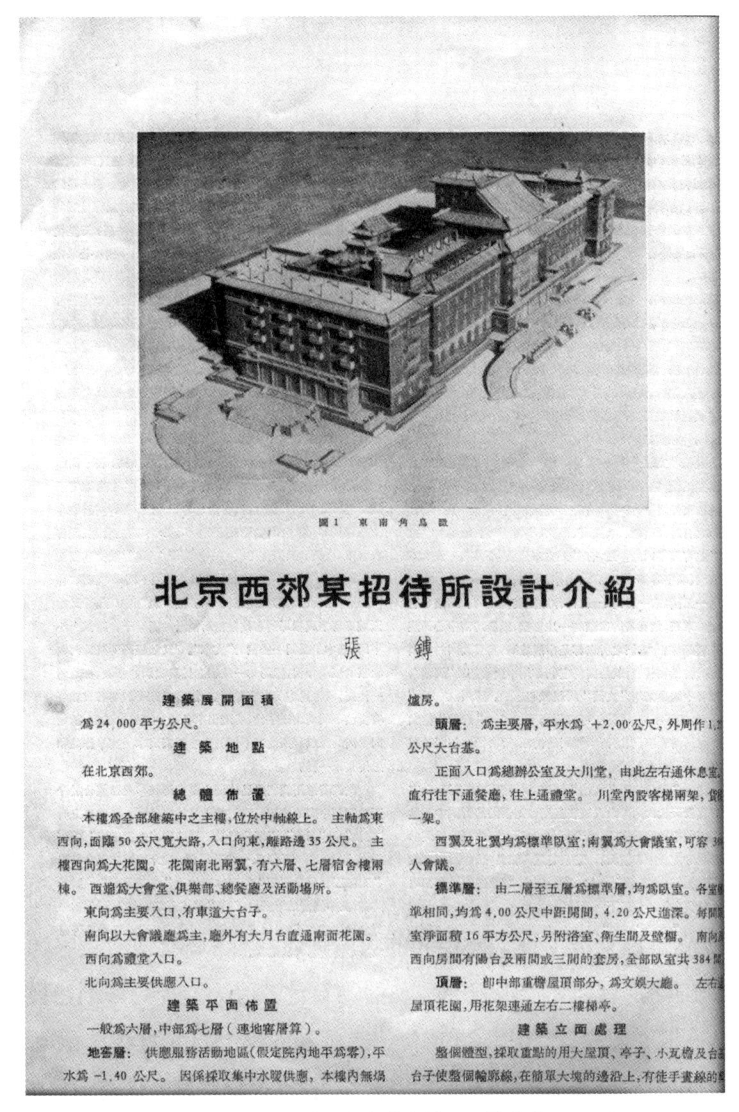

圖 1　東南角鳥瞰

北京西郊某招待所設計介紹

張　鏄

建築展開面積

爲 24 000 平方公尺。

建築地點

在北京西郊。

總體佈置

本樓爲全部建築中之主樓，位於中軸線上。主軸爲東西向，面臨 50 公尺寬大路，入口向東，離路邊 35 公尺。主樓西向爲大花園。花園南北兩翼，有六層、七層宿舍樓兩棟。西端爲大會堂、俱樂部、總餐廳及活動場所。

東向爲主要入口，有車道大台子。

南向以大會議廳爲主，廳外有大月台直通南面花園。

西向爲禮堂入口。

北向爲主要供應入口。

建築平面佈置

一般爲六層，中部爲七層（連地窖層算）。

地窖層： 供應服務活動地區（假定院內地平爲零），平水爲 -1.40 公尺。因係採取集中水暖供應，本樓內無鍋爐房。

頭層： 爲主要層，平水爲 +2.00 公尺，外周作 1.…公尺大台基。

正面入口爲總辦公室及大川堂，由此左右通休息室…直行往下通餐廳，往上通禮堂。川堂內設客梯兩架，貨…一架。

西翼及北翼均爲標準臥室；南翼爲大會議室，可容 3…人會議。

標準層： 由二層至五層爲標準層，均爲臥室。各室…準相同，均爲 4.00 公尺中距開間，4.20 公尺進深。每間…室淨面積 16 平方公尺，另附浴室、衛生間及壁櫥。南向…西向房間有陽台及兩間或三間的套房，全部臥室共 384 間…

頂層： 卽中部重檐屋頂部分，爲文娛大廳。左右…屋頂花園，用花架連通左右二樓梯亭。

建築立面處理

整個體型，採取重點的用大屋頂、亭子、小瓦檐及台…台子使整個輪廓線，在簡單大塊的邊沿上，有徒手畫線的…

图 3.6　张镈关于友谊宾馆项目的文章

资料来源：《建筑学报》1954 年第 1 期，40 页

认可。然而，张镈不是唯一诠释官方话语的建筑师。在同一年的第二期，《建筑学报》介绍了一些在北京刚刚兴建、由建筑师张开济和陈登鳌等设计的政府机关建筑。在这些项目中，传统宫殿式的大屋顶以一种引人注目的方式被放置在多层建筑物之上，其比例之和谐，其手法之精妙，无不展示了这些建筑师深厚的“布札”美术基础。

在陈登鳌撰写的项目介绍性文章中，他还记录了梁思成、刘敦桢、赵深、董大酉、张开济、哈雄文等前辈对他设计的评论意见。[49] 这些建设性意见大都聚焦于如何改进传统元素与现代结构的结合，对这种折中方式没有任何的批评和质疑。除了发表在《建筑学报》上的项目之外，在这一时期，全国各地还大量兴建了类似的大屋顶、机构性建筑，试图以各种方式阐释“民族形式、社会主义内容”。

1955 年，《人民日报》开始批判这种折中的建筑形式，认为其在规划、设计和建造的过程中造成了大量的浪费。社论中写道：

建筑中不注意经济的倾向，首先要由有关的领导机关负责。许多兴修建筑的机关和企业有严重的本位主义思想，缺乏财政纪律观念，不认为节约每一文钱支援工业建设的重要，因而不珍惜国家资金，发展了严重的铺张浪费现象。其次是建筑领导机关没有及时提出这一问题加以批判和纠正。中央设计院、北京设计院的领导干部，也没有把主要的精力用于研究设计中的经济问题。中央设计院、北京设计院设计的某些建筑，如地安门宿舍、新北京饭店等都在不同程度上存在着严重的浪费。在这里还必须提到建筑学会。在该会出版的两期建筑学报上，人们找不到关心建筑中经济问题的文章，相反的却可以找到许多宣传错误建筑思想的文章，甚至刊登有严重浪费和形式主义倾向的论文和设计图。[50]

这篇社论引发了一系列批评建筑设计中所谓形式主义和复古主义倾向的运动。由张开济设计的北京三里河办公楼的建设过程深刻反映了建筑师对政策变动的被动回应（图 3.7）。三里河办公楼是新政权在北京西郊开展大规模建设的一部分，是为安置国家计划委员会、地质部、重工业部、第一机械工业部和第二机械工业部等机构（四部一会）而建的。张开济或许受到了北京四合院的启发，他沿基地周边布置整个建筑群，创建了各种尺度的半公共性质的内部花园。在方案的构思草图中，张开济创作了十分醒目的大屋顶，表达了一种非比寻常的建筑姿态，以此来回应官方对民族形式的诉求。当主管官员以“工程浪费”为名开始批评“大屋顶”时，大楼的两端已经竖立了两个坡屋顶，而中间的大屋顶还没有来得及施工。由于该项目的业主、时任国家计委主任的李富春是“反浪费”运动的领导者，他决定带头取消建设中的大屋顶。

随后，《人民日报》发表了上述设计单位建筑师和领导的自我批评，评论员也谴责这种浪费倾向违反了党的建筑设计方针：经济，实用，在可能的条件下注意美观。因为《人民日报》的社论点名批评了《建筑学报》，1955 年的第一期杂志出版计划被建筑学会紧急叫停。经过八个月的整改，《建筑学报》在编辑部主任汪季琦的领导下小心翼翼地转载了《人民日报》发表的评论文章。

除了批评和自我批评之外，这期杂志还发表了两篇理论性论文。翟立林在题为《建筑艺术与美及民族形式》的文章中，用较长的篇幅分析了建筑的实用与美观，建筑的双重性格（既是生活资料和生产手段，又具有意识形态的性质），形式与内容等一系列问题。[51] 他强调说，社会主义现实主义思想与现行技术标准、材料和人民生活密切相关。[52] 这篇文章虽然驳斥了普遍的复古主义思想，但并没有针对任何特定的个人。与此同时，历史学家刘敦桢的文章《批判梁思成先生的唯心主义建筑思想》直接批评了他此前在中国营造学社的同事。[53] 他指出，梁思成的建筑写作着重于建筑风格的美学演变，忽视了建筑与社会经济条件的关系。[54] 对他来说，梁对传统形式的痴迷与社会现实形成鲜明的对照。[55] 重要的是，翟立林和刘敦桢都试

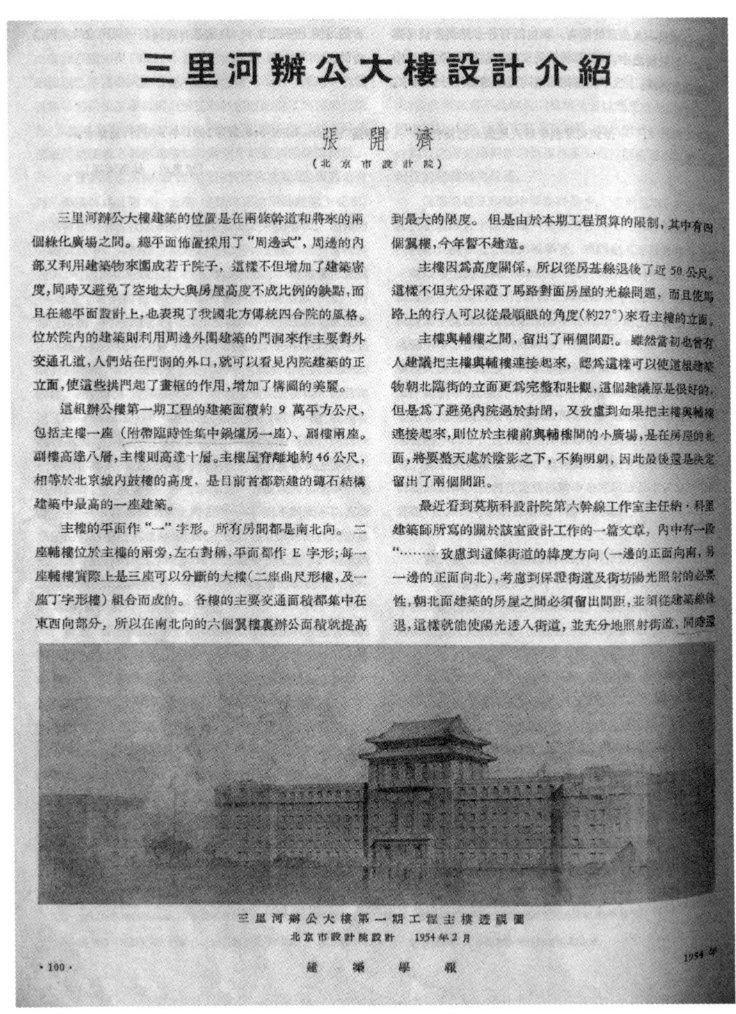

三里河辦公大樓設計介紹

張 開 濟

（北 京 市 設 計 院）

三里河辦公大樓建築的位置是在兩條幹道和將來的兩個綠化廣場之間。總平面佈置採用了“周邊式”，周邊的內部又利用建築物來圍成若干院子，這樣不但增加了建築密度，同時又避免了空地太大與房屋高度不成比例的缺點，而且在總平面設計上，也表現了我國北方傳統四合院的風格。位於院內的建築則利用周邊外圍建築的門洞來作主要對外交通孔道，人們站在門洞的外口，就可以看見內院建築的正立面，使這些拱門起了畫框的作用，增加了構圖的美麗。

這組辦公樓第一期工程的建築面積約 9 萬平方公尺，包括主樓一座（附帶臨時性集中鍋爐房一座）、副樓兩座。副樓高達八層，主樓則高達十層。主樓屋脊離地約 46 公尺，相等於北京城內鼓樓的高度，是目前首都新建的磚石結構建築中最高的一座建築。

主樓的平面作“一”字形。所有房間都是南北向。二座輔樓位於主樓的兩旁，左右對稱，平面都作 E 字形；每一座輔樓實際上是三座可以分斷的大樓（二座曲尺形樓，及一座丁字形樓）組合而成的。各樓的主要交通面積都集中在東西向部分，所以在南北向的六個翼樓裏辦公面積就提高到最大的限度。但是由於本期工程預算的限制，其中有四個翼樓，今年暫不建造。

主樓因為高度關係，所以從房基線退後了近 50 公尺。這樣不但充分保證了馬路對面房屋的光線問題，而且使馬路上的行人可以從最順眼的角度（約27°）來看主樓的立面。

主樓與輔樓之間，留出了兩個間距。雖然當初也曾有人建議把主樓與輔樓連接起來，認為這樣可以使這組建築物朝北臨街的立面更為完整和壯觀，這個建議原是很好的，但是為了避免內院過於封閉，又考慮到如果把主樓與輔樓連接起來，則位於主樓前與輔樓間的小廣場，是在房屋的北面，將要整天處於陰影之下，不夠明朗，因此最後還是決定留出了兩個間距。

最近看到莫斯科設計院第六幹線工作室主任納·科里建築師所寫的關於該室設計工作的一篇文章，內中有一段“………致慮到這條街道的緯度方向（一邊的正面向南，另一邊的正面向北），考慮到保證街道及街坊陽光照射的必要性，朝北面建築的房屋之間必須留出間距，並須從建築線後退，這樣就能使陽光透入街道，並充分地照射街道，同時還

三里河辦公大樓第一期工程主樓透視圖

北京市設計院設計　1954 年 2 月

·100·　建築學報　1954 年

图 3.7　张开济介绍三里河办公楼的文章

资料来源：《建筑学报》，1954 年第 2 期，101 页

图把马克思辩证唯物主义作为自己的理论立场来攻击所谓的唯心主义思想。

值得注意的是，专门组织批判梁思成建筑思想的写作阵营并不止于他的同事。1955 年出版的《建筑学报》还发表了陈干和高汉，王鹰和卢绳等人的评论。这些文章有利于人们深刻了解这一时期的建筑批评状况。20 世纪 50 年代初期，党采取了苏联式的思想改造运动，批判资产阶级唯心主义。[56] 发表在《人民日报》和《建筑学报》上的文章鲜明地体现了建筑界“无产阶级”与“资产阶级”之间的思想斗争。这些争论超越了建筑美学的界限，演变成对个人的追责。

1956 年，为了更好地建设社会主义，党的高级领导人发动了“百花齐放、百家争鸣”运动，突出强调了知识分子的重要作用，鼓励公众讨论国家的各种问题，以期做出“建设性”的批评。此后，这种鼓励自由表达的气氛极大地改变了《建筑学报》的内容。编辑部主任汪季琦和年轻的助手彭华亮大胆接受和采纳了一系列多元的建筑思想。[57] 在“双百运动”号召下，多数

作者认为应该抛弃建筑界的教条主义态度，更准确地说，是那种以黑白之分看待事物的方式。譬如，鲍鼎主张，为了贯彻百家争鸣的政策，出版界不仅要关注中国、苏联和其他社会主义国家的建筑信息，甚至资本主义世界的建筑文化也应该被传播。[58] 对于邓焱来说，西方的技术和政治不应该被简单地混淆。[59] 在题为《我们需要现代建筑》一文中，来自清华大学建筑系的两位学生蒋维泓和金志强表达了对现代建筑、技术和材料的热切期待。[60] 除了学术辩论之外，这一年《建筑学报》还介绍了戴念慈、冯纪忠、华揽洪、夏昌世、张镈、张开济、赵冬日等人的建筑项目。另外，周卜颐和华揽洪等人通过对特定建筑的严密分析，大力开展建筑批评。[61]

1958 年的"大跃进"试图把中国从一个农业经济体迅速转变为现代的共产主义社会。在这个激进的过程中，中央和地方政府投资了大量的财政资金和建设资源来改善大城市的面貌，借此来展示社会主义建设的伟大成就。[62] 在北京，政府决定建设十项宏大的建筑来庆祝建国十周年，而设计这些建筑的任务落在第二代中国建筑师的肩上，包括陈登鳌、戴念慈、林乐义、张镈、张开济、赵冬日等人。来自全国各大设计院和建筑学院的建筑师热烈地响应党的号召，全力投入到这些重要建筑的设计竞赛中去，并展示了各种各样的设计方法和技巧。令人惊讶的是，北京修建的"十大建筑"受到意识形态和传统文化观念的影响，基本上以折中的美学为主，但是在极短的时间内通过集体设计和施工圆满完成了任务（图 3.8）。

除了发表实践项目以外，《建筑学报》还致力于学术讨论。1959 年，中国建筑学会在上海举行了"住宅标准及建筑艺术"研讨会，梁思成、刘敦桢、哈雄文、赵深、陈植和金瓯卜等人在会上的发言也刊登在《建筑学报》上。需要特别指出的是，时任建筑工程部部长刘秀峰发表了《创造中国的社会主义的建筑新风格》的演讲，不但批评了形式主义、功能主义、结构主义和复古主义的局限性，而且大力提倡一种全新的、在最大程度上具有人文关怀的、社会主义的新建筑。[63] 他的演讲强调了建筑创作的官方指导方针：实用、经济、在可能的条件下注意美观。然而，如何准确阐释这种新风格而又能够避免上述"不良"倾向，对中国建筑师来说是一个艰巨的挑战。

虽然"民族形式、社会主义内容"的话语主导了建筑实践和教育，但是一些具有进步思想的建筑师和教育工作者仍然在物质和教学实践中努力巧妙地抵制对传统主题和元素的肤浅挪用。在广州，华南工学院建筑系教授陈伯齐、谭天宋、夏昌世及其同事，实验了现代抽象形式语言与地域庭院文化的结合，同时，突出表现了建筑与自然的关系。夏昌世在 20 世纪 50 年代后期发表在《建筑学报》上的广东肇庆鼎湖山教工休养所项目中揭示了他对当地气候、地形和庭院文化的关注（图 3.9）。[64] 后来，他的年轻同事莫伯治在 60 ~ 70 年代建造的一系列工程中探索了所谓的"岭南学派"的做法。[65] 类似的实践方式也出现在建筑师尚廓同一时期在广西桂林建造的旅游接待建筑中。

这些建筑师并不是唯一强调现代主义和具体条件相融合的实践者。在 20 世纪 50 年代，同济大学建筑系的冯纪忠、哈雄文、黄毓霖，黄作燊、李德华、王吉螽等人也探索了形式纯粹的

图 3.8　北京天安门广场，中间是赵冬日、张镈等人设计的人民大会堂；底图是张开济设计的中国国家博物馆

资料来源：《建筑学报》1959 年 z1 期，封里

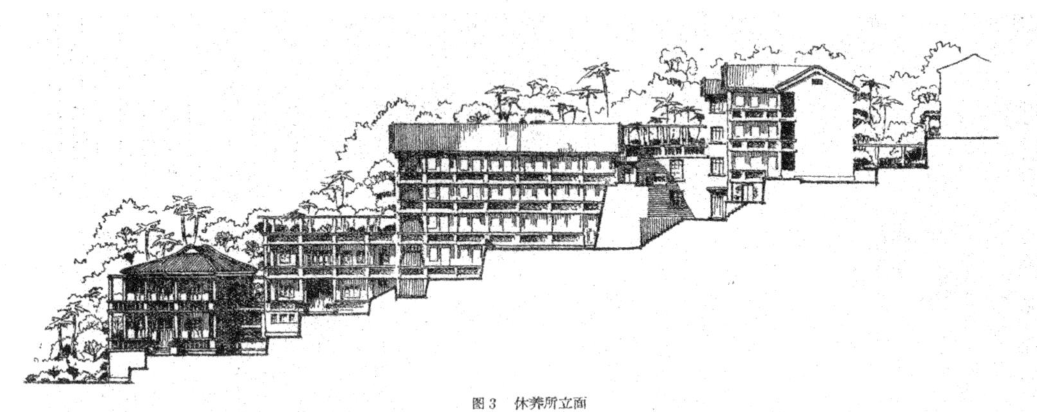

图 3.9　夏昌世，广东肇庆鼎湖山教工休养所

资料来源：《建筑学报》，1956 年第 9 期，49 页

现代主义语言。在武汉东湖客舍、同济医院和上海、南京等地几个教学楼设计中，冯纪忠将不同功能巧妙组合，形成了较为开放的建筑美学，也摒弃了对传统建筑主题的滥用（图 3.10）。冯在 50 年代提出的“花瓶式”（收 - 放 - 收 - 放 - 收）和 60 年代提出的“空间原理”展现了一位建筑教育家创新性的理念。[66] 在苏联建筑话语的影响之外，北京出现了一些具有显著现代主义倾向的建筑，如杨廷宝的和平宾馆、华揽洪的儿童医院、林乐义的电报大楼以及后来他在青岛设计的“一号工程”等项目。这些建筑作品体现了建筑师们非凡的形式和空间敏锐度。这些基于现代主义理念的建筑出现在特定时期和特定的地方，其中隐含了一系列复杂的因素，包括个别建筑师的现代主义倾向，意识形态的干扰较少，以及开明业主的支持和认可。[67]

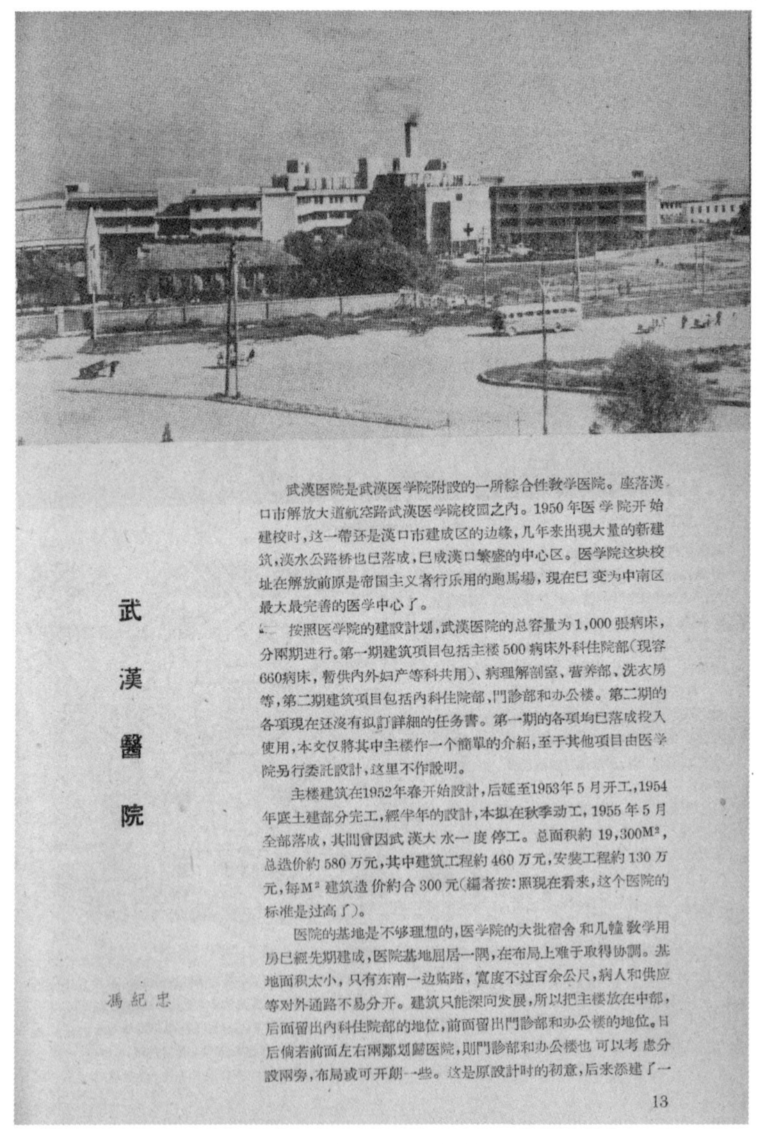

武漢醫院

馮紀忠

武漢医院是武漢医学院附設的一所綜合性教学医院。座落漢口市解放大道航空路武漢医学院校園之內。1950 年医学院开始建校时，这一帶还是漢口市建成区的边緣，几年来出現大量的新建筑，漢水公路桥也已落成，已成漢口繁盛的中心区。医学院这块校址在解放前原是帝国主义者行乐用的跑馬場，現在已变为中南区最大最完善的医学中心了。

按照医学院的建設計划，武漢医院的总容量为 1,000 張病床，分兩期进行。第一期建筑項目包括主楼 500 病床外科住院部（現容 660病床，暫供內外妇产等科共用）、病理解剖室、营养部、洗衣房等，第二期建筑項目包括內科住院部、門診部和办公楼。第二期的各項現在还沒有拟訂詳細的任务書。第一期的各項均已落成投入使用，本文仅將其中主楼作一个簡單的介紹，至于其他項目由医学院另行委託設計，这里不作說明。

主楼建筑在1952年春开始設計，后延至1953年 5 月开工，1954年底土建部分完工，經半年的設計，本拟在秋季动工，1955 年 5 月全部落成，其間曾因武漢大水一度停工。总面积約 19,300M²，总造价約 580 万元，其中建筑工程約 460 万元，安裝工程約 130 万元，每M² 建筑造价約合 300 元（編者按：照現在看来，这个医院的标准是过高了）。

医院的基地是不够理想的，医学院的大批宿舍和几幢教学用房已經先期建成，医院基地屈居一隅，在布局上难于取得协調。基地面积太小，只有东南一边临路，寬度不过百余公尺，病人和供应等对外通路不易分开。建筑只能深向发展，所以把主楼放在中部，后面留出內科住院部的地位，前面留出門診部和办公楼的地位。日后倘若前面左右兩鄰划歸医院，則門診部和办公楼也可以考虑分設兩旁，布局或可开朗一些。这是原設計时的初意，后来添建了一

13

图 3.10　冯纪忠，武汉同济医院

资料来源：《建筑学报》，1957 年第 5 期，13 页

传统与现代之争：1976 ~ 2000 年

1978 年之后党和政府的工作重心开始转向经济建设上来，而不再是“阶级斗争”。这种意识形态的变化促成了中国社会开启艰难的现代转型。在建筑领域，物质实践和理论探索依然围绕着传统和革新而展开。在一定程度上来说，调解传统与现代性之间的矛盾是中国社会现代化和建筑生产的主要任务。

1978 年底召开的中共中央十一届三中全会象征着改革开放时代的开始。经过十年的动乱，中国建筑师们渴望了解西方社会和建筑文化的发展状况。为了扩大视野，吸收西方同行在建筑教育、出版和实践方面的新观念，一部分建筑师和学者开始出国旅行和考察，翻译西方的建筑理论，以及出版国际知名建筑师的作品。

“文革”结束一年之后，曾经中断的高等教育开始恢复正常招生。当时，经过 1952 年院系调整形成的“老八校”仍然是建筑教育的主要场所。由于大多数教师都受到过“布札”美术的系统训练，所以他们在教学中仍然格外重视平面构图和渲染表现技能。但是，社会气氛的整体转变不可避免地影响到建筑教学，其中包括课程体系的改革和新的建筑院系的不断涌现。

首先，在 20 世纪 80 年代初期，南京工学院（今东南大学）与瑞士苏黎世联邦理工学院（Eidgenössische Technische Hochschule Zürich，ETH）建立了学术交流，通过吸收一些现代主义建筑教育原则来修订此前的“布札”美术模式。此后，瑞士学者开始在中国教书，南京的几名青年教师也有机会到瑞士接受培训。ETH 的同事通过学术交流向中国建筑教育者介绍了他们对空间和建构的强调。另外，清华大学教授周卜颐于 1982 年在武汉创建了华中工学院（今华中科技大学）建筑系，探索了现代建筑教育新的可能性。他在 1984 年题为《建筑教育的改革势在必行》的文章中阐述了他的教育理论和思想。通过比较中美教学课程的差异，他批评了传统的“布札”美术模式，特别是其师徒工作室制度（Atelier system）。[68]

为了彻底改变建筑教育停滞不前的状态，周卜颐设想了一系列的改革步骤。这些策略包括：推广四年制的课程，教学内容涵盖从科学到人文，从生态学到美学，从规划到计算机，重视历史和理论，引入设计工作室（design studio）并强调集体讨论，摒弃传统的学徒制度，通过国际交流来培训教师并更新他们的知识等等。[69] 这个教育方案可以被看作是 20 世纪 40 年代末梁思成教学目标的延续。遗憾的是，由于现行教育制度没有进行系统的改革，周卜颐在建筑教学方面的探索和建议似乎显得不合时宜。

当中国在 20 世纪 70 年代末开始重启现代化进程时，西方现代主义文化已经发展到了极致，后现代文化正处于全盛时期，特别是在美国。与西方的这种历史语境差异给中国建筑从业者既带来了灵感又带来了困惑。80 年代以来，建筑期刊的内容明确反映了他们对创新和传统的期待与焦虑。由于宽松的政治和思想气氛，以及多元的出版实践，学术界出现了对现代主义、传统、民族形式、社会主义内容和后现代主义等一系列议题的学术辩论。

当1980年中国建筑学会第五次大会在北京举行时，委员会收到了以“城乡建设和建筑现代化”为主题的论文达200多篇。第二年，《建筑学报》刊登了几篇精选论文，旨在促进学术讨论。其中戴念慈在他的文章里回顾了西方现代建筑的历史发展，并对建筑创作和历史建筑的保护总结了几点建议。[70] 戴念慈专注于传统与创新之间的关系，并指出，民族形式与现代的、社会主义建筑仍可兼容。[71] 对他来说，传统形式在与建筑结构并不矛盾的情况下是可以灵活采纳的。[72]

渠箴亮在题为《试论现代建筑和民族形式》的文章中声称，现代主义是中国建筑实现现代化的唯一途径。[73] 虽然他认可戴念慈对保存传统建筑的观点，渠相信国际风格而非民族形式，将是中国建筑发展不可抗拒的趋势。[74] 对于渠箴亮而言，后现代主义建筑寻找身份认同的想法是可以理解的；然而，他认为后现代主义建筑师并没有真正找到振兴现代建筑的正确道路。[75]

20世纪80年代初期，刊登在《建筑学报》上的论文阐述了各种实现建筑现代化的方法。这些涉及建筑形式和社会介入等关键问题的学术争议，在一定程度上，为后来的物质实践提供了理论框架。在这方面，1982年在北京建成的香山饭店是一个衡量这些理论问题的恰当案例（图3.11）。

当贝聿铭被政府邀请来设计一座具有“中国传统风格和现代设施的高级酒店”以此来体现中国现代化建设的成就时，他既没有采用斯大林式的现代主义也没有照搬西方的现代主义。据贝介绍说，中国建筑师曾经探索过斯大林式的现代主义但并不喜欢它；虽然建筑师也试图适应后者，贝担心他们也不会完全接受它。[76] 因此，他决定寻找一种替代方法。正如建筑师朱亦民所分析的那样，贝聿铭调停西方现代化与中国传统之间紧张关系的努力很难得到中国建筑师的认同，因为处在“前现代时期”的建筑师们在思想上还没有真正启蒙，他们没有亲身经历，因此也不太可能知道即将到来的现代化意味着什么。[77] 然而，建筑评论家顾孟潮似乎是少数能够深刻理解贝聿铭思想的人之一，因为他认为贝聿铭为了平衡民族化和现代化而采用了第三条道路，虽然不是唯一的途径，但它本身是成功的也是鼓舞人心的。[78] 对于顾孟潮来说，贝聿铭使用的“民族化”比“民族形式”更准确。在某种意义上说，“化”是指一个过程，而“形式”倾向于具体的、有形的物体。[79]

在香山饭店设计中，贝聿铭成功融合了现代主义原则和江南民居、传统庭园等元素。对于这一点，他的中国同行还是十分欣赏。鉴于1983年《建筑学报》发表的关于香山饭店的评论意见主要集中在美学和形式上，顾孟潮强调说，对建筑的内容，意义和建筑师思想的理论性研究有助于建筑批评的展开。[80] 通过全面分析贝的设计哲学，他认为，该建筑呈现出一些思想与现实之间的矛盾之处，比如，环保意识并没有全面贯彻；建筑师对酒店员工使用的空间缺乏成熟的考虑，以及高昂的造价等等。[81]

当贝聿铭试图调和现代主义和传统文化之间的矛盾时，后现代主义的建筑话语和案例通过翻译和出版被引入到中国。包括曾昭奋、李大夏在内的评论家都对后现代主义持有一种较为客观的态度，既认同其诉求（包括对现代主义失败之处的抨击，对大众文化的认可），也指

图 3.11　贝聿铭设计的北京香山饭店

资料来源：《建筑学报》，1983 年第 3 期，封面

出某些建筑作品中表现的肤浅的美学特征。[82] 然而，许多后现代主义手法，包括对隐喻和象征意义的强调，以及对传统建筑元素、主题和标志的俏皮挪用，则被中国建筑师广泛采用并得到客户的认可，因为它较为直白地阐释了建筑师对传统的回应和对创新的追求。

当后现代主义思想深入到建筑实践和建筑教育时，一些敏锐的建筑师、理论家和评论家努力抵抗这种折中的美学。渠箴亮在 1987 年发表的题为《再论现代建筑与民族形式》的论文中重申了他的主张，即直接采用后现代主义的手法会将我们拉回到复古主义，因为中国建筑还处在现代主义的早期阶段，而不是后期。[83] 作为一个现代主义建筑的支持者，渠箴亮反对直接挪用传统元素和图案来体现民族形式。有趣的是，戴念慈也表达了对现代建筑而不是时髦建筑的认同。对于他来说，时髦建筑大概是指所谓的后现代主义，因为在他的文章发表时，后现代主义这个术语还没有出现。

戴念慈对现代建筑的主要贡献体现在他专注于平衡传统遗产和现代主义原则的矛盾。他设计的阙里宾馆便是一个能够更好地理解他思想的典型例子（图 3.12）。为了回应曲阜市特定的历史环境，戴念慈采用了传统建筑的形式语言。他在《建筑学报》上发表的项目介绍中写道，他的目标是在这个具体的背景下，试验现代建筑与传统形式结合的可能性。[84] 同期发表的还有戴念慈的同行对这一项目的评论，这些评论大都赞扬了该项目得体的形式和精美的细节。[85] 但在别的杂志上，也有评论家批评戴念慈的复古主义倾向。[86]

在这个项目发表之前，中国建筑学会于 1985 年在广州召开了繁荣建筑创作学术座谈会，戴念慈作为当时的中国建筑学会理事长、城乡建设与环境保护部副部长在会议闭幕式上发表

图 3.12 戴念慈，山东曲阜阙里宾舍

资料来源：《建筑学报》，1986 年第 1 期，封面

了长篇演讲。此次演讲稿以“论建筑的风格、形式、内容及其他”为题在《建筑学报》上刊出。[87] 在这里，戴念慈再次提倡民族形式、社会主义内容。虽然他没有明确界定这个概念，但他用了一些具体的例子来支持这个提议。对他来说，倡导民族形式就是强调现代建筑与当地文化，审美和气候条件相结合；而社会主义内容则体现在建筑应该考虑到大多数人的利益，而不是把追求利润最大化作为终极目标；建筑不应该被设计成一个孤立的对象，而应该从城市的角度来考虑。[88]

虽然他的目的是强调建筑与具体的文化传统和社会现实的关系，以及建筑设计应该满足公众的要求，而不仅仅是为了营利或个人表达，然而，这个命题蕴涵着强烈的意识形态动机，很难被他的同代人所接受。例如，《时代建筑》在 1986 年发表了题为《正确对待现代建筑，正确对待我国传统建筑》的文章，作者周卜颐认为，民族形式是一个模糊的概念，社会主义是一个发展的概念。没有对民族形式和社会主义内容的正确认识，重新提倡这个口号就会面临复古主义的危险。[89]

以下几种原因或许能够解释这种二分法（dichotomy）话语为什么会被否定。首先，在 20 世纪 50 年代，官方对这一话语的宣传并没有带来一个令人满意的现代建筑，反而导致折中主义的泛滥，这使得人们质疑这一话语的合理性。此外，戴念慈的阙里宾舍并没有清晰地阐释他的想法。由于这个问题的模糊性，传统建筑的大屋顶、颜色和细节很容易被认为是民族形式。虽然戴念慈的建筑思想与美学品味之间存在着某种张力，这种矛盾的关系也需要更多的细节来解读，但他对传统与现代化关系的实践和理论探索是鼓舞人心、令人备受启发的，在今天看来仍具有强烈的现实意义。

当邓小平在 20 世纪 90 年代初期推行经济改革时，社会主义市场经济逐渐取代了以前高度集中的计划经济。之后，许多国有企业开始选择私有化并参与市场竞争。这一改革激发了众多私营部门的活力。90 年代中期以来，中央政府着手推进住房商品化改革，并废除了福利住房分配制度。与此同时，注册建筑师制度开始推行，私人设计公司开始出现，这些重大政策深刻影响了后来的建筑发展和城市建设。

20 世纪 80 年代的中国社会充满了理想主义，知识阶层激进地介入文化与政治，而在 90 年代则急剧转向对物质财富的渴望和追求。随着房地产市场的建立和建筑业的逐渐繁荣，市场化导向或者商品化驱动的建筑生产和消费变得格外活跃，同时也导致了建筑在文化层面的动荡和不安。随着资本主义生产方式的广泛建立，大量秩序清晰、结构完整的传统城市变得日益混乱、无序和碎片化。受到市场利润的驱动，到 90 年代末，各种光怪陆离的美学风格轮番登场，建筑创作陷入一种混乱的局面，充满了庸俗化和商品化。

建筑市场的繁荣刺激了对建筑毕业生的巨大需求，也引发了建筑教育改革，主要体现在建筑院系规模的扩大和数量的激增。首先，1992 年以来，全国高等学校建筑学学科专业指导委员会一直在评估建筑院校的教学质量。通过教学评估的大学，可以为已经完成五年制学习的本科生授予建筑学学士和为已经完成三年制课程的研究生授予建筑学硕士。正如仲德崑所说，与英国和香港"三明治式"（三年本科教育，第四年外出实习，第五、六年继续学习然后毕业参加工作）建筑学制相比，中国的教学模式显得比较长而且浪费。[90]在这样的背景下，自2000年以来，一些学校开始探索新的教学结构改革，比如，清华大学开始推行四年制本科课程和两年制研究生课程。[91]

其次，自1995年起，全国注册建筑师管理委员会开始规定建筑资质，负责建筑师登记，起草注册人员的专业行为和能力标准。建筑师注册制度的重新建立有助于让建筑教育工作者重新思考教育与实践之间以及学科与职业之间的关系。针对这种情况，东南大学新修订了教学指导大纲，强调本科前三年的职业教育和后两年的研究型设计教育。[92]第三，21世纪初充满争议的高等教育改革导致了高等教育的市场化以及入学率的迅速提高。加上建筑学毕业生在就业市场上的良好表现，许多大学开办了建筑学专业，也导致了专业教师的短缺，并引起教学质量的波动。[93]

为了应对快速城市化和日益全球化的巨大挑战，众多教育机构开始强调与国际接轨。但是，受制于建筑教育的内在矛盾，教学改革困难重重。在2007年由《时代建筑》杂志组织的中国建筑教育论坛上，同济大学的吴长福认为，这些矛盾体现在两个方面：一个是宏观教育制度与学科特色之间的冲突，另一个是教学体系与专业市场之间的冲突。[94]对于吴长福的观察，我们需要更深入地来讨论。

一方面，随着官僚管理制度的渗透和高等教育产业化的推进，建筑学教育失去了自身的特征。虽然在工科院校之外许多综合大学也建立了建筑学专业教育，但建筑教学仍然受到教育部门统一政策和严格教学评估标准的制约。另一方面，目前的专业教师的工资待遇水平和晋升标准促使教师侧重于工程实践，而不是专注于没有太多利润的基础研究或设计教学。[95]受功利主义和实用主义思想的影响，专业教师对教学的投入相对较少，更不用说对教育的研究了。[96]

尽管建筑生产日益变得商品化，在20世纪90年代后期，一些独立的年轻建筑师试图抵制这一主导趋势，他们通过有限的小规模项目和自身的教学实践来表达批判性思想。这些对现状不满的新兴建筑师提出了一个替代性的、不同寻常的立场，强调建筑的自主性，包括材料、建造、空间、光和地形，而不是意识形态的承诺。1999年，美国归来的建筑师张永和在北京大学建立了建筑学研究中心，重视建构、地形和空间等基本概念，而不是传统的艺术表现技能，这一探索挑战了美学主导的"布杋"美术传统。对于张永和来说，建筑设计的基本技能在于分析、综合和组织基本建筑要素，包括场地、空间、功能和建造技术，并强调当下中国正在经历的城市化过程。[97]通过剥离美术在建筑训练中的决定性作用，他试图通过关注本体论来重新定义建筑学科的核心问题。

另一位致力于教育的新兴建筑师是来自杭州中国美术学院建筑专业创办人王澍。如果说张永和制定了较为系统的教育框架，而王澍独具特色的教育方式更接近传统文化中提倡的"以身作则"。在《教育 / 简单》一文中，王澍特别强调身体的体验，包括对周围环境的敏感度以及在现场的直接观察。[98]这种强调简单的建筑教学方式，在很大程度上接近于现象学家埃德蒙德·胡塞尔（Edmund Husserl）所说的“回到事物本身”（back to the things themselves）。这种态度使得学生在设计过程中尽力避免外界的各种干扰，促使他们专注于建筑的“物质、感知以及身体性的本质”。[99] 建筑师童寯曾经认为，情趣远比技术知识更为重要。[100] 对此，王澍十分认同，因为他曾敏锐地提出，正是情趣，一开始就决定了建筑师建造的世界是平衡还是不安，是深刻还是肤浅，是宁静还是嘈杂。[101] 王澍关于教学的论点可以总结为以下三个方面：（1）密切介入场地；（2）构建一种社会态度；（3）深度参与建造。[102] 这三点也批判了当下建筑与环境，设计与生活世界以及思维与制作之间无所不在的分离。

20 世纪 90 年代，东南大学建筑系一批年轻的教师前往 ETH 深造，包括丁沃沃、张雷、赵辰、冯金龙、吉国华等。在 2000 年，这些学成归国的建筑师与曾任东南大学建筑系主任的鲍家声一起成立了南京大学建筑研究所，参与研究生教育并引进了 ETH 的教学课程，重点是基础设计、概念设计、构造研究、历史与理论课程。这些充满激情与理想的学者推进的教学变革（从“布札”美术到现代主义原则）是中国近年来建筑教育的一个大胆探索和较为成功的实验，部分原因在于他们共同认可这一教育议程；部分是因为在新建立的建筑院系进行教学改革的阻力相对较小，因此更容易开展。

20 世纪 80 年代传统与现代化之争实际上是围绕“民族形式、社会主义内容”理论思辨的一种延续，表明了中国建筑学人对发展本土建筑文化的焦虑。改革开放初期的理论和实践探索在中国现代化进程中扮演了承上启下的角色。当全球资本主义浪潮挟裹抽象的形式语言塑造着中国现代建筑和城市时，“民族形式、社会主义内容”的话语依然蕴涵着引人深思的含义。

注释：

[1] John C. Calhoun, “A Disquisition on Government,” in *A Disquisition on Government and Selections from the Discourse*, ed. C. Gordon Post (Indianapolis: Hackett Publishing Co., 1995), 69. 原文：The interval between the decay of the old and the formation and establishment of the new, constitutes a period of transition, which must always necessarily be one of uncertainty, confusion, error, and wild and fierce fanaticism.

[2] Karl Marx and Frederick Engels, *The Communist Manifesto* (London: Pluto, 2008), 39.

[3] 学术界通常认为中英第一次鸦片战争（1839-1842）是中国近代史的开端 . 参见胡绳 . 中国近代史的分期问题 [J]. 史学研究 . 1954（1）: 5-15.

[4] 徐苏斌 . 近代中国建筑学的诞生 [M]. 天津：天津大学出版社，2010.

[5] 清政府支付给美国的庚子赔款被用来当作奖学金，资助中国留学生在美国求学 .

[6] 早期的大多数外国设计公司活跃在包括上海、广州、天津和青岛等沿海城市，西方建筑师设计了银行、教堂、学校等民用建筑。20 世纪初期，德国的恩斯特·伯施曼（Ernst Boerschmann），日本的伊东忠太（ItōChūta）和瑞典的喜仁龙（Osvald Sirén）等学者著书论述中国传统建筑。

[7] Frank Dikötter, *The Age of Openness: China Before Mao* (Berkeley, Calif.: University of California Press, 2008).

[8] Delin Lai, "Searching for a Modern Chinese Monument: The Design of the Sun Yet-sen Mausoleum in Nanjing," *Journal of the Society of Architectural Historian* 64, no. 1 (2005), 25-55.

[9] Jeffrey W. Cody, *Building in China: Henry K. Murphy's 'Adaptive Architecture', 1914-1935* (Hong Kong: The Chinese University Press; Seattle: University of Washington Press, 2001).

[10] 1910 年东京理工学院毕业的张绪英在农工商部高等实业学堂开设了最早的建筑课程，同年编写出版了《建筑新法》一书。这本书是基于现代科学原理最早的专业建筑书籍之一。

[11] 梁思成的同学陈植和童寯也加入了这个教学队伍，但是 1931 年日军侵略沈阳的时候，东北大学被迫关闭了．关于“布札”美术方法的教学，分别参见 John F. Harbeson, *The Study of Architectural Design* (New York: W. W. Norton, 2008); 顾大庆，中国的“鲍扎”建筑教育之历史沿革：移植，本土化和抗争 [J]. 建筑师, 2007 (4): 5-15.

[12] 罗小未，李德华．原圣约翰大学建筑工程系，1942-1952[J]. 时代建筑，2004 (6): 24-26.

[13] 同上，26.

[14] 同上．

[15] 梁思成．给梅贻琦的信 [M]// 梁思成文集，第 5 卷．北京：中国建筑工业出版社，2001：1-2

[16] 1946 年，梁思成应邀在耶鲁大学演讲，并访问了美国许多城市 .1947 年，梁与勒・柯布西耶，奥斯卡· 尼迈耶等人一起成为联合国总部设计的顾问之一．在访美期间，他还拜见了赖特 (Wright)、沙里宁 (Saarinen) 和格罗皮乌斯 (Gropius).

[17] 梁思成．清华大学营建学系学制及学程计划草案 // 梁思成文集 [M]，第 5 卷．北京：中国建筑工业出版社，2001：46-54.

[18] 同上．

[19] 秦佑国．从宾大到清华：梁思成建筑教育思想，1928-1949[J]. 建筑史，2012 (28): 1-14.

[20] 赵深．发刊词 [J]. 中国建筑，1932 (1): 2.1927 年，留美建筑师庄俊在上海建立了中国建筑师第一个专业机构——上海建筑师协会．一年后，它更名为中国建筑师学会．中国建筑师学会由几个专门委员会组成，其中有出版委员会，负责发行《中国建筑》杂志．委员会成员包括建筑师杨锡鏐、童寯和董大酉．

[21] 同上．

[22] 李海清．中国建筑的现代转型 [M]. 南京：东南大学出版社，2004：253.

[23] 刘源．中国大陆建筑期刊研究 [D]. 广州：华南理工大学，2007：64.

[24] 石麟炳．建筑循环论 [J]. 中国建筑，1934 (3): 1-2.

[25] 编者．中国建筑，1934 (11): 1.

[26] 过元熙．中国建筑，1934 (6): 15-22.

[27] 过元熙．中国建筑，1934 (2): 2.

[28] 朱永春．从《中国建筑》看 1932-1937 年中国建筑思潮及主要趋势 [C]// 张复合．中国近代建筑研究与保护（二）．北京：清华大学出版社，2001：17-31.

[29] 林克明，什么是摩登建筑，转引彭长歆，杨晓川．勷勤大学建筑工程学系与岭南早期现代主义的传播和研究 [J]. 新建筑，2002（5）：54-56.

[30] 同上，55.

[31] 编辑．社论 [J]. 新建筑，1936（1）：1.

[32] “两广事件”结束后，主政广州的陈济棠于 1936 年辞职，随后蒋介石的势力主宰广州，他倡导的新生活运动也渗透到社会．

[33] 霍然．国际建筑与民族形式 [J]. 新建筑，1941（1）：9-11.

[34] 林克明．国际建协成立十周年 [J]. 南方建筑，蔡德道整理，2010（3）：10-11.

[35] 同上，11.

[36] 从 1942 年到 1949 年，受制于社会动荡，《新建筑》出版了大约 10 期杂志．

[37] Wang Haoyu，*Mainland Architects in Hong Kong after 1949：A Bifurcated History of Modern Chinese Architecture*（PhD thesis，University of Hong Kong，2008）.

[38] 老八校包括清华大学、东南大学、同济大学、天津大学、华南理工大学、重庆建筑大学（已并入重庆大学）、哈尔滨建筑大学（已并入哈尔滨工业大学）和西安建筑科技大学．

[39] 民族形式和社会主义内容是苏联社会主义现实主义在建筑界的具体体现，关于这一口号传入中国的情况，参见吉国华．20 世纪 50 年代苏联社会主义现实主义建筑理论的输入和对中国建筑的影响 [J]. 时代建筑，2007（5）：66-71.

[40] 梁思成．民族形式，社会主义内容．梁思成文集 [M]，第 5 卷．北京：中国建筑工业出版社，2001：169-174.

[41] 除此之外，国家还出版了《建筑》、《建筑设计》两本发行量较小的期刊．

[42] 编辑．发刊词 [J]. 建筑学报，1954（1）：1.

[43] 王鹰．继承和发展民族建筑的优秀传统 [J]. 建筑学报，1954（1）：32-35.

[44] 同上，33.

[45] 梁思成．中国建筑的特征 [J]. 建筑学报，1954（1）：36-39.

[46] 同上，39.

[47] 梁思成．城市规划概要．梁思成文集 [M]，第 5 卷．北京中国建筑工业出版社 2001：115-17；梁思成．祖国的建筑．梁思成文集 [M]，第 5 卷．北京中国建筑工业出版社 2001：197-234.

[48] 张镈．北京西郊某招待所设计介绍 [J]. 建筑学报，1954（1）：40-51.

[49] 陈登鳌．在民族形式高层建筑设计过程中的体会 [J]. 建筑学报，1954（2）：104-107.

[50]《人民日报》社论，1955 年 3 月 28 日．《建筑学报》于 1955 年第一期转载这则社论．

[51] 翟立林．论建筑艺术与美及民族形式 [J]. 建筑学报，1955（1）：46-68.

[52] 同上，68.

[53] 刘敦桢．批判梁思成先生的唯心主义建筑思想 [J]. 建筑学报，1955（1）：69-79.

[54] 关于刘敦桢与梁思成之间的史学观分歧，参见赖德霖．文化观遭遇社会观：梁刘史学分歧与 20 世纪中期中国两种建筑观的冲突 // 朱剑飞．中国建筑 60 年（1949-2009）：历史理论研究 [A]. 北京中国建筑工业出版社，2009：246-263.

[55] 刘敦桢 . 批判梁思成先生的唯心主义建筑思想 [J]. 79.

[56] 胡海涛 . 建国初期对唯心主义的四次批判 [M]. 南昌：百花洲文艺出版社，2006；朱涛 . 梁思成和他的时代 [M]. 桂林：广西师范大学出版社，2014.

[57] 彭华亮 .《建筑学报》片断追忆 [J]. 建筑学报，2014（9/10）：90-93.

[58] 鲍鼎 . 在建筑界开展“百家争鸣”的几点意见 [J]. 建筑学报，1956（6）：49-50.

[59] 邓焱 . 消除建筑实践中的非科学态度 [J]. 建筑学报，1956（6）：52-56.

[60] 蒋维泓，金志强 . 我们要现代建筑 [J]. 建筑学报，1956（6）：58.

[61] 周卜颐 . 从北京几个建筑的分析谈我国的建筑创作 [J]. 建筑学报，1957（3）：41-50；华揽洪 . 谈谈和平宾馆 [J]. 建筑学报，1957（6）：41-46.

[62] Frank Dikötter，*Mao's Great Famine：The History of China's Most Devastating Catastrophe, 1958-62*（London：Bloomsbury，2011）.

[63] 刘秀峰 . 创造中国的社会主义的建筑新风格 [J]. 建筑学报，1959（z1）：3-12.

[64] 夏昌世 . 鼎湖山教工休养所设计纪要 [J]. 建筑学报，1956（9）：49；夏昌世 . 亚热带建筑的降温问题——遮阳・隔热・通风 [J]. 建筑学报，1958（10）：36-39.

[65] 艾定增 . 神似之路：岭南建筑学派四十年 [J]. 建筑学报，1989（10）：20-23.

[66] 花瓶式教学是一个形象化的比喻，强调入学阶段的自由思考，放开思维，然后强化基础训练，收缩思维，在高年级鼓励放开思想，然后在毕业设计阶段再次收缩，加强实际职业训练 .

[67] 这些建筑师大都具有欧洲现代主义的教育背景 .

[68] 周卜颐 . 建筑教育的改革势在必行 [J]. 建筑学报，1984（04）：16-21，52.

[69] 同上，21.

[70] 戴念慈 . 现代建筑还是时髦建筑？ [J] 建筑学报，1981（1）：24-32.

[71] 同上，32.

[72] 同上 .

[73] 渠箴亮 . 试论现代建筑和民族形式 [J]. 建筑学报，1981（1）：33-38.

[74] 同上，35.

[75] 同上 .

[76] 戴蒙斯丹著，黄新范译 . 访贝聿铭 [J]. 建筑学报，1985（6）：62-67. Barbaralee Diamonstein-Spielvogel，I M Pei，et al，*American Architecture Now*（New York：Rizzoli，1980）.

[77] 朱亦民 . 从香山饭店到 CCTV 中西建筑的对话与中国现代化的危机 [J]. 今天，2009（2）.

[78] 顾孟潮 . 从香山饭店探讨贝聿铭的设计思想 [J]. 建筑学报，1983（4）：61-64.

[79] 同上 .

[80] 同上，61.

[81] 同上，63.

[82] 曾昭奋 . 后现代主义来到中国 [J]. 世界建筑，1987（2）：59-65；李大夏 . 后现代思潮与后现代建筑 [J]. 美术，1987（6）：64-69.

[83] 渠箴亮 . 再论现代建筑和民族形式 [J]. 建筑学报，1983（4）：22-25.

[84] 戴念慈 . 阙里宾舍的设计介绍 [J]. 建筑学报，1986（1）：2

[85] 张镈等 . 曲阜阙里宾舍建筑设计座谈会发言摘登 [J]. 建筑学报，1986（1）：8-15

[86] 陈可石 . 关于阙里宾舍的思考 [J]. 新建筑，1986（2）：24-26；曾昭奋 . 后现代主义来到中国 [J].

[87] 戴念慈 . 论建筑的风格、形式、内容及其他——在繁荣建筑创作学术座谈会上的讲话 [J]. 建筑学报，1986（2）：3-16.

[88] 同上，9-10.

[89] 周卜颐 . 正确对待现代建筑，正确对待我国传统建筑 [J]. 时代建筑，1986（2）：20-25.

[90] 仲德崑 . 走向多元化与系统的中国当代建筑教育 [J]. 时代建筑，2007（3）：11-13.

[91] 栗德祥 . 清华大学建筑系的建筑教育特色 [J]. 时代建筑，2001（s1）：10-12.

[92] 韩冬青等 . 东南大学建筑教育发展思路新探 [J]. 时代建筑，2001（s1）：16-19.

[93] 截止到 2017 年，中国大陆有 260 多所大学开设建筑学课程，其中 62 所院校通过建筑学专业评估，授予建筑学学士学位，其余的院校只能够授予工学学士 .

[94] 吴长福 . 矛盾中的当代中国建筑教育 [J]. 时代建筑，2007（3）：50-51.

[95] 由于大学教师工资待遇较低，很多人倾向于花费更多的时间和精力用于实践，忽略了教学和科研 . 在当前的社会条件下，如何平衡生产——教学——科研是一件富有挑战的工作，以至于在很多情况下，导致出现没有科研支撑的生产或者没有科研支撑的教学 .

[96] 顾大庆认为,作为一种研究的设计教学（教学文化）类似于建筑历史与理论研究（写作文化）、建筑技术研究（实验文化）或者实践研究（设计文化）。顾大庆 . 作为研究的设计教学及其对中国建筑教育发展的意义 [J]. 时代建筑，2007（3）：14-19.

[97] 张永和 . 建筑教育的三个问题 [J]. 时代建筑，2001（s1）：40-42.

[98] 王澍 . 教育 / 简单 [J]. 时代建筑，2001（s1）：34-35.

[99] JuhaniPallasmaa，*The Eyes of the Skin：Architecture and the Senses*，3rd edition（Chichester：Wiley，2012），32.

[100] 王澍 . 教育 / 简单 . 35. 童寯所说的情趣和技艺类似于路易斯・康描述的不可度量的与可度量的 . 参见童寯 东南园墅 [M]. 北京中国建筑工业出版社 . 1997：2.Louis Kahn，“Form and Design，” in Robert Twombly，ed. *Louis Kahn：Essential Texts*（New York and London：W. W. Norton，2003），62-74.

[101] 同上 .

[102] 朱雷，臧峰 . 差异性的建筑教育：对非工科院校建筑学院的访谈 [J]. 时代建筑，2007（3）：39-47.

中　篇

案例分析

第4章
《时代建筑》杂志的历史与内容

这些问题，我们可以一言以蔽之：对文献资料提出质疑。请别误解：显而易见，自从历史这样的学科诞生以来，人们就可以使用文献了。人们查文献资料，也依据它们自问，人们不仅想了解它们所要叙述的事情，也想了解它们讲述的事情是否真实，了解它们凭什么可以这样说，了解这些文献是说真话还是打诳语，是材料丰富，还是毫无价值；是确凿无误，还是已被篡改。[1]

——米歇尔·福柯（Michel Foucault）

作为历史调查和理论探索重要场所的建筑期刊起源于西方。[2] 大约200年前，欧洲出现的建筑期刊发表了优美的文字和插图，它们和出版的专著一起，成为传播建筑学知识的重要话语平台。在当代中国建筑界，自1984年第一期出版以来，上海同济大学的《时代建筑》杂志一直致力于发表建筑批评和批评性建筑，其中很多作品是由独立的新兴建筑师和学者所创作，他们倾向于探索非传统的建筑形式和空间，区别于主流国有设计院和大型商业设计公司的建筑实践。[3]

《时代建筑》创刊于改革开放初期，整个国家百废待兴，处于社会、政治、经济、文化、思想转型的关键时期。在20世纪90年代，有中国特色的社会主义市场经济逐步建立。正是这股市场的力量给《时代建筑》带来了重大转变，使它从一个小规模的学术出版物逐步成长为具有学术和职业双重性质的专业期刊。在世纪之交，经过一系列编辑方式的重大改革，这本杂志逐渐明确了自己的定位：透视当代中国建筑的窗口。

历史

经过几个月的准备，《时代建筑》杂志第一期在1984年11月面世（图4.1）。在此之前，同济大学建筑系已经出版了两本《建筑文化》（由安怀起编辑），引起了大学和系领导的关注，包括当时校长江景波和系主任李德华在内的人都非常支持这本杂志的出版与发行。杂志刊名中的“时代”二字强调了时代的精神（*Zeitgeist*）。

同济大学建筑系教师王绍周、来增祥、吴光祖等人都是杂志第一期的编辑。在1985年出版的第二期中，这些编辑的名字没有再出现。1986年成立了编辑委员会，委员们由各种背景的学者、本地建筑师、政府官员等人组成。同济大学建筑史教授罗小未担任总编辑。此前，她作为主要撰稿人负责编写了《外国近现代建筑史》的专业教材。[4] 研究中国传统建筑的专家、也是该杂志的创始编辑王绍周成为副总编辑。

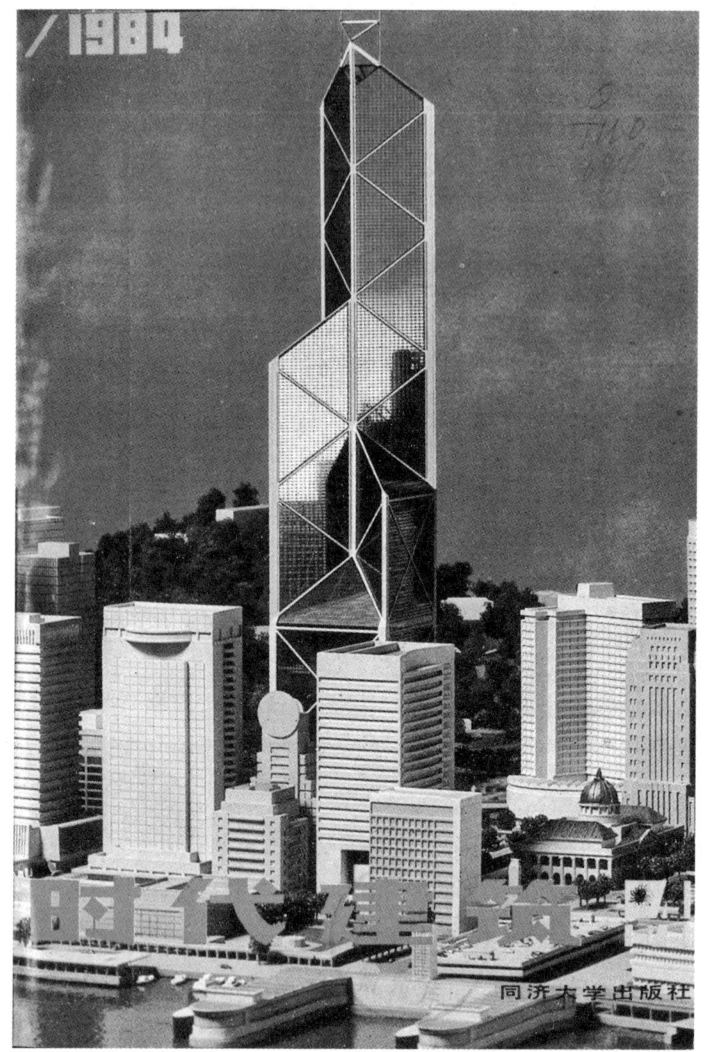

图 4.1 《时代建筑》创刊号

资料来源：《时代建筑》，1984 年第 1 期，封面

在新的意识形态的影响下，知识阶层对现代化建设投入了巨大的热情，表现在积极参与学习、辩论和出版活动上。20 世纪 80 年代中后期，中国的大城市出现了所谓的"文化热"或"文化大讨论"的现象，知识分子围绕传统与现代性进行激烈的辩论。[5]

20 世纪 80 年代的中国建筑杂志

20 世纪 80 年代初期，中国的建筑出版业正在蓬勃发展。改革开放政策实施后，许多建筑学人意识到了中西之间的巨大差距。在很多人看来，建立一个可以传播和交流最新信息和想法的专业期刊是一个促进理论、设计和教学实践的重要方法。除了 1954 年创刊的《建筑学报》以外，70 年代末以来，还有许多建筑期刊问世，包括 1979 年成立的《建筑师》，1980 年的《世界建筑》，1982 年的《南方建筑》，1983 年的《新建筑》和《华中建筑》，1985 年的《世界建筑导报》，以及 1989 年的《建筑创作》等。[6]

这些期刊集中创刊于 20 世纪 80 年代并不是一种偶然的现象，它们得益于当时宽松的政治气氛和蓬勃发展的经济形势，同时，也从侧面反映了出版业的繁荣。[7] 但是，随着全国新闻出版总署在 1988 年发布了《期刊管理暂行条例》，这种势头受到抑制。中国的建筑期刊一般隶属于大学、专业机构和国有设计院，而个体经营或私人出版物几乎不存在。同时，主办单位的多样性有助于期刊关注学术和专业问题。80 年代出版的《建筑学报》、《建筑师》和《世界建筑》展示了建筑期刊作为一个重要平台来报道、记录建筑项目并发表学术辩论的重要作用。

《建筑学报》是由中国建筑学会主办的一个发行广泛的学术期刊，在传播专业知识和国家行业政策方面发挥着积极作用。在 80 年代，它仍然是发表理论文章和重大项目的场所（图 4.2）。然而，它的统治性地位受到新成立期刊的挑战，特别是中国建筑工业出版社出版的《建筑师》，清华大学出版的《世界建筑》等同城竞争对手。除了主要关注理论和历史问题外，《建筑师》还组织了几次全国大学生设计和论文竞赛，并发表了其中优秀的作品（图 4.3）。或许更具有影响力的是它组织翻译出版了西方重要的建筑理论和项目，其中包括后现代主义、建筑现象学、现代主义和晚期现代主义的论述和作品。

另一方面，对于《世界建筑》来说，它致力于介绍国际知名建筑师和他们的设计作品，在 80 年代为中国建筑师开辟了一个了解西方世界的新窗口（图 4.4）。由于与资本主义国家的隔离，中国建筑师关于西方现代建筑的经验和知识颇为有限。《世界建筑》的出版有助于他们学习、反思和模仿西方建筑，特别是当时处于其全盛时期的后现代主义设计。20 世纪 80 年代

建筑学報

庆祝中华人民共和国成立三十五周年

9/1984

建筑学报（月刊）

1984年第9期（总第193期）

1984年9月20日出版

目 录

2 张 镈：回顾与瞻望——国庆随想

■ 建筑评论

■ 公共建筑

36 张忠义：北京大葆台西汉墓博物馆设计

44 吴观张 北京外国语学院电化教学楼

■ 建筑论坛

47 建筑设计10议

■ 学术动态

■ 论文选载

图 4.2 《建筑学报》纪念中华人民共和国成立 55 周年专辑

资料来源：《建筑学报》，1984 年第 9 期，封面和目录页

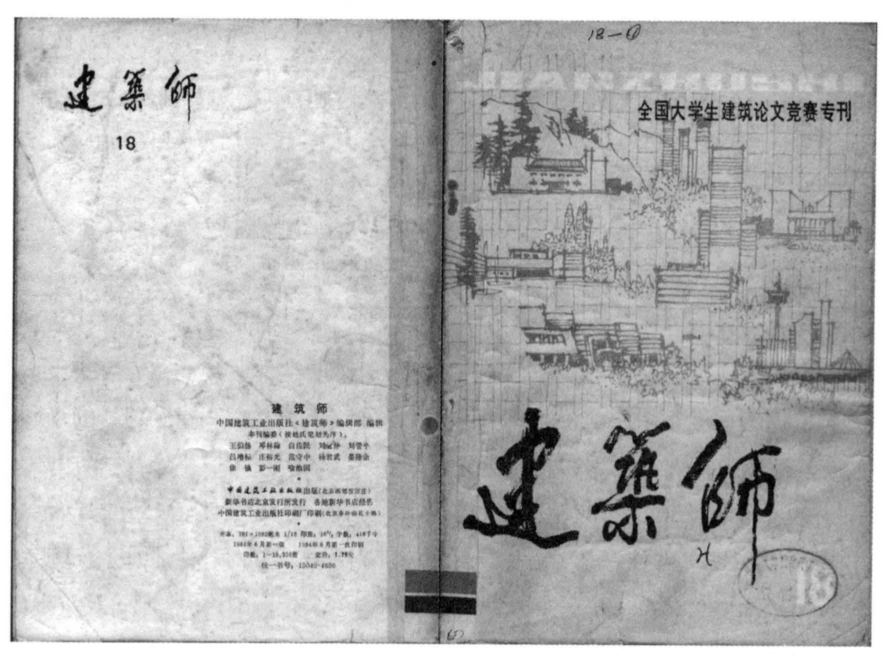

图 4.3 《建筑师》全国大学生论文竞赛特刊

资料来源：《建筑师》，1984 年总第 18 期，封面和封底

图 4.4 《世界建筑》当代美国建筑总览

资料来源：《世界建筑》，1983 年第 2 期，46-47 页

初，许多中国知识分子参与了现代性的讨论，建筑师也通过写作、设计和教学活动来表达他们对传统、现代主义和后现代主义的理解。在这样的背景下，与《建筑学报》、《建筑师》和《世界建筑》等具有全国影响力的期刊相比，新成立的《时代建筑》只能说是一个地方出版物。

《时代建筑》创刊

《时代建筑》在资金和智力资源上均与同济大学建筑系密切相联。需要注意的是，中华人民共和国成立后中国的建筑教育受到苏联式“布札”美术的影响，同济大学建筑系在遵循国家统一课程的同时，探索了另一种设计教学方式。1952 年，根据国家高等教育调整政策，由同济大学土木工程系，圣约翰大学建筑系，上海之江大学建筑系，以及国立杭州艺术专科学校建筑系组建了同济大学建筑系。[8] 在这些机构中，圣约翰大学的建筑教育在中华人民共和国成立前更具影响力。该校建筑专业创始人黄作燊于 20 世纪 30 年代在伦敦的建筑协会学习，之后前往哈佛大学设计研究生院深造，跟随瓦尔特・格罗皮乌斯（Walter Gropius）。黄作燊具有强烈的社会意识，认为“当代建筑”具有自由和进步意义，有助于解决从住房到城市规划等不同尺度的问题。[9] 这种教育理念对他当时的学生、后来成为圣约翰大学、同济大学教师的罗小未有着很大的影响。[10]

奥地利留学归国的建筑师冯纪忠在 20 世纪 50 年代至 80 年代初担任同济大学建筑系主任，期间他曾经弘扬了进步的现代主义，在设计教学中提倡“空间原理”，试图抵制“布札”美术传统的教育方式。这种批判性的探索之所以能够出现在商业中心的上海是一个耐人寻味的事情。在《时代建筑》杂志的第一篇社论中，编辑们试图将他们的建筑思想放在现代主义的传统中来阐释（图 4.5）：

关于建筑的思考、议论和实践，历来是人类创造活动中一个极为活跃的领域。随着我国现代化建设的进展，这个领域必将出现一个前所未有的繁荣、发达的新局面。《时代建筑》愿为这样一个新局面作出忠实的反映，愿为开拓和发展这个新局面的同行们提供理论和经验交流的园地，愿为传播古今中外以及预测建筑未来的信息竭尽努力。

实践总是先行者，尤其是那些探索性的实践活动，不论其成败得失，从发展学术、繁荣创作的方面来看，总是应该充分肯定和重视的。在我国，为了改变建筑中易于程式化的状况，就更要珍视创作中的探索精神。对在创新中倾注心血和受到磨难的作者，就更要予以关心和支持。所以，我们既乐于介绍那些成熟的作品，也乐于介绍那些未臻成熟而有新意的作品。我们固然不主张对成功之作持挑剔态度，更不赞成对探索性的作品摆出肃漠的面孔。繁荣创作，鼓励创新，这是广大建筑工作者的共同心愿，也是广大读者的普遍要求，我们决心按照这样的愿望和要求来办好我们的刊物。[11]

紧接着，他们还写道：

对比实践，我们的理论活动似更加令人感到不够满足。为了活跃建筑学科的理论园地，在这里我们谈些不成熟的想法，以抛砖引玉、恭请大家指正。

学术思想、理论的谈论，需要有一个充分自由的气氛。这个自由气氛，除了需要领导部门给予保护和支持外，学术界本身的努力也是极其重要的。从历史上看，一种新学术见解的出现，因受到学术界自身的束缚和压抑而陷入困境的事例，实在是屡见不鲜。期间，学术讨论中缺乏平等的态度是重要原因之一。论争的一方以经典的姿态出现，将另一方置于离经叛道的地位，这种不平等的"讨论"——实际是审判，与自由、健康的讨论完全背道而驰。在此，我们希望在学术讨论中必须采取平等的态度，从而促进学术的自由发展和自由争论。平等地、自由地进行学术讨论，是学术工作者最大的愉快，足以乐在其中而流连忘返。但愿我们都能享受这样的乐趣，并为它的实现从各方面做出共同的努力。

建筑中的现代主义思潮是大工业生产和新兴工艺技术的产物，是当代先进的生产力在建筑实践和理论领域的反映。它的历史进步性已经在实际生活中得到肯定，并且至今仍在发挥作用。我国的现代化建设，无疑应该汲取其中的精华，以加速我们前进的步伐。[12]

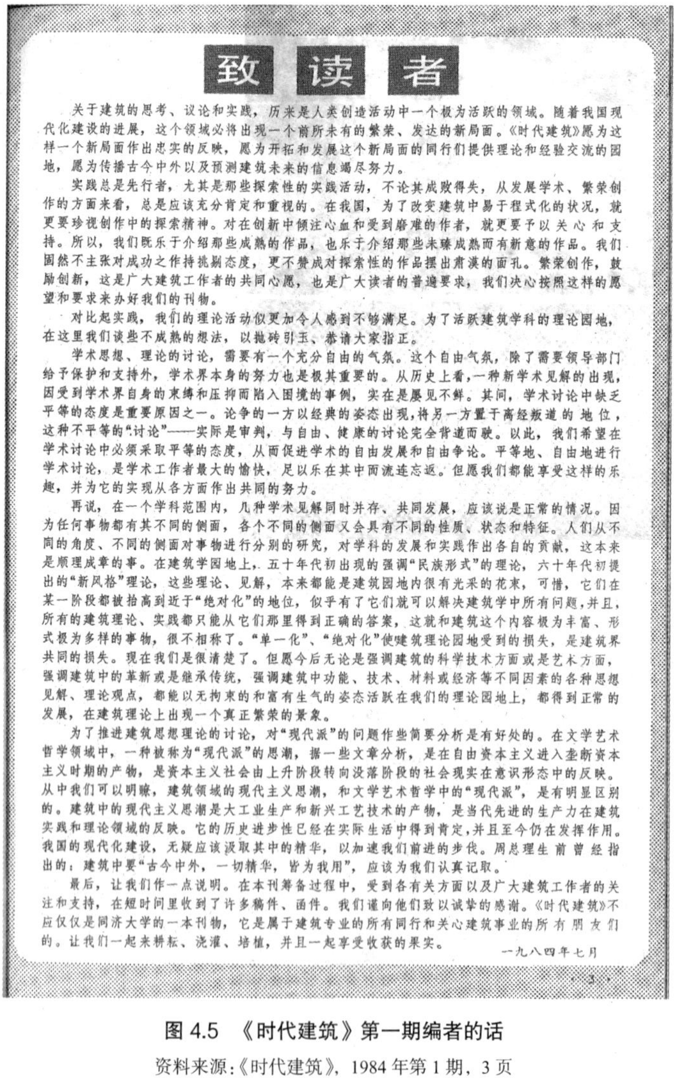

致读者

关于建筑的思考、议论和实践，历来是人类创造活动中一个极为活跃的领域。随着我国现代化建设的进展，这个领域必将出现一个前所未有的繁荣、发达的新局面。《时代建筑》愿为这样一个新局面作出忠实的反映，愿为开拓和发展这个新局面的同行们提供理论和经验交流的园地，愿为传播古今中外以及预测建筑未来的信息竭尽努力。

实践总是先行者，尤其是那些探索性的实践活动，不论其成败得失，从发展学术、繁荣创作的方面来看，总是应该充分肯定和重视的。在我国，为了改变建筑中易于程式化的状况，就更要珍视创作中的探索精神。对在创新中倾注心血和受到磨难的作者，就更要予以关心和支持。所以，我们既乐于介绍那些成熟的作品，也乐于介绍那些未臻成熟而有新意的作品。我们固然不主张对成功之作持挑剔态度，更不赞成对探索性的作品摆出肃漠的面孔。繁荣创作，鼓励创新，这是广大建筑工作者的共同心愿，也是广大读者的普遍要求，我们决心按照这样的愿望和要求来办好我们的刊物。

对比起实践，我们的理论活动似更加令人感到不够满足。为了活跃建筑学科的理论园地，在这里我们谈些不成熟的想法，以抛砖引玉、恭请大家指正。

学术思想、理论的讨论，需要有一个充分自由的气氛。这个自由气氛，除了需要领导部门给予保护和支持外，学术界本身的努力也是极其重要的。从历史上看，一种新学术见解的出现，因受到学术界自身的束缚和压抑而陷入困境的事例，实在是屡见不鲜。其间，学术讨论中缺乏平等的态度是重要原因之一。论争的一方以经典的姿态出现，将另一方置于离经叛道的地位，这种不平等的"讨论"——实际是审判，与自由、健康的讨论完全背道而驰。以此，我们希望在学术讨论中必须采取平等的态度，从而促进学术的自由发展和自由争论。平等地、自由地进行学术讨论，是学术工作者最大的愉快，足以乐在其中而流连忘返。但愿我们都能享受这样的乐趣，并为它的实现从各方面作出共同的努力。

再说，在一个学科范围内，几种学术见解同时并存、共同发展，应该说是正常的情况。因为任何事物都有其不同的侧面，各个不同的侧面又会具有不同的性质、状态和特征。人们从不同的角度、不同的侧面对事物进行分别的研究，对学科的发展和实践作出各自的贡献，这本来是顺理成章的事。在建筑学园地上，五十年代初出现的强调"民族形式"的理论，六十年代初提出的"新风格"理论，这些理论、见解，本来都能是建筑园地内很有光采的花束，可惜，它们在某一阶段都被抬高到近于"绝对化"的地位，似乎有了它们就可以解决建筑学中所有问题，并且，所有的建筑理论、实践都只能从它们那里得到正确的答案，这就和建筑这个内容极为丰富、形式极为多样的事物，很不相称了。"单一化"、"绝对化"使建筑理论园地受到的损失，是建筑界共同的损失。现在我们是很清楚了。但愿今后无论是强调建筑的科学技术方面或是艺术方面，强调建筑中的革新或是继承传统，强调建筑中功能、技术、材料或经济等不同因素的各种思想见解、理论观点，都能以无拘束的和富有生气的姿态活跃在我们的理论园地上，都得到正常的发展，在建筑理论上出现一个真正繁荣的景象。

为了推进建筑思想理论的讨论，对"现代派"的问题作些简要分析是有好处的。在文学艺术哲学领域中，一种被称为"现代派"的思潮，据一些文章分析，是在自由资本主义进入垄断资本主义时期的产物，是资本主义社会由上升阶段转向没落阶段的社会现实在意识形态中的反映。从中我们可以明瞭，建筑领域的现代主义思潮，和文学艺术哲学中的"现代派"，是有明显区别的。建筑中的现代主义思潮是大工业生产和新兴工艺技术的产物，是当代先进的生产力在建筑实践和理论领域的反映。它的历史进步性已经在实际生活中得到肯定，并且至今仍在发挥作用。我国的现代化建设，无疑应该汲取其中的精华，以加速我们前进的步伐。周总理生前曾经指出的：建筑中要"古今中外，一切精华，皆为我用"，应该为我们认真记取。

最后，让我们作一点说明。在本刊筹备过程中，受到各有关方面以及广大建筑工作者的关注和支持，在短时间里收到了许多稿件、函件。我们谨向他们致以诚挚的感谢。《时代建筑》不应仅仅是同济大学的一本刊物，它是属于建筑专业的所有同行和关心建筑事业的所有朋友们的。让我们一起来耕耘、浇灌、培植，并且一起享受收获的果实。

一九八四年七月

·3·

图 4.5 《时代建筑》第一期编者的话

资料来源：《时代建筑》，1984 年第 1 期，3 页

这份措辞清晰的社论表达了杂志编辑对以前各种干预学术辩论的批评，揭示了他们的学术愿望——建立一个供自由讨论建筑理论与实践的平台。这篇社论也为杂志后来的发展奠定了基调。除此之外，这里也提出了对发表成熟作品和创新项目的双重承诺。对于编辑来说，各种学术观点应该平等交流对话，而不是存在单一的、教条的和绝对的立场。因此，这个开放的编辑议程和这些自由和实验性原则对这本杂志的后续发展有着持久的影响。

《时代建筑》第一期共有 80 页，包含 10 个栏目，涉及贝聿铭的思想、创意探索、新技术革命、建筑教育、住房、设计项目、室内设计、世界建筑、建筑实录和学生作品等，涵盖理论与实践的25篇文章。大多数作者是同济大学的教师和上海当地的执业建筑师。除了前后封面是彩色，其余内容全部以黑白印刷，且只有目录页被翻译成英文（图 4.6）。

TIME + ARCHITECTURE

No. 1, 1984(1)

CONTENTS

Front Cover: Bank of China(model), Hong Kong, Arhitect: I. M. Pei & Partners
Back Cover: A Kindergarten in Wuxi

图 4.6 《时代建筑》英文目录

资料来源：《时代建筑》，1984 年第 1 期，目录页

在第一期杂志中，《时代建筑》编辑选择香港中国银行总部的建筑模型作为封面，这也说明了贝聿铭的作品对中国同行具有巨大的影响力。类似的是，《新建筑》杂志的第一期也使用了贝聿铭的香山饭店作为封面，并发表了杂志创刊人周卜颐的评论。[13]20 世纪 80 年代初，许多中国建筑师倾向于把贝聿铭作为一个可以学习的典范。这也反映在《时代建筑》的内容里，第一期发表的前两篇文章均讨论了他的作品。在题为《贝聿铭建筑创作思想初探》的文章中，罗小未并没有专注于具体的项目介绍，而是对建筑师的理论基础进行了解释。通过走访贝聿铭在美国的大多数建筑，并与美国建筑师和他本人进行交流，以及阅读建筑师的文字，罗小未细腻分析了贝聿铭的成功之道：从他对建筑形式和社会变革的敏锐性到他谦逊的个性。[14] 鉴于国内建筑师完成的重要建筑的稀缺性，该杂志对贝聿铭作品的介绍有助于吸引读者的注意。

第一期杂志在许多方面可以说是一个谨慎的实验，阐明了编辑立场，整合了现有素材。由于经验不足、资金短缺、信息困乏，创刊初期充满了各种挑战。这些困难导致了出版格式的不规则和出版节奏的不规律。其编辑运营费用部分来自于建筑系和同济大学，部分来自于销售收入。[15] 在计划经济时代，学术出版物依赖公共财政补贴是十分常见的。值得注意的是，1986 年在院长戴复东的提议下，包括翁致祥等人尝试编辑英文版。但是，这个愿望最终没有实现，因为当时的经济文化条件还不够成熟，不足以支持这一点。[16]

《时代建筑》的双重特征

在创刊的前四年，《时代建筑》间断性地总共出版了 9 期杂志。[17]1989 年，杂志改为季刊并开始有规律地出版。[18]1988 年，两家地方建筑设计院——华东建筑设计研究院和上海民用建筑设计研究院与同济大学建筑系一起变为主办单位。20 世纪 90 年代，其他设计和教育机构参与办刊。[19] 这些大型设计机构为杂志提供了大量的资金资助和信息支持。从 2000 年起，《时代建筑》引入社会力量开始市场化运作，原有的纯学术形象已经变成了更为复杂的学术与行业并重。

这种办刊方式的转变深刻影响了该杂志的发展。编辑的主要责任是引导杂志的学术方向；而与专业设计公司保持密切关系，使杂志获得了有关建筑项目的最新信息和一些不可或缺的资金。这在 80 年代末和 90 年代初至关重要，当时的中国缺乏独立建筑师和私人设计公司，而在国有设计院工作的建筑师是该领域唯一的从业人员。2006 年，杂志成立了理事会，吸纳了专业设计公司、地产商、材料商和施工公司等力量的加入，加强了杂志的学术和行业的双重特征。在罗小未的领导下，编辑委员会负责该杂志的方向和内容，而理事会成员有义务提供资金支持和信息资源。这种管理模式一方面保证了编辑的“独立”立场，另一方面也为理事会成员提供了发布信息的渠道，相关内容可以通过广告等形式呈现在杂志页面上。《时代建筑》由国家邮政总局发行，至今已经出版了 160 多期，每期大约发行 2 万 ~ 3 万册。[20]

这本杂志的双重特征区别于西方纯粹的学术期刊和行业杂志。对学术话题的讨论表明了编辑们促进理论思辨的文化雄心，而对行业问题的关注意味着他们力图避免在出版市场上疏远读者。支文军和吴小康反思了中国建筑期刊的状况，对杂志的这种双重特征持有深刻的认识：

相比之下，虽然当今中国的建筑杂志大部分由大学创办，但还没有一本严格意义的建筑学术杂志。究其原因，一方面是中国建筑杂志的办刊主体大都是国有大单位，都想刻意求全、面面俱到；另一方面，中国整体的建筑学术资源和建树还不足以支撑一本纯粹的学术理论杂志。所以中国建筑杂志的性质定位要么不是那么清晰，要么有意跨界，事实上大多数都处在学术性和专业性的中间地带，其明显的优势是较紧密地把学界和业界联系在一起，后果是模糊了两者的差异性。[21]

《时代建筑》这种介于学术和行业或者横跨学术和行业的“中间立场或姿态”是由该杂志与学术机构和专业设计公司的复杂关系所决定，也从侧面反映了当下文化生产和社会发展的普遍状况。这种双重编辑策略使该杂志能够缩小实践与理论之间的鸿沟，弥合学术界与行业之间的差距。这项工作体现在杂志参与理论讨论，推介探索性建筑和培育建筑批评等方面，将在下一节专门讨论。

20 世纪 90 年代的变化

经过几年的探索，《时代建筑》在 20 世纪 90 年代逐步变得更加完善。1990 年，中央政府决定开发上海浦东新区，以期引领长江三角洲地区的经济发展。[22] 此时的上海面临着一个千载难逢的历史机遇——发展成为一个国际大都市。随后大规模的基础设施建设和城市扩张，不仅重塑了上海的城市景观，而且重塑了这个杂志。在这一时期，《时代建筑》详细记录了上海建筑的繁荣。这些发表的建筑项目主要由当地设计院和同济大学设计。

1996 年，当时杂志的执行主编王绍周从编辑部退休，他的继任者支文军开始主持编辑工作。作为罗小未的学生，支文军硕士毕业之后加入编辑部开始其编辑和评论生涯。[23] 他于 1994 年成为该刊的副主编，在他的领导下，《时代建筑》经历了一个显著的转变，倾向于强调建筑批评的作用。正如罗小未和支文军在他们的文章中所强调的：

《时代建筑》刊登的文章是随着学术界的关注面动态发展的，其内容涉及的层面日趋广泛与深入，开始更为关注建筑创作的深层次问题，诸如中西建筑文化与理论以及创作实践的比较研究等等，其对东西方理念冲突的关注以及对中国传统与现代的冲突的关注已经上升到较为理性的层面，杂志日趋走向建筑批评的层面。[24]

为了突出编辑思想，自 1998 年以来，《时代建筑》的编辑政策从发表单独文章转向制作主题专辑。作为一种对中国建筑发展的积极响应，这种转变与三个因素密切相关。首先，在罗小未的主持下，该杂志以“建筑文化与技术”、“建筑批评”、“浦东新区发展”等为主题，举办了几期专题论文比赛，获奖文章以及审稿人的意见均发表在《时代建筑》上。例如，作为广州市设计院副总建筑师、“建筑文化与技术”论文竞赛的评委之一，蔡德道描述了建筑像“钟摆”一样在技术与艺术、功能与表征、约束与自由、现代性与传统的两极之间摇摆，认为建筑不仅是一种具体话语的产物，而且是在特定条件下和特定时间对人的要求的具体响应。[25]在某种程度上，这些专题出版物是后来主题编辑思路的一个实验。其次，随着私营设计企业的出现以及国有设计院的大力改革，中国的建筑生产呈现蓬勃发展的局面，由此出现的建设项目激增促使编辑们按照一定的标准进行选择。第三，在每年召开的编委会会议期间，委员们曾经建议期刊强调编辑的观点，并邀请相关专家提供高水平论文。[26]

这种基于主题的编辑思路对杂志的发展有着重大影响，原来杂志是被动的接受投稿然后择优刊出，现在是有选择的约稿，然后基于特定主题推出专辑。杂志由一个“报道者”（presenter）向“生产者”（producer）转型，并在中国建筑出版界塑造了自身独特的编辑特征。一方面，编辑可以选择具体的主题，委托可能的作者撰写论文，并选择报道相关的项目；另一方面，这种模式对编辑的选择标准提出了更高要求，他们的观点以及对作者和项目的选择对杂志的品质和声誉具有很大影响。事实证明，编辑的选择和学术判断较为精准地把握了中国当代建筑的总体发展趋势。

进入新世纪

21 世纪初，中国的城市化进程突然加速。大规模的基础设施建设有力带动了宏观经济的快速发展，迅速改变了许多城市的结构和肌理。2000 年出版的第一期《时代建筑》详细记录了上海的新建筑，可以说是这一轮城市扩张的初步反映。受经济全球化的影响，许多国际建筑师大举进入国内建筑市场，并赢得了诸如上海大剧院、浦东国际机场等重大公共建筑。这两座分别由两位法国建筑师让·马里·夏邦杰（Jean-Marie Charpentier）和保罗·安德鲁（Paul Andreu）主持设计的建筑也发表在这本期刊上。也许更重要的是，由新一代建筑师创建的私人设计公司和工作室开始出现，中国的建筑设计行业迎来了一个全新的局面。对此，杂志编辑也意识到，对编辑思路的批判性反思和调整是不可避免的。一方面，《时代建筑》缺乏明确的编辑议程和全球视野；另外，杂志的设计和印刷质量也显得过时、老旧。在 2000 年左右，结合当时的经济和技术条件，编辑团队对杂志的方向、内容和设计等方面进行了重大调整，以期实现国际水准。正如罗小未和支文军指出：

具体来说，第一，调整杂志的定位，即《时代建筑》不仅仅是同济大学的杂志，也不仅仅是上海的杂志，而应是有世界影响的中国建筑杂志，把杂志的地域特征的内涵从“上海”扩展到“中国”。为此提出了“中国命题、世界眼光”的编辑视角和定位，强调“国际思维中的地域特征”。在新的定位指导下，杂志的主题、组稿内容均有了彻底的改变，强调“时代性”、

“前瞻性”、“批判性”的特征。此外，超大、即时的信息量已成为《时代建筑》另一特色。第二，《时代建筑》版式上的彻底改变，全新版面设计、全刊彩色印刷、全新装帧印刷，树立了杂志更为国际化的形象。第三，提升编辑技术和硬件设施水准。第四，开拓性建立年轻人为主的兼职专栏主持人队伍，充分发挥学校人才济济的优势。同时，这一阶段杂志开始尝试市场化运作，使杂志更加贴近业界市场。[27]

虽然2000年的那次调整改进了杂志的质量，但它仍然遇到了全球化带来的一系列艰巨的挑战。为了与国际对手如意大利*Domus*杂志和日本*Architecture and Urbanism*杂志的中文版相竞争，《时代建筑》在支文军的主持下进行了新的改革，包括：新的版式设计；由季刊转变为双月刊；添加核心论文的英文摘要；以及邀请年轻建筑师和教师加入编辑团队担任兼职编辑，并负责杂志的热点栏目。[28]

应该强调的是，这些改革措施使得《时代建筑》在21世纪之初的中国建筑出版界脱颖而出。当其他建筑期刊重点关注国有设计院所设计的项目时，《时代建筑》对新兴、独立建筑师作品的报道和评论展示了自身的批判性立场。这反过来也对当代中国的建筑文化产生了巨大影响。

伴随着近几十年来中国社会、经济的转型，《时代建筑》报道的范围也从90年代的地方项目扩展到新世纪全国性的建设活动。其作者群体也从80年代后期同济大学建筑系的教师转变到90年代国有设计院的实践建筑师和各大学学者，以及到今天更多的是独立建筑师、学者、业主和官员。这些作者主要来自中国，偶尔也有西方同行。杂志内容和作者群体的变化表明，《时代建筑》试图更加关注独立建筑学人的实践，同时也与官方系统内的各种机构保持密切联系。

内容

《时代建筑》不但记录了当代中国建筑文化的变迁，其内容也反映了近几十年来的建筑和城市演变。杂志对学术和行业领域的关注与编辑的学术背景、赞助人的期望以及社会、经济和文化气氛等因素密切相关。近些年来，杂志虽然调整（新增或放弃）了一些栏目，然而，一直保持不变的内容包括：理论思辨、设计作品、评论、历史与理论，以及不定期出现的访谈、书评、展览、年度活动、年轻建筑师推介、公告，以及网上热点评论等。这些内容涉及面非常广泛，涵盖了从政治到文化，从学术到专业，从机构到个人等各种信息。本章以下部分将集中介绍和分析前三个栏目。

理论思辨

第一类“主题文章”或者说“理论思辨”是《时代建筑》最重要的内容之一，或许是因为杂志的主编不是职业建筑师，而是从事建筑历史、理论和批评的学者。[29] 在杂志创刊的头十年，主题文章都倾向于从分析而不是描述的角度来讨论建筑文化。虽然每期没有一个特定的主题，但是这些文章在某种程度上也是被编辑们按照一定的原则和框架来归纳和分类的。从“主题组稿”模式出现以来，目前已经探讨了100多个与当代中国建筑相关的主题。每个主题的选择不仅反映了编辑的兴趣，而且与社会、政治、经济和文化环境有着复杂的关系。[30]尽管编辑会向作者提供一些反馈意见，杂志上发表的理论文章大都没有经过严格意义上的同行评议。虽然对这些话题进行全面的分类很困难，但是与批评性建筑实践有关的主题主要集中在以下两个方面：

（1）《时代建筑》以专题的形式集中讨论了年轻一代中国建筑师的话语和实践。21世纪以来，新一代年轻建筑师开始在中国建筑界崭露头角。围绕实验建筑这一主题，《时代建筑》发表和记录了他们抵抗建筑商品化的努力和探索：实验建筑（2000/2），青年建筑师（2002/2，2005/6，2011/2），建构（2002/5，2003/5），新城市空间（2007/1），集群设计（2004/2，2006/1），艺术与展览（2003/1，2006/6，2008/1），和建筑教育（2000/增刊，2004/6，2007/3）等。下面几章将重点讨论这些理论专题与中国独立建筑师作品之间的关系。

（2）《时代建筑》对私人设计公司（2001/1，2003/3），国有设计机构（2004/1，2005/3）和建筑职业现实（2007/2，2017/1）等专题的报道有助于人们追溯中国建筑职业体系的历史演变，而且引入了其他国家的宝贵经验。2001年，伍江发表了《近代中国私营建筑设计事务所历史回顾》一文。这也是该刊物最早发表的相关出版物之一。他回顾说，早在1915年上海就出现了私人设计公司；在20世纪20年代和30年代，许多留学西方的中国建筑师纷纷开设自己的公司，私人建筑事务所十分繁荣。[31]中华人民共和国成立后，政府按照苏联模式把所有私营设计公司都并入国有设计院。在国家政策指导下，国有设计院在随后的大规模建设中发挥了重要作用。[32]

20世纪80年代以来，此前的计划经济逐步向社会主义市场经济转型，由此导致了国有企业的私有化和民营经济的快速增长。在建筑领域，建设部于1993年颁布了《私营设计事务所试点办法》。此时，虽然许多设计院仍都是国有企业，并在市场竞争中占据巨大优势，但民营设计企业发展迅速。1995年，建筑师注册制度在停滞了半个世纪之后重新推行。[33]之后，许多曾在国有设计院工作的注册建筑师，因不满意设计院的管理机制和创作氛围，纷纷着手建立自己的私人设计公司，并在建筑实践中逐步展现了他们的个人才华。正是在这种历史背景下，《时代建筑》针对新成立的设计公司进行了专题研讨。对于工作室与事务所的区别，支文军在2003年写道：

> 在本期的主题用语中，“工作室”既可以解释为一种工作场所，也有作者将“工作室”模式视为小型设计公司的一种运作方式，强调其工作的研究与实验色彩。“事务所”则指国家建设部批的90家甲级资质综合事务所和专项事务所，以及各省市审批的甲、乙或丙级综合事务所及专项事务所。另有一批设计咨询公司，他们的业务与事务所的区别在于设计资质，而实际运作相当类似。如此多姿的建筑实践形态，也是市场经济转型期的中国特色。[34]

在 21 世纪初期,《时代建筑》是较早关注新兴设计部门的建筑期刊之一。对于编辑来说，私人工作室和事务所充满了能量和活力，代表了新的建筑实践趋势。在这本杂志上，来自各个设计公司、学术界和官方机构的参与者讨论了民营设计企业的发展历程并展望了它们在市场竞争中的前景。自 2001 年中国加入世界贸易组织（WTO）以来，政府已经允许越来越多的私营设计公司经营，鼓励中国从业人员在国内建筑市场上与国际同行竞争。在这些从业者中，许多海外回归者（海归）——更准确地说，在西方受过良好教育的中国年轻建筑师——开始回国开设本地设计公司。由于大部分年轻建筑师具有国际教育背景和工作经验，他们的设计、写作和教学活动逐渐增加了国内建筑实践的思想深度。

例如，在 2003 年,《时代建筑》的兼职编辑卜冰（先后于清华大学和美国耶鲁大学获得建筑学学士与硕士学位，2000 年加入马达思班，2003 年创立集合设计）为读者介绍了一个新兴设计公司——标准营造（standardarchitecture），1999 年在纽约成立，2001 年在北京东便门明城墙遗址公园竞赛中获得头奖，之后将工作重心转移到中国大陆。其中一名合伙人张珂先后毕业于清华大学（取得硕士和学士学位）和美国哈佛大学（1998 年获得建筑学硕士学位），他试图在设计中采用一种无风格的方法。他解释说：

我们代表了中国即将出现或正在出现的一种现象，我们是一个群体，而不是某一两个人。我们的作品只代表建筑本身而不反应一种风格，或是一种社会身份及其他。中性的建筑，因此是标准建筑。[35]

这种中立的态度似乎并不暗示具体的建筑形式。“标准营造”的东便门明城墙公园竞赛提案强调保持城墙的原貌，增加一些无障碍设施，将拥挤和被遗弃的城市碎片空间以适当的方式改造为公共场所。这种都市干预策略清晰地展示了建筑师处理文物保护和建筑创新的敏感性。到目前为止，他们最重要和最有趣的作品包括广西桂林阳朔的商业街坊，四川成都青城山茶馆，一系列建在西藏的建筑以及北京大栅栏的胡同更新，所有这些项目都发表在《时代建筑》上（图 4.7）。这些项目表现出建筑师在特定历史背景下对传统建筑文化的重新诠释和革新。更具体地说，它们综合了抽象的形式语言、地方材料、适宜的施工技术和混合结构形式，具有一定程度上的连续性等特征。

《时代建筑》对私人设计公司的创新性和探索性工作的介绍体现了其长期一贯的学术承诺，与此同时，它出版的关于国有设计机构的专辑也提醒人们该杂志的行业特征。就国有设计院而言，它们的任务从服务于国家建设转变到今天为公共和私营部门工作。国有设计院基于市场化运作，虽然较短的设计周期、紧张的预算、不稳定的功能要求抑制了高水平设计的产生，但它们具有快速应对市场需求的能力。由于技术力量雄厚，国有设计院一般承担了机场、火车站、商业综合体、高层建筑等大型公共项目的设计，特别是施工图设计。

一般来说，当代中国的建筑领域有两个主要的市场主体（或者说竞争对手）：国有设计院

图 4.7 “标准营造”设计的阳朔街坊

资料来源:《时代建筑》，2005 年第 6 期，63 页

和大型商业设计公司致力于以市场为导向的建筑生产和消费；小型、灵活、多元的创作型工作室和事务所从事独立建筑实践，其中一些在设计中作出了重要的贡献。前者倾向于满足大量的政府和商业需求、同时寻求经济利润最大化。而后者努力回应国家政策和社会环境造成的限制，同时通过更加反思的方式，为特定的社会、历史和文化环境提供创新型解决方案。这里有必要引用肯尼斯·弗兰姆普敦的论证，他曾比较两种设计模式的异同：

> 一种（模式）寻求相对迅速的投资回报，不太关心设计产品的耐久性，另一种（模式）关注建筑作品的永久性和随着时间的推移建筑作品逐步成熟。换句话说，一个拥抱商品化，另一个倾向于抵制。[36]

应该承认，这个看似简单的分类并不能完全准确地揭示中国建筑市场的复杂情况。近十几年来，一些大型设计院也在院内设立了由明星建筑师领导的个人工作室，致力于创造性探索，旨在通过生产精细的作品来建立和提高设计院的声誉。[37] 同时，除了通过出版和展览来宣传公司的标志性项目以外，许多私营小型设计工作室也参与了利润可观的商业性建筑生产，以获得稳定的经济收入。坦率地说，很少有建筑师能够不受名和利的吸引和影响。然而，如何在市场上平衡这两种要素则取决于建筑师的意识形态和个人立场。

中国建筑师的职业身份和地位受当下社会经济环境和现有专业规范的制约。《时代建筑》在 2007 年出版的关于建筑职业现实的专辑有助于人们反思对建筑生产有重大影响的体制因素。姜涌在题为《职业与执业——中外建筑师之辨》一文中分析了中西建筑实践的内容和过程。对他来说，相比西方建筑师，中国同行的权利和义务仅仅局限于设计阶段，这影响了他们从设计到施工的综合控制。[38] 他认为，这种局限性在建造过程中引起许多不可避免的尴尬现实，因此需要通过体制改革和设计教育来改变。[39]《时代建筑》对这些与职业制度和现实有关的基本问题的探讨使读者更好地了解到中国现行建筑实践的制度状况。

设计作品

《时代建筑》另一个重要栏目是“设计作品”，展示了该杂志一贯致力于推介当代中国批评性建筑的承诺，这也与杂志的创刊初衷相一致——关注有新意和探索性的建筑实践。[40] 这种立场首先体现在 1984 年发表的上海松江方塔园北大门。[41] 建筑师冯纪忠用轻钢结构、石材和小瓦创造了一个小巧而又富有新意的大门，展示了他对传统建筑形式的创新态度。八个钢柱支撑两片坡度相同，但高度和宽度不同的倾斜屋顶，屋顶由当地生产的黑色瓦片覆盖，下面分别是售票处和商店的两个平顶小房子，对称布置，外墙贴有粗糙毛石。与传统建筑的坡屋顶不同，方塔园北大门的两片钢结构屋顶彼此错开，但在顶部有部分重叠。这种刻意营造的缺口使得阳光能够穿透进而洒在地面上。在这里，冯纪忠激发了材料、结构和光之间的相互作用，创造了一个尺度得体的形体和令人感到愉悦和开阔的空间。

四年之后，《时代建筑》还发表了方塔园中新建的一个公共建筑——何陋轩茶室（图 4.8—图 4.9）。在该项目的介绍性文本中，冯纪忠虚拟了他与一位来访朋友之间的对话，以一问一答的有趣形式剖析了茶室设计的思路，并回应了这位访客的疑问和关切（图 4.10）。由于预算有限，茶室用当地材料（竹子和茅草）建造。冯纪忠用石头和砖建造了三层基座平台，每层旋转 30°。涂成白色的柱子和地面的交接由黑色金属接头连接，这个接头也是德国建筑理论家戈特弗里德·森佩尔（Gottfried Semper）所称的最重要的建构元素，它不仅连接了柱和梁，而且连接了柱和平台。通过这个金属节点，竹子结构和茅草屋顶的重力被清楚地传递到建筑物的底座上，其中的节点正好插入石头之间的裂缝中。茶室弯曲的屋顶，令人联想到当地的传统民居，也意味着它是延续传统文化的一部分。茶室入口处有几片弯曲的片墙，由砖砌成，留有洞口，在阳光的作用下，斑驳的光影投射在地面上，摇曳生姿。何陋轩茶室为游园的人们提供了一处休闲、品茶、交流的场所。这里，人与人之间、人与自然之间、建筑与环境之间充满了微妙的互动。

图 4.8　冯纪忠，上海松江方塔园何陋轩茶室

资料来源：《时代建筑》1988 年第 3 期，封面

在这两个发表的小项目中，冯纪忠通过巧妙地整合当地材料、新结构和形式语言，创造性地平衡了传统与现代性之间的冲突。茶馆展示了建筑师对人与建筑、自然之间关系的独特思考。这种处理方式不同于他的同行的手法，比如，贝聿铭的香山饭店和戴念慈的阙里宾馆，后两个建筑都发表在 20 世纪 80 年代的《建筑学报》上，并引起了广泛的讨论。

尽管《时代建筑》承诺发表探索性的项目，但像方塔园这样具有新意和批判意识的建筑项目少之又少。大多数中国建筑师在“文革”之后受到具有“布札”美术传统和现代主义影响的建筑教育，仍然痴迷于各种现代和后现代的时髦风格。20 世纪 90 年代生产的大部分项目缺乏对传统文化和现代性的深入理解。在多重压力下，中国建筑师艰难地将外部影响和内部遗产转化为高质量的建筑作品。然而，在这本杂志上，情况在 21 世纪初期似乎逐渐改变，特别是当年轻一代的建筑师开始独立实践之后。部分是因为《时代建筑》巧妙地调整了方向，并专注于全国范围内的建筑实践；也因为新一代的建筑师已经展现了新的可能性，并且强烈地

图 4.9 冯纪忠，上海松江方塔园何陋轩茶室

资料来源:《时代建筑》1988 年第 3 期，彩页

抵制了商业实践的统治。

1998 年,建筑评论家王明贤和史建用“实验建筑”这个术语来描述一些独立建筑师的实践，包括张永和、汤桦、王澍、赵冰等人。[42] 一年后，王明贤在 1999 年北京国际建筑师协会（UIA）会议期间策划了关于中国年轻建筑师的实验建筑展览。不久之后，实验建筑在报纸、建筑期刊和时尚杂志上得到广泛的讨论。《时代建筑》与年轻一代建筑师的关系可以追溯到 2000 年发表的关于中国当代实验建筑的专辑。这期杂志集中讨论了新兴建筑师的边缘但具有批判性的创作实践，对于编辑来说，他们的“前卫”精神和创造活力预示了一个新的趋势。正如他们写道：

> 虽然在开始阶段，实验性艺术在观念等方面给建筑以启发，但中国实验性建筑终究以其特有的个性，展开它的实践与理论，在诗意的空间表述、丰富的形式语言等处理上有独特表现，展现了一个新的图景。这正是我们倡导百家争鸣的目标，以达到有不同的思想声音的交流。同时我们力求客观真实地介绍作品，以第三者的眼光来评判建筑作品。虽然这期实验性建筑的作品不大，但是这些画家工作室或书屋等都有鲜明的个性，是精心营造、耐人寻味的。[43]

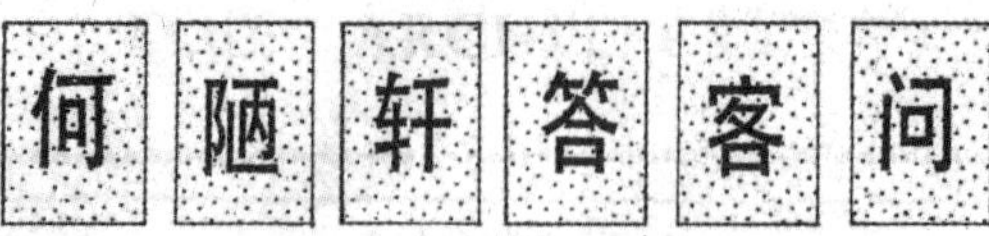

冯纪忠

松江方塔园规划中为了从东南部取土，顺应土丘竹林分布原状，凿河北通方池，西接河叉，构成连贯水系，而东南形成了一个景区。拟建简单竹构的饮茶休息设施。

记得三年前曾有客与笔者来游。信步过土埂，登小岛，披着没膝荒草，打量着地势，客高兴地说："是个好去处，略施些亭榭廊桥，真是别有洞天"。笔者想了一想，没有说什么。

后来，总算经费有了着落，一个竹构草顶的敞厅，一波三折，差强人意，将要建成了，姑名之为"何陋轩"。

客恰好又来游。一同过小桥，绕土丘，进入竹厅。客愕然良久，搭讪道："园里这一圈，可真有些累了。"笔者应道："坐下喝杯茶再逛罢。久动思静，现在宜于静中寓动，我设计时正是这样想的，不然的话，大圈圈之中又来一番小圈圈，那不就乏味了。"

客道："原来这就是不采取游廊方式的道理。这个厅确也荫凉轩敞。游廊在楠木厅那里已经有了嘛。"

笔者道："那里不同，那里是游览主题广场之后，收一收神。"

跟着笔者指点着介绍说："全园有几个重点单位，除了主体文物宋塔、明壁之外，有天妃宫、楠木厅、大餐厅。这个竹厅在尺度上和方位上须要和那些单位旗鼓相当，才能各领一隅风骚罢。看！竹构结点是用绑扎的办法，原拟全无榫卯，施工中出于好意，着意加工，显出豪式屋架的幽灵难散啊。上部杆件施以彩漆，用意是想在朴实中略见堂皇。"客道："噢，会不会授人以不伦不类的口实？"

笔者笑道："不论竹木，本色确是我素来偏爱的，但要因事制宜。为了耐久些，木能敷彩，竹为什么不可以？木料着意雕镂，适足减弱强度；竹材细施榫卯，岂非违背肌理；却都不以为怪，唯独怪此，那是为什么？"

客扫视四周，猛然诘问道："规律在哪儿？令人迷离惝恍，茫然若失，这又有什么说法？"

笔者笑道："果然好象吹皱了一池春水，倒很使人高兴。若说规律却是有的。

请先看台基：三层，依次递转三十、六十度，似大小相同而相叠，踌躇不定的轴向正所以烘托厅构求索而后肯定下来的南北轴心，似乎在描述那从未定到已定的动态过程，这叫引发意动罢。方砖铺地，间隔用竖砖嵌缝，既是为了加强方向感和有利于埋置暗线，而且所有柱基落在缝中，不致破损方砖，又好似群柱穿透三层，而把它们扣住了。三层台基错叠所留下的一个三角空隙，恰好竖立轩名点题。

再看墙段，这里并没有围闭的必要。墙段各自起着挡土、屏蔽、导向、透光、视域限定、空间推张等等作用；若断若续，意味着岛区既是自成格局，又是与整个塔园不失联系的局部。"

客道："厨房忽然又是几个正方块，大盖是求变化、求对比？"

— 4 —

图 4.10　冯纪忠关于方塔园何陋轩茶室的文字

资料来源：《时代建筑》1988 年第 3 期，4 页

在这一期专辑中，张永和、王澍、刘家琨、董豫赣等新兴建筑师的工作一并呈现。这些关于实验建筑的报道既延续了这本杂志关注年轻建筑师的传统，也扩展了它与批评性建筑之间的关联。这不仅仅是该期刊的转折点，在某种程度上也是中国建筑的转折点。此后，《时代建筑》相当重视新一代建筑师的工作。在随后的几年里，它大量报道、发表了这些建筑师的理论、设计和教学实践。

《时代建筑》的“设计作品”栏目是一个展示当代中国建筑领域最新进展的窗口。这一栏目的主要编辑要求是：发表的作品必须是建成的建筑，应该具有一定的创新水平和较高的完成度。值得注意的是，大部分项目在发表之前已经被编辑或者评论人参观过，以便他们做出最后的判断。这一“判断”或“选择”环节对杂志的出版声誉具有重要影响。事实证明，它在提升当代中国建筑文化方面发挥了重要作用。同时，在市场主导的出版实践中，保持对那些具有一定程度批评性作品的持续关注是一件极具挑战和困难的任务。

建筑评论

从创刊以来,《时代建筑》致力于建筑评论的繁荣，邀请建筑师、学者和一些评论家撰写评论文章。虽然当下的社会政治环境抑制批评，这一努力也代表了该杂志在推动建筑批评发展所作的贡献。虽然没有一个固定的叫做批评的专栏，该杂志经常组织了一些座谈会，邀请包括建筑师、理论家、历史学家、教育家、官员等在内的不同背景的人们坐在一起讨论特定的问题，或者在参观某个建筑后发表个人想法。1985 年，罗小未、戴复东等人在同济大学组织召开的建筑创作与理论研讨会是最早的例子之一。[44] 这次会议得到了上海市政府和地方专业团体的支持，吸引了数百名建筑师、教师和理论家的关注。时任上海市副市长的倪天增出席了这个座谈会。作为清华大学的建筑学毕业生，也是这个杂志的顾问，他在会上发表了一个令人鼓舞的演讲。他说：

> 首先是要排除左的思想的影响，提倡好的学术风气，提倡“百家齐放，百家争鸣”。最大程度地发挥建筑师的才能。建筑评论工作要加强，不要同政治的、人事的关系混为一谈；地方和上级领导要尊重建筑师的劳动。[45]

倪天增对建筑发展的建议，特别是大力提倡建筑批评，得到了许多学者的热烈回应。冯纪忠和周卜颐也在会上发言（这些发言刊登在该杂志上），一致认为建筑批评是建筑创作蓬勃发展的不可或缺的力量。冯纪忠指出，批评应针对特定的建筑和建筑师，而不是采取模棱两可的语气；而周卜颐认为批评应该有理论框架。[46] 在某种程度上来说，建筑批评的文化在 20 世纪 80 年代达到顶峰，正是因为许多知名批评家包括周卜颐、曾昭奋、陈志华等人在这一历史时期迎来了事业的春天。由于当时宽松的政治环境和浓厚的文化气氛，他们的著述为繁荣中国建筑文化做出了重要贡献。

20 世纪 90 年代，中国的建筑期刊，包括《时代建筑》在内，都遭遇了建筑批评的贫瘠。部分是由于这些学者年事已高，逐渐退出了建筑领域的最前线，部分是因为当市场化浪潮在 20 世纪 90 年代突然到来时，新一代的建筑从业者倾向于拥抱建筑生产的商业市场。虽然《时代建筑》发表了一些讨论建筑批评理论的文章，但是具有一定历史理论视野的分析性写作较为少见。[47] 这个时期呈现的一个特点是商业实践过剩与批判性写作稀缺之间的强烈对比。刊登在杂志上的大部分评论更倾向于描述而非批判（critique）。前者试图描述具体项目的设计和施工过程，而后者不仅要在历史语境里分析作品之间的关联，而且还要根据其社会、政治和环境效应来判断某个建筑作品的内在价值。[48]

在当下的中国，很难找到一批独立的评论家。职业评论家如果仅仅依赖稿费，就会觉得很难生存。一些评论人更愿意发表积极的评论，而不是表达负面的意见。然而，在支文军开始主持杂志的编辑工作后，这种令人沮丧的情况发生了一定的变化。例如，2000 年第一期专辑便是对上海当代建筑的批评，展示了编辑和撰稿人对当地建筑和城市建设的敏锐观察和反思。这期主题的选择还与组稿相对容易这一事实有关，因为大多数作者是同济大学的教师。发表的内容既有对一般现象的分析也有对具体项目的评述，包括：孙施文批判了建筑师对孤立形式的痴迷和对城市公共空间的忽视；阮仪三呼吁对历史名胜的保护；李武英和彭谏评论了上海国际会议中心；蔡晓峰和支文军回顾了上海人民广场的设计；以及李大夏评论了上海证券交易所大楼等等。[49] 这些文章均体现了该杂志对推动建筑批评、学术辩论和批判性思考所做的努力，反映了一个广泛存在的常见问题——专业人士和业主均缺乏对城市公共领域的介入。

在中国建筑界，由于缺乏职业评论家，学者和实践建筑师经常承担起建筑批评的责任。虽然曼弗雷多·塔夫里（Manfredo Tafuri）在《建筑学的理论与历史》一书中坚持强调写作与实践之间的距离，建筑师——评论家这一独特角色的出现也促成了物质实践与理论反思之间的相互作用。

仔细研究《时代建筑》发表的文章，人们或许可以发现精彩的评论往往是和批评性建筑相关联。具体来说，探索性项目似乎更容易激发批评性写作的产生。本章无法全面展开论述创造性的想法是如何相互影响和联系的。但是为了支撑这一初步论断，有必要回到松江方塔园这个项目上，以此为例做一个简短的解释。如上所述，该杂志分别发表了评论家臧庆生和建筑师冯纪忠关于这个作品的两篇文章。前者简要分析了方塔园北门的设计，后者则以诗意的方式描述了他在何陋轩茶室创作中的思考。这两篇文章对于人们理解建筑师的设计意图有很大的启发性；然而，评论人易吉在 1989 年发表在该杂志的文章更值得分析。在这篇题为《上海松江“方塔园”的诠释——超越现代主义与中国传统的新文化类型》的文章中，作者深入分析了作品的隐藏意义和文化价值（图 4.11）。

与一般的建筑项目不同，方塔园是一处市区开放公园，由三座历史建筑（宋代方塔、明代照壁和清代天妃宫大殿、其中照壁和大殿是从别处迁移过来的），几个新建的小型设施（北门、东门和何陋轩茶室）以及大面积的绿化和水面组成。要全面欣赏这里的景观和建筑，人们必须亲身走进公园才能体会到组合独特的空间和宁静祥和的气氛，特别是当人穿行在花岗石建造的堑道时（图 4.12）。从北大门到方塔前的中央广场，地势一路下沉，铺地是表面粗糙的大块花岗石，精心设计的路径两旁是绿化和休息座椅，建筑师通过设计一系列的台阶微妙地回应了地形的变化。毫不夸张地说，这样一个具有独特体验和清晰美学的现代公园在中国建筑史上也是罕见的。在这里，由土石和树木所营造的场所重新塑造了人们对空间和时间的看法，当身体在空间中移动时，一种现象学的体验油然而生。易吉认为，方塔园创造出一个超越传统和现代主义的新文化类型。他说：

方塔园是一种新的文化形式，既非私家园林亦非皇家园林，它在这意义上也是一种新的“公共”文化类型，与现代的展览类型如美术馆、博物馆，在文化功能和意义上有相同之处，是人们交流、游戏、欣赏之地，但它却超越了“馆”的一般意义，除了人与物的交流之外，还

上海松江“方塔园”的诠释

——超越现代主义与中国传统的新文化类型

易 吉

当今每一种新文化的类型都是在对现代主义和传统文化所做的不同注释而形成的，对传统文化的认同，对现代文化的不断创造和对未来新文化的追求，几乎概括了我们整个时代的文化现实，现在的建筑界中各种建筑流派、各有代表意义的建筑师和作品，也无不是通过对这些问题所作的不同解答来确立其地位和特征的，而方塔园在我们看来也正是这样的，它在历史的过去、现在和未来上寻找着自身的意义。

方塔园作为历史文物园林，有宋代修长、优美的方塔，明代城隍庙罕见的大型砖雕照壁，和从上海迁入的清代天后宫大殿、宋石桥等，但它却在探索新园林一种“公共性”的文化环境和新的格局，即能包容更多主题的园。在新建的大门、茶室、堑道、弧形墙、洞门等等都是为了体现一种历史的文脉，即在过去、现在和未来上的意义，从格局、建筑形式、结构到建筑意念，从人的交流模式到环境特征和意义塑造上都做出了创造。同时它自由的布局、灵活的空间组织，已将中国园林传统手法提炼、转换成了现代的方法，还有这里每一建筑都似乎有它自身独立的意义、风格与特征，控制一特定的环境气氛，这就使它走出了中国园林纤细、精致的堆砌和现代园林常见的统一、规整却单一的结果。方塔园中宋、明、清的文物组合了，庑殿顶也以独特的姿态出现了，钢结构、竹构架与木构架在同样地表现各自的魅力和力量，堑道、广场中强烈的建筑感和灵活自由的空间变换，却好象是现代建筑的空间手法处理，而竹林、草坡与水面的组合，也完全走出了江南园林水的玲珑与处处雕琢，走出了皇家园林水的宏大与单调，成了更自然、自由……，这些就足够我们兴趣的了。

图1 方塔园总平面

一、方塔园建筑的诠释

1.对传统文化的新解——“轴线、定向”与“内容、主题”。

方塔园对传统文化重新立意，不以历史的时间为依据，不以传统格局为规范而再创格局，首先是对轴线的理解，表现出一种新的历史审视和创造运用。在几个主要建筑的轴线范围内，宋塔、明照壁、清殿，这三个不同朝代的建筑，如果按传统的一般轴线位置布局塔与殿，会使得体量较大而年代较晚的清殿反居主位，而且塔与壁，一为兴圣教的塔，一为城隍庙的照壁，原非一体，两者互相又略有偏斜，原来就不同轴，所以方塔园没按传统严格的轴线布局，而这些断断续续的轴线恰恰构筑了历史的环境，一种历史的演变与发展，这里建筑都独立、完整地表现各朝代的风格与特征，宋方塔代表着宋文化的典雅、朴素、宁静、明洁，明照壁（砖雕）象征着明文化的世俗人情、细致入微，清大殿意味着清文化的近代市井生活、፧平淡无奇、却五花八门、多姿多彩的社会图景。然后，用广场来联系这三项文物，三种文化，造成了一个完整的图景。

图2 方塔

然而轴线对称的格局又是中国传统建筑文化之本，过去无论是江南宅园，还是皇家宫院，无不是以轴线来确定中心和控制全局的，传统建筑布局中随主轴线，通过层层合院转换空间，依时间缓缓展开内容，在轴线渐进中达到高潮，而轴线必是为了表现主题，长轴线是表现一种统一“宏大”的主题，由于每一建筑轴线与主轴重合，为衬托主体限制每个建筑的表现和意义，造成相对单一的内容，而断断续续的轴线，在丰富、复杂的内容与环境中，更具发展力，它能让各自独立完整的主题充分表现，同时也能组织完整的图景，然而轴线还有“定向”的作用，每一轴线的中心方向能确定各自内容主题与相互关系，方塔园即强调轴线的定向关系，不求每一建筑轴线与主轴重合，方塔居于园中，二个入口都不正对塔，而略偏一角度，这种偏斜同样突出了塔的主题，因为方塔在园内的竖向定位是绝对主导的，而园内每个区域内都有自己的轴线定向，使建筑的方向性很明确，主题突出，在这里现代主义轴线变化的手法，很自如地演绎了出来，且体现在一个历史题材的园林中。[1]

图3 北大门

2.传统文化在现代意义上的创新——“门”“院”

方塔园的大门设计有意与无意间运用了中国传统概念框架的“大门”，作为内向型文化的中国城市和街道，建筑无不是用墙在层层围闭自己，而只留下唯一与外界交流的门，因此，墙里的内容、特征也只有这唯一的门来表现了，如北京的故宫除了高高的红围墙之外，最鲜明的特征就是几个雄伟的门，“天安门”、“午门”的意义便是如此，它们显示了一种皇权的威严和神秘，一种居高临下神圣不可侵犯的气势，整个故宫的内部世界都集中表现在这些门上；北京城市宅院亦在墙的围闭之中，人们只知胡同和大门，场所的特征亦在门上了，“门”的意义在一定层次上可以概括整个建筑群体、城市，它是主题内容一个极具表现力的“脸谱”。

方塔园的二个入口大门，可谓“苦心孤诣”，是园中的主要建筑物，也是一开始建造的在体量和规模上较大的新建筑，北大门（主入口）反映了园的内部精神，大小不等的二片钢构架错落有致，顶上是尺度细腻的传统黛瓦，显得简洁轻

30 《时代建筑》3/1989　　《时代建筑》3/1989 31

图 4.11　易吉对松江方塔园的评述。

资料来源:《时代建筑》1989 年第 3 期，30-31 页

图 4.12　冯纪忠，上海松江方塔园中的堑道

资料来源: 作者摄影，2012 年

是人与人、人与自然、人与“神”等的交流场所。同时，这种交流活动是在一种休息、游戏、生活的过程中完成的，这便是它的独特之所在。它是综合的文化艺术体现，补充了现实生活中人们缺少或忽略的思考、经验、体验与欢乐。这样，方塔园似乎成为一种“环境展品”融入了我们的生活，这种新的“公共”文化类型在内容、形式、交流模式等方面，给我们对现实很多的思考。[50]

紧接着，他继续指出：

方塔园是多种思想、文化、形式同时并存、冲突、融合而升华的结果。体现出一种对现代理性主义与中国传统文化的超越，是一种理性冷峻的思考，严密的逻辑，精美的建构与中国传统文化中自然的畅想，直觉的感悟，浪漫的历史的一种整合，在时空上交错、重叠不同时代的建筑被重新组合立意，并且在新建筑的创作上不时勾起人们对传统建筑的反思，那貌似平淡一般的形式，却练达地隐含了对历史传统形式的变革，以及对未来的追寻。[51]

易吉的论述抓住了这个作品的深层本质，揭示了其隐含的主体与客体、情感与理性，以及东方与西方之间的复杂微妙关系。他也解释了冯纪忠在方塔园设计中为平衡传统和现代性、整合理性（reason）与主体性（subjectivity）所做的努力。易吉关于这种新文化类型的观点可以从两个方面来解释：从形式上来说，为了体现他的“与古为新”思想，冯纪忠吸取中外传统园林的优点，同时摒弃中国古典园林的过度精致和现代园林的规整与单一，从而创造一个形式得体而不失多样性的新型公园；从内容上来看，这个公园不同于传统的皇家园林，也不同于江南的私家园林，而是一个真正公共的露天博物馆，涵盖各种各样的元素。

易吉的评论涉及该项目的形式美学实验和建筑师对公共领域的贡献。然而，他没有提到这个项目也有潜在社会意义。冯纪忠试图营造的“优雅”、“简洁”、“宁静”和“清晰”的氛围与广场上宋代方塔的气质一脉相承。

《时代建筑》对松江方塔园的报道和讨论，在一定程度上来说，为评估近年来的建筑批评和批评性建筑提供了一种参照（reference）或者说基准（benchmark），不仅仅因为这一例子揭示了建筑师致力于创造一个开放的场所，也是因为它呈现了评论家对建筑文化意义的深入阐释和解读。尽管类似这样建筑批评和批评性建筑的深入互动十分少见，但近 20 年之后，《时代建筑》对王澍的中国美术学院象山校区的报道仍然说明了杂志自身的文化雄心。

注释：

[1] 米歇尔·福柯．知识考古学 [M]. 谢强，马月译，顾嘉琛校．三联书店出版社，2003：5. 原文：These problems may be summed up in a word：the questioning of the document. Of course，it is

obvious enough that ever since a discipline such as history has existed, documents have been used, questioned, and have given rise to questions; scholars have asked not only what these documents meant, but also whether they were telling the truth, and by what right they could claim to be doing so, whether they were sincere or deliberately misleading, well informed or ignorant, authentic or tampered with.

[2] 来自包括实践、图书馆学和媒体等各个领域的人员都对期刊进行了研究，同时，建筑期刊也受到了很大的关注．近几十年来，在西方学术界，一些出版的书籍、发表的文章和博士论文开始关注这一领域，调查了建筑期刊的编辑政策，出版的话语，期刊的主角，文化意义和历史价值．参见 Joan Ockman and Beatriz Colomina, eds. *Architectureproduction* (Princeton, NJ.: Princeton Architectural Press, 1988), 181-199; Greig Crysler, *Writing Spaces: Discourses of Architecture, Urbanism, and the Built Environment, 1960-2000* (New York and London: Routledge, 2003); ErdemErten, *Shaping" The Second Half Century":* The Architectural Review, *1947-1971* (PhD Thesis, Massachusetts Institute of Technology, 2004); Alexis Sornin, Helene Janniere, France Vanlaethem, eds. *Architectural Periodicals in the 1960s and 1970s: Towards a Factual, Intellectual and Material History* (Montreal, Institut de recherche en histoire de l'architecture, 2008); Detlef Mertins, Michael W. Jennings, eds.*G: An Avant-Garde Journal of Art, Architecture, Design, and Film, 1923-1926* (Los Angeles: Getty Research Institute, 2010); Beatriz Colomina, Craig Buckley, eds. *Clip, Stamp, Fold: The Radical Architecture of Little Magazines, 196X - 197X* (Barcelona: Actar, 2010); Steve Parnell, Architectural Design, *1954-1972: The Architectural Magazine's Contribution to the Writing of Architectural History* (PhD Thesis, The University of Sheffield, 2011).

[3] 过去的一些年，中国学者也对建筑期刊进行了研究，发表了一些文章，撰写了硕士和博士论文．例如，在钱海平的博士论文中，建筑杂志成为历史信息的重要来源．他研究了 20 世纪 30 年代中国建筑的现代化进程，重点关注了两个期刊——《中国建筑》和《建筑月刊》，调查了新兴的职业机构、个人、法规、材料和技术．然而，关于《时代建筑》的学术研究相对较少，除了在 2004 年，该杂志出版了一期纪念创刊 20 周年的专辑，邀请一些建筑师和学者撰文回顾杂志的历史发展．参见钱海平．以《中国建筑》与《建筑月刊》为资料源的中国建筑现代化进程研究 [D]. 杭州：浙江大学，2011；蒋妙菲．建筑杂志在中国 [J]. 时代建筑，2004（2）: 20-26；冯仕达著．虞刚、范凌、李闵译．建筑杂志的文化功能 [J]. 时代建筑，2004（2）: 43-47；姜涌．中国现代建筑的话语与思潮——建筑杂志研究方法论初探 [J]. 建筑史，2006（26）: 206-214.

[4] 80 年代初，罗小未作为访问学者前往美国，在哈佛大学和麻省理工学院做报告，并拜访了许多建筑师如罗伯特・文丘里（Robert Venturi），迈克尔· 格雷夫斯（Michael Graves）和彼得· 埃森曼（Peter Eisenman），以及斯坦福·安德森（Stanford Anderson），肯尼思·弗兰姆普敦（Kenneth Frampton），约瑟夫· 里克沃特（Joseph Rykwert）等历史学家．卢永毅．同济外国建筑史教学的路程——访罗小未教授 [J]. 时代建筑，2004（6）: 27-29.

[5] Xudong Zhang, *Chinese Modernism in the Era of Reforms: Cultural Fever, Avant-Garde Fiction, and the New Chinese Cinema*（Durham, N.C.; London：Duke University Press, 1997）.

[6] 20世纪80年代的西方也集中出现了一些建筑期刊，例如，在伦敦建筑协会建筑学院创刊的 *AA Files*（1981），荷兰代尔夫特科技大学成立的 *OASE*（1981）和哈佛大学的创刊的 *Assemblage*（1986年）.

[7] 据统计，自1978年至1987年，我国平均每天有1.4个刊物创刊或复刊。参见杨斌．发展·竞争·多样化：十年来我国杂志事业的回顾和展望[J]. 复旦大学学报（社会科学版），1989（3）：106-111.

[8] 钱锋，伍江．中国现代建筑教育：1930—1980[M]. 北京：中国建筑工业出版社，2008.

[9] 同济大学建筑与城市规划学院编．黄作燊纪念文集[M]. 北京：中国建筑工业出版社，2012.

[10] 罗小未，李德华．圣约翰大学建筑工程系，1942-1952[J]. 时代建筑，2004（6）：24-26.

[11] 编辑．编者的话[J]. 时代建筑，1984（1）：3.

[12] 同上．

[13] 周卜颐．从香山饭店谈我国建筑创作的现代化和民族化[J]. 新建筑，1983（1）：17-22.

[14] 罗小未．贝聿铭先生建筑创作思想初探[J]. 时代建筑，1984（1）：4-7.

[15] 作者对支文军主编的采访，2012年2月7日于上海同济大学．

[16] 同上。1988年，戴复东从美国访问回来后，努力促成杂志出版英文版，以便促进国际学术交流。鉴于中西之间的文化和语言差异，发行英文版本绝不是简单地翻译一下杂志的内容。英文版的出版主要涉及该期刊如何向国际读者介绍中国的建筑．即使在今天，这本杂志仍然是针对中国读者，虽然它提供了主题文章的英文摘要．

[17] 1984和1985年分别出版了一期，1986和1987年分别出版了两期，1988年出版了三期．

[18] 2002年改版为双月刊．

[19] 这些机构包括上海高等教育建筑设计研究院和王孝雄建筑师事务所．

[20] 作者根据互联网上发布的信息进行估计．参阅《时代建筑》简介[OL]. 2014年11月19日访问；http：//www.tongji-caup.org/publication.php；http：//www.admaimai.com/magazine/Detail1_6627.htm.

[21] 支文军，吴小康．中国建筑杂志的当代图景：2000-2010[J]. 城市建筑，2010（12）：18-22.

[22] 邓小平于1991年访问上海，他非常重视浦东新区的发展，希望加快速度建设基础设施．

[23] 支文军于1986年获同济大学建筑学硕士学位，最初，他曾留校帮助该刊出版英文版，后来担任杂志编辑和撰稿人．

[24] 罗小未，支文军．国际思维中的地域特征与地域特征中的国际化品质：《时代建筑》杂志20年的思考[J]. 时代建筑，2004（2）：28-33.

[25] 蔡德道．建筑的钟摆在左右摆动[J]. 时代建筑，1992（2）：4-6.

[26] 编委会．对杂志的建议[J]. 时代建筑，1996（4）：4-6.

[27] 罗小未，支文军．国际思维中的地域特征与地域特征中的国际化品质．30.

[28] 同上．

[29] 虽然“理论思辨”栏目没有一个固定的题目，但发表的文章一般用理论的思维来探讨具体的议题 .

[30] 近几年来，2008 年北京奥运，2010 年上海世博会，2008 年汶川地震等社会事件也是杂志经常关注的主题 .

[31] 伍江 . 近代中国私营建筑设计事务所历史回顾 [J]. 时代建筑，2001（1）：12-15.

[32] 张钦楠 . 对中国当今建筑设计体制的认识 [J]. 时代建筑，2001（1）：28-29.

[33] 目前，我国有一级注册建筑师和二级注册建筑师两种 . 根据有关规定，具有建筑甲级资质的公司至少需要有三位一级注册建筑师才可以正式成立 .

[34] 支文军 . 从工作室到事务所 [J]. 时代建筑 . 2003（3）：1.

[35] 卜冰 . 标准营造 [J]. 时代建筑，2003（3）：46-51.

[36] Kenneth Frampton，*Studies in Tectonic Culture：The Poetics of Construction in Nineteenth and Twentieth Century*（Cambridge，Mass.；London：MIT Press，1996），380.

[37] 比如，中国建筑设计研究院在 2003 年成立了三位名人工作室，如崔愷工作室，李兴钢工作室和陈一峰工作室 .

[38] 姜涌 . 职业与执业：中外建筑师之辨 [J]. 时代建筑，2007（2）：6-15.

[39] 同上 .

[40] 在中文语境里,“有新意的”和“探索性”的通常是指在形式和空间层面具有创新意义的建筑。尽管没有明确的社会政治含义，但这两个术语大致相当于英语语境中的“批评性建筑”一词 .

[41] 臧庆生 . 园林建筑的新探索：松江方塔园北大门 [J]. 时代建筑，1984（1）：76-77.

[42] 王明贤，史建 . 九十年代的中国实验建筑 [J]. 文艺研究，1998（1）：118-137.“实验建筑”一词，类似于“创新性、探索性建筑”，并没有一个明确的定义，因而显得模糊不清 . 而“批评性建筑”是一个具有明确定义，而且是意识形态导向的概念，其根源于西方文化传统，是指建筑在形式美学或内容方面具有一定的批判精神 . 在中国文化背景里，批判这个术语就意味着对抗和暴力，而“实验建筑”等这些本土术语并不直接意味着对立立场和政治含义 . 编辑和评论家正是利用这种微妙的含义来定义那些寻求突破的建筑实践 .

[43] 编辑 . 编者的话 [J]. 时代建筑，2000（2）：5.

[44] 五年后,《时代建筑》和其他杂志于 1991 年在四川德阳市共同主办了第二次全国建筑评论大会，并在杂志上发表了几篇关于建筑批评的重要论文 .

[45] 倪天增 . 上海市副市长倪天增同志讲话（摘要）[J]. 时代建筑，1986（1）：4.

[46] 冯纪忠 . 同济大学建筑系名誉系主任冯纪忠教授发言（摘要）[J]. 时代建筑，1986（1）：5-6；周卜颐 . 清华大学周卜颐教授发言（摘要）[J]. 时代建筑 . 1986（1）：6.

[47] 支文军 . 建筑评论的歧义现象 [J]. 时代建筑，1989（1）：11-13；曾坚 . 从审美变异看当代建筑评论标准的转变 [J]. 时代建筑，1991（4）：3-7；朱大明 .“接受美学”在建筑评论中的地位 [J]. 时代建筑，1991（1）：12-14；沈福煦 . 论建筑评论：“建筑理论的理论”之二 [J]. 时代建筑，1997（1）：22-24；傅丹林 . 建筑评论中的病症 [J]. 时代建筑，1997（1）：25-26；徐千里 . 超越思潮与流派：建筑批评模式的渗透与融合 [J]. 时代建筑，1998（1）：56-58.

[48] David Leatherbarrow，“The Craft of Criticism，” *Journal of Architectural Education* 62，3（2009），21+96-99；Helene Janniere，“Architecture Criticism：Identifying an Object of Study，” *OASE* 81，（2010），34-54.

[49] 孙施文 . 城市空间与建筑空间：关于上海城市建筑的断想 [J]. 时代建筑，2000（1）：16-19；阮仪三 . 保护上海城市空间环境特色 [J]. 时代建筑 . 2000（1）：20-22；李武英，彭谏 . 一波三折双珠落盘：评上海国际会议中心 [J]. 时代建筑，2000（1）：29-33；蔡晓丰，支文军 .“城市客厅”的感悟：上海人民广场评析 [J]. 时代建筑，2000（1）：34-37；李大夏 . 上海证券大厦解读 [J]. 时代建筑，2000（1）：38-41.

[50] 易吉 . 上海松江“方塔园”的诠释：超越现代主义与中国传统的新文化类型 [J]. 时代建筑，1989（3）：30-35.

[51] 同上 .

第5章
“实验建筑”作为一种批判话语

当代评论家的作用是重新整合象征性与政治来抵制这种统治，通过话语和实践来推动被压制的需求、兴趣和欲望以文化的形式转化为一种集体的政治力量。[1]

——特里·伊格尔顿（Terry Eagleton）

在过去的20年里，新一代的中国建筑师开始崭露头角，许多人在独立实践中探索一种全新的视觉、触觉和空间体验，试图挑战当下主流的建筑意识形态。建筑评论家将他们的探索性实践描述为“实验建筑”。自2000年以来，同济大学出版的《时代建筑》杂志广泛报道这一群体的建筑作品。与此同时，一些有趣的问题也浮出水面：为什么“实验建筑”一词反复出现在建筑讨论中？ 20世纪90年代“实验建筑”诞生的条件是什么？也许更重要的是，《时代建筑》如何与这个建筑话语进行互动的？

在21世纪初，《时代建筑》的编辑和作者通过写作和研讨实验建筑而塑造了一种批评性的建筑意识形态。该期刊对实验建筑的报道体现了其本身的批评性编辑议程——对创新性和探索性实践的关注，同时也反映了中国建筑界普遍存在的一种焦虑——建筑实践受权力和资本的驱动而在不断变化的表面风格中寻求满足。实验建筑的非主流实践探索了一些新的形式语言的可能性，而相对忽略了建筑实践的社会承诺或政治责任。作为一种形式批评（formal critique），实验建筑出现在20世纪90年代一个“去政治化”（depoliticisation）的社会环境中，其标榜的差异性美学随后被新兴的资本主义生产方式（比如房地产开发等）所利用来强调资本积累。

“实验建筑”的出现

实验建筑话语的出现与实验艺术有着一定的关联。艺术史学家、美国芝加哥大学教授巫鸿认为，20世纪80年代中国的实验艺术不能被简单地描述为“非官方”或“前卫”艺术，因为第一个术语夸大了这个艺术运动的政治取向，第二个术语夸大了它的艺术激进程度。[2]“实验建筑”一词首次出现在1996年5月18日在广州举行的“南北对话：中国青年建筑师与艺术家学术讨论会”上，参会的青年建筑师、艺术家、评论家和学者讨论了中国实验建筑的可能性。同一年，《建筑师》杂志发表了一篇关于这一事件的评论文章并介绍了新兴建筑师的项目（图5.1—图5.2）。[3]1998年，时任《建筑师》杂志副主编的王明贤和独立建筑评论家史建合作发表了《九十年代中国的实验建筑》一文，介绍了一批年轻建筑师的工作，描述了他们以抵抗主流建筑实践和思想为目标的探索活动。王明贤和史建分析说：

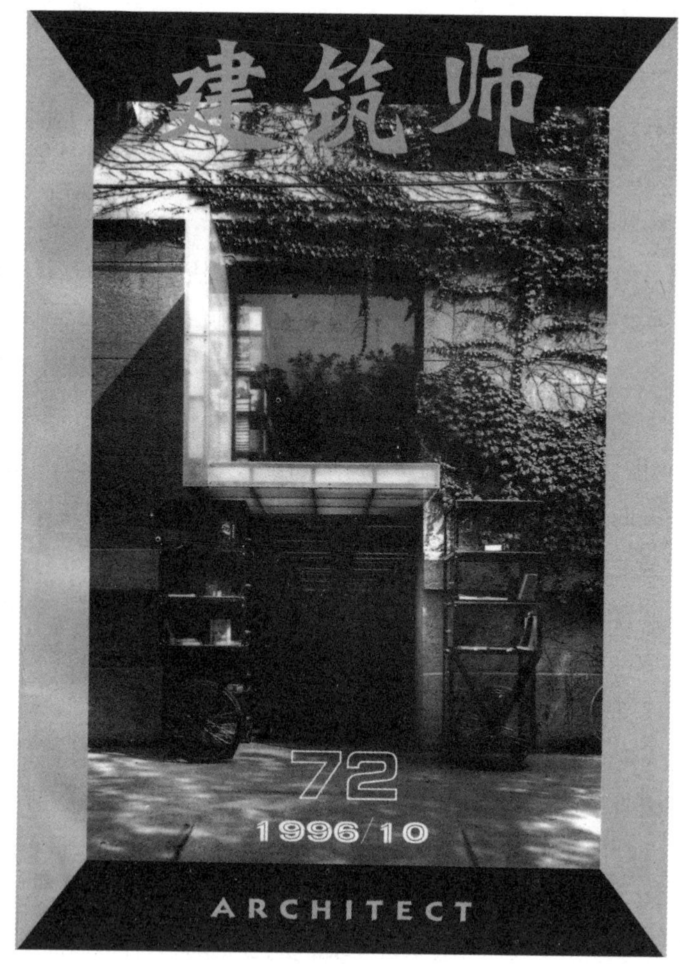

图 5.1　张永和设计的北京席殊书屋

资料来源：《建筑师》，1996 年总第 72 期，封面

萌生于 20 世纪 90 年代的中国实验性建筑，与时下流行的西方前卫建筑保持了距离，它试图在对建筑潮流保持清醒认识的基础上，以新的姿态切入东方文化和当下现实，以期发出中国“新建筑”的声音。[4]

20 世纪 80 年代，中国的社会发生了巨大变化，“实验”一词或许是社会和文化领域戏剧性变革的精准写照。例如，在这一时期几个沿海城市如深圳、汕头等地成立的经济特区就是一个例子。在当时计划经济占主导地位的情况下，这种新的生产方式具有鲜明的实验特征。[5]同样，1985 年出现的艺术运动、实验小说和先锋话剧等新生文化力量挑战了占主导地位的社会主义现实主义的正统文化观念。这些文化实验出现在不同领域，象征着一种挑战现状、寻求变革的集体努力。

王明贤和史建使用“实验建筑”这一术语表明他们认为建筑和绘画一样是一种艺术而非社会实践。这一点在他们的论述中非常明确：

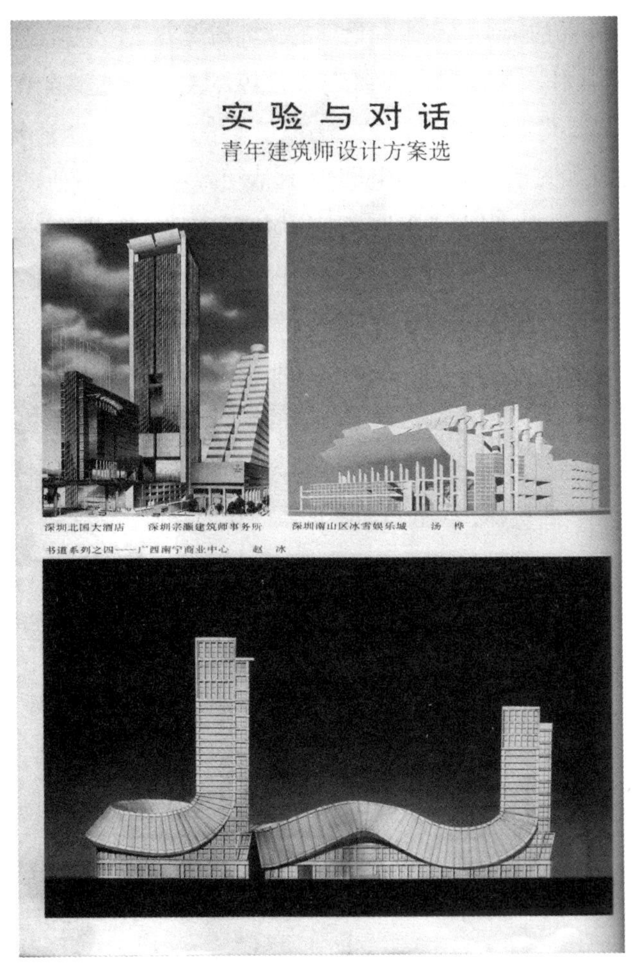

图 5.2 实验与对话：包括宗灏建筑师（左上），汤桦（右上）和赵冰（下）等年轻建筑师的项目。

资料来源：《建筑师》，1996 年总第 72 期，彩页

20 世纪的中国建筑艺术一直与其他艺术门类的发展脉络不太吻合，这种状况在激进的 80 年代表现得尤为明显。当时没有出现实验性的前卫建筑，几乎成为那个时代艺术唯一的不谐和音。[6]

然而，他们的这一立场并非是孤立的。在《中国当代美术史：1985 ~ 1986 年》一书中，艺术批评家高名潞也坚持认为建筑是艺术史的一个重要部分。[7] 虽然实验建筑的进展落后于实验艺术，但它们的出现都受到改革开放时期日益频繁的国际文化交流的影响。实验艺术家吸收了最新的观念，并较为自由地表达了自己的想法，而建筑师的实践则受制于社会、经济、技术、客户要求、政治、职业和其他实际因素的影响。[8]

实验建筑没有指向任何具体的意识形态，王明贤和史建所提及的实验建筑师，包括张永和、王澍、汤桦、吴越、赵冰等人具有多元化的教育背景和审美主张，构成了一个比较松散的团体。[9] 虽然他们的观念和方法各不相同，但都采取了对抗主流建筑实践的立场。一个明显的例子是

张永和的项目与赵冰作品的区别。张永和设计的深圳清溪坡地住宅项目用现代语言重新诠释了中国传统的合院式居住文化，这一提案获得了 1996 年美国进步建筑提名奖（Progressive Architecture Citation Award）（图 5.3）。在这个方案设计中，建筑师设计了各种各样的半私密性质的空间单元，如庭院和大厅，以适应不同的家庭活动需求；同时，他在场地上安排了大量的公共空间，包括街道和公园，以区别于许多中国城市出现的郊区别墅——采用美国流行的独栋建筑占据场地中央的布局方式。而赵尝试把中国的书法转译为建筑形式，展现了一种在现代社会中表达传统文化氛围的意图。

鉴于王明贤和史建没有对“实验”一词作出明确的定义，这个较为“模糊”的概念能够包含不同的建筑实践，也为以后的讨论留下一定的空间。然而，实验建筑话语的重要意义在于塑造了一批具有强烈独立意识的建筑师，他们与 20 世纪 90 年代在国有设计院工作的建筑师有很大区别。这些年轻建筑师，与具有进步改革意识的学者、杂志编辑一起，组织研讨会、

清溪坡地住宅群

——获美国第 43 届《进步建筑》奖作品

张永和

这是拟建于广东境内、深圳附近的一个郊区住宅群体。开始设计时，我们对美国郊区住宅的空间关系提出质疑，因为近年来中国郊区的建设基本是参照了美国的模式。美国的郊区住宅是建立在一个特定的用地方式上，即将住宅布置在一块基地的中央，周围留出一圈空地。这些空地被称为前院、后院或边院，它们本质上是开敞的剩余空间，和中国用作进行多种家事活动的围合式院落无共同之处。

于是我们的设计重新认同中国的传统空间概念：从基本的内向的空间观，到“进”（空间系列），到南方特有的“天井”（室外活动空间）和“厅”（半室外活动空间）。将这个郊区住宅群体的关系进行了如下的限定：

1. 群体：重组室外活动空间

群体内建立两种室外活动空间：属于各户的天井和属于社区的公园。于是，美国式的边院消失了，住宅衔接起来，形成借着山势展开的总体。

群体内的公共空间分为两种：开敞的属于步行者的公园——田园式的空间；狭窄的属于车辆的街道——城市性的空间，象传统村落中的巷子。

2. 住宅：重建“室外房间”

此住宅群体内共有三种住宅原型，包括两种独户住宅和一种公寓。

两种独户住宅的底层空间在横向上分为五个层次，室内外相间。一旦把窗门打开，底层又可贯通成一个连续的大空间。住宅空间在纵向上采用二分或三分结构：二分将 A 型住宅的卧室推到二层坐北向南的一侧，三分则造成 B 型住宅二层的一分为二。

公寓的空间是围绕庭院组织的曲尺形。

如果再同美国郊区住宅做一次比较，这些住宅也可以认为是保持了美国式的前后院，但把它们围入了宅内。也就是说，外部被翻入了内部，从而打开了内部。□

世界建筑 2 / 1996　57

图 5.3　张永和的深圳清溪坡地住宅群设计

资料来源：《世界建筑》，1996 年第 2 期，57 页

沙龙和展览，分享了各自的想法。当时担任《建筑师》编辑的王明贤热情地组织了这些展览和交流活动。由于他与年轻建筑师和艺术家保持密切的联系，在推动实验建筑方面发挥了至关重要的作用。

要深刻理解实验建筑师所面对的复杂问题，这里有必要简要提及当时的社会、政治、经济和文化背景。中国从计划经济向社会主义市场经济的转型。不但刺激了国内生产总值（GDP）持续增长，维持了社会稳定，而且引发了个人创业浪潮，这也变成持续推动中国经济发展的一股重要力量。[10] 快速增长的城市建设投资和私有化的出现也促使建筑行业在更广泛的范围内变得兴旺发达。90 年代中期，职业建筑师注册制度重新推行，民营事务所开始出现。然而，国有设计院在设计、技术、规模和组织方面具有相当大的优势，仍然主宰了建筑的生产。这一点反映在《时代建筑》在 20 世纪 90 年代出版的内容里，其中发表的大部分项目是由国有设计机构的建筑师创作的。

随后房地产市场升温，各类新建的居住小区倾向于模仿欧洲大陆的建筑风格（俗称欧陆风），强化商品房的异域风情；而在首都北京，某些官员号召“夺回古都风貌”而鼓励建筑师设计建造具有传统符号的建筑物（如北京西客站）。新兴建筑师则拒绝这种没有特色的现状，转而探索建筑的本体特征和本土文化。

这种探索体现在张永和在泉州中国小当代美术馆方案中的建构表现，王澍在苏州大学图书馆设计中的空间实验和刘家琨在一系列艺术家工作室项目中的个人叙述。这些作品于 1999 年在北京举行的“中国青年建筑师实验性作品展”中集中亮相。由于这些年轻建筑师缺乏一定的影响力，加上他们的边缘地位，这次亮相的过程十分曲折，大会主办方一度考虑取消展览，经过策展人的反复沟通之后，这次展览被移到一个不起眼的空间里。[11] 大多数年轻建筑师的客户是 20 世纪 90 年代率先致富的个人，而不是大型国有机构。他们的许多项目都是临时建筑物，建成之后被迅速拆除，或者是个人住宅的室内设计以及来自朋友的委托。在这种情况下，建筑师拥有的自由程度相对较高，这类项目对个人表达或创新的约束也较少。事实上，他们的边缘化变成了一种机会，使他们能够发挥个人创意。

大多数新兴建筑师是在 1977 年中国恢复高等教育之后学习建筑的，他们毕业后被分配到国有设计院工作。由于工作氛围的原因，他们渴望展现自己的个人创造力，于是在 20 世纪 90 年代纷纷建立了个人设计工作室或公司，在商业生产和批判性创作之间进行艰难的探索。其中一些人在世纪之交介入建筑教育：张永和在北京大学成立了建筑学研究中心；王澍在中国美术学院开设了建筑课程；张雷、丁沃沃及其同事创立了南京大学建筑系。这些新的体制平台赋予他们更大的独立性来探索自己的建筑实践，并为他们在事业起步期提供了重要的设计项目来源。

在 2000 年以前，《建筑师》杂志在介绍这些年轻建筑师的作品方面扮演了重要角色，之后，其他国内建筑杂志也开始关注这一群体的实践。在这当中，《时代建筑》可以说是最重要的一个，因为它持续出版了一些关于实验建筑的专辑，深入报道了新兴建筑师的项目（图 5.4）。《时

图 5.4　王澍设计上海顶层画廊的室内

资料来源：《时代建筑》，2000 年第 2 期，封面

代建筑》在 2000 年出版的实验建筑特刊是对世纪之交中国建筑实践变化的直接反应，无论是对这些建筑师还是这本杂志上来说，都开启了新的篇章。

在这期关于实验建筑的专辑出版之前，《时代建筑》在支文军的主持下，改革了杂志的编辑策略，以前的“自由组稿”模式被“主题组稿”所取代。这种编辑思路的转变有利于期刊更加积极地应对建筑界出现的复杂现象，对作品的批判性筛选有助于编辑展示鲜明的学术立场。该杂志对新兴建筑师作品的报道只是一个开始，在接下来的时间内，它持续出版了关于实验建筑的专辑，而且将理论、作品和评论整合在一起，进而形成一个较为深入的专题研究。这种编辑意图体现在 2000 年第二期的《编者的话》里：

当代中国的实验性建筑，是针对当今城市、建筑现状的种种反省，它力图挣脱过去的建筑观念、理论和形式的束缚，努力开创一种崭新的建筑创作。它要找回人的自由状态，要用

2000/2 时代建筑 TIME+ARCHITECTURE　　建筑论坛

建筑的实验

Architectural Experiments

王明贤
Wang Mingxian

摘　要：中国实验性建筑虽然还处于萌芽阶段，但生命力已充分显示出来。青年建筑师开始对城市空间和建筑空间进行重新注释，表现了独特的体验。

Abstract: Although experimental architecture in China is still in the embryonic stage, it has shown its great vitality. Young architects have begun to reinterpret urban space and architectural space, which can exhibit the architects' unique experiences.

关键词：实验性建筑　现代艺术　边缘

Key words: Experimental Architecture, Modern Arts, Edge

8

图 5.5　王明贤关于实验体系的文章，文中图片是王澍设计的苏州大学图书馆

资料来源：《时代建筑》，2000 年第 2 期，8 页

更多的可能性去注释世界的多极化多样化，要还原那些被“商业化”污染扭曲的建筑形式与空间。本刊选题当代中国的实验性建筑，是追求建筑的个性化、原创性，倡导一种前卫和先锋精神的创作。本期文章中不论是对中国实验性建筑回顾总结，还是对一些任务、作品的点评，让我们了解和发现了一批主流之外追求者的创造；他们的先锋精神和创造力预示着未来建筑的趋势。[12]

这段论述不仅呼唤了一种新的建筑，而且为杂志日后的发展奠定了基调。这期专辑共发表了 17 篇文章，其中 7 篇论文（三篇理论文章，三篇评论，另一篇由建筑师董豫赣撰写）与所谓的实验建筑有关。杂志编辑邀请了评论家王明贤、饶小军和张文武等人回顾中国实验建筑的探索，正是因为这些作者参与了相关的事件，或者在别的刊物上发表了相关论文。他们的评述从理论角度分析了这种建筑趋势，并阐明其背景、起源和可能性。王明贤认为，他们的设计和研究常常重叠在一起，试图打破理论与实践之间的界限(图 5.5)。[13] 对于张文武来说，“实验”一词比“前卫”更准确地反映了新兴建筑师的工作，因为“实验”暗示了探索性，不确定性以及可能性。[14]

这期关于实验建筑的专辑也介绍了张永和设计的席殊书屋和王澍设计的上海顶层画廊以及苏州大学图书馆。在《时代建筑》报道之前，张永和的许多设计项目频繁获奖，但大都没有真正建成。[15] 他的这些作品关注纯粹的、抽象的现代建筑语言并重新诠释了传统空间特征，被广泛刊登在建筑杂志上，包括《新建筑》、《世界建筑》和《建筑师》。同样，《建筑师》杂志很早就发表了王澍具有独特行文风格的论文和小型个性化的设计作品。[16]

这期专辑还收录一篇杂志编辑彭怒与建筑师张永和的对谈。[17] 访谈中张永和介绍了他对空间、建造、传统、历史、城市、展览等方面思考，为理解当代中国的批评性建筑实践提供了理论框架(图 5.6)。[18]1996 年，他设计的席殊书屋在原建设部建筑设计研究院建成，在这

2000/2 时代建筑 TIME+ARCHITECTURE　　建筑评论

在“安静”的“建造”与不懈的实验之间

——席殊连锁书屋系列访谈

Between Construction and Experiment

—— Interviews with Yung Ho Chang and Zhao Hui Wu on Xishu Bookstores

彭 怒

Pen Nu

摘　要：张永和、吴朝晖,一位12年海外学成归来，执着地实现着“盖房子”的纯朴理想，另一位正游学英伦。他们设计的书屋都强调了对实验与建造的关怀。实验是对当下世界的敏锐思考和建筑转译。建造是实验的后续力，使之不会成为在历史空白处偶尔绽开的苍白先锋。

Abstract: In the three Xishu bookstores, Prof. Yung Ho Chang and Mr. Zhao Hui Wu both show their inner passion for architecture between construction and experiment.

关键词：建造 实验 平行城市 中国空间 室内建筑 装置艺术 冲突

Key words: Construction, Experiment, Parallel City, Chinese Space, Interior Architecture, Installation, Collision

图 1.北京席殊书屋外立面（摄影:鲁力佳）
图 2.北京席殊书屋一层室内，书车（摄影:曹扬）
图 3.北京席殊书屋二层线性空间（摄影:曹扬）
图 4.北京席殊书屋一层平面
图 5.北京席殊书屋二层平面

20

图 5.6　彭怒对张永和、吴朝晖的采访，图为席殊书店

资料来源：《时代建筑》，2000 年第 2 期，20 页

个小型室内设计中，他用自行车车轮作为一个特色元素来支撑钢结构书架，以一种创造性的方式重新定义了空间，区别于常见的装饰主义和象征主义手法。长期以来，张永和对自行车很感兴趣，最早体现在他在美国鲍尔州立大学的学生作业中。此外，该书屋以前是一个自行车店，这可能也是一个设计灵感来源。在随后提倡的基本建筑话语中，张永和特别重视建造、材料和空间，而这些本体要素在之前的“布札”美术教育中常常被忽视。

理论话语与实践策略

在 21 世纪初，《时代建筑》提供了一个独特的方式来探讨实验建筑。2001 年，《新建筑》发表了 3 篇关于赵冰、张永和和王澍项目的评论文章。几乎在同一时间，《世界建筑》在每期杂志的最后开辟一个专栏，介绍中国年轻建筑师的工作。而《时代建筑》在 2002 年推出的实验建筑专辑则体现了推动这一运动的雄心。2000 年出版的第二期专辑共有 68 页，刊发了一些小型建筑、理论文章和方案；而两年后推出的新一期专辑则扩大了对新兴建筑师的介绍，展示、评论和反思了他们一系列的建成项目。这期杂志总共 135 页，内容是“前所未有”的丰富。[19]除了 3 篇关于实验建筑的理论文章外，还有 4 篇关于张永和、王澍和刘家琨作品的评论，以及 5 篇关于都市实践、马达思班、韩涛和张雷等建筑师的项目介绍。本期杂志丰富的内容也从侧面反映了实验建筑在快速城市化进程中的探索成果。

在主题文章《当代中国实验建筑的拼图：理论话语与实践策略》中，彭怒和支文军总结了实验建筑的特征与差异：张永和、张雷等人对建造的重视；马清运和都市实践（刘晓都、孟岩、王辉和朱锫）对城市化的兴趣；刘家琨对地域主义的关注；李巨川和王家浩对观念建筑的探索（图 5.7）。[20]彭怒和支文军根据自己标准，略微调整并扩大了此前实验建筑包括的范围，以便纳入更多建筑师不同背景和风格的实践。

在彭怒和支文军看来，张永和对基本建筑的强调挑战了在中国建筑界长期占据主导地位的美术建筑观念。在某种意义上来说，张永和工作室的名字——非常建筑，可以被看作是这种批判的最早实例。非常建筑有双重内涵（一语双关）：既指非同寻常的建筑也暗示普通或正常的建筑。这种批判性实践也体现在他于 1997 年出版的《非常建筑》一书中，其中收录了他早期未实现的理论和概念设计。[21]一年以后，“非常建筑”这个难以定义的术语被“平常建筑”所取代。他在《建筑师》杂志上发表的一篇文章也取名为《平常建筑》。张永和不但广泛地回顾了一些欧洲和日本建筑师的工作，而且描述了他在自己的项目中对材料、建造、形式和空间的关注。[22]虽然没有直接提到肯尼思·弗兰姆普敦的著作，但后者的影响力仍然可以被微妙地感受到。在随后一篇和张路峰合写的题为《向工业建筑学习》的文章中（发表在 2000 年的《世界建筑》上），弗兰姆普敦的影响更加清晰。

张永和与张路峰分析了工业建筑与民用建筑、房屋与建筑、建筑与美术的区别。[23]更重要的是，他们质疑了中国建筑界存在的正统观念——在 20 世纪 50 年代官方树立的指导方针：

20 时代建筑 Time+Architecture 2002/5

彭怒 支文军 Peng Nu Zhi Wenjun

论坛 Forum

中国当代实验性建筑的拼图

——从理论话语到实践策略

A Mosaic of Contemporary Experimental Architecture in China:Theoretic Discourses and Practicing Strategies

摘要 本文从建筑"实验性"的基本内涵和当代中国实验性建筑针对的主流实践和学术意识形态入手，把上世纪90年代以来的中国实验性建筑的发展理解为一幅拼图，而没有建构关于中国实验性建筑发展的整体历史。作者不仅从时间线索上回顾了中国实验性建筑发展的重要标志，而且从共时性的角度，分析了不同的理论话语及其对应的建筑设计策略，比如建构、建造、非建构、建筑的地域性、都市主义、观念建筑等。

关键词 建构 建造 非建构 建筑的地域性 都市主义 观念建筑

ABSTRACT Based on the analysis of basic meaning of experimental architecture and its opposed dominant practice and academic ideology, this paper regards the brief history of contemporary experimental architecture in China after 90's as a mosaic. Authors not only review the most remarkable events in its history diachronically, but also dissect different theoretic discourses and practicing Strategies chronologically.

KEY WORDS The Tectonic, Construction, the Atectonic, Regionality of Architecture, Urbanism, Concept Architecture

对于自上世纪90年代以来的中国实验性建筑而言，是难以勾勒出一个整体历史的，这不仅因为中国实验性建筑产生的时日尚短，还未显示出清晰可辨的发展脉络；也不仅因为研究者身处其中而"不识庐山真面目"，还因为历史思维总是易于以时间线索和因果关系把一定时期内的建筑事件构造为一个历史整体，却忽视了建筑历史自身的差异性。因此，在对当代中国实验性建筑的研究中，笔者试图在把握时间线索的同时尽可能观察一些共时性的现象，同时把建筑与社会、文化的关系理解为一种"产品"(Production)关系而非"表现"(Representation)关系，而且从理论话语（不是建构理论体系）和实践策略的关系角度切入，那么，当代中国实验性建筑发展的图景将不再呈现为一个整体，而是一个拼图(Mosaic)，由多个小块图像构成，图像间并不绝对连续，有的图像清晰，有的模糊，有的图像尚在生成，有的已近消失，必须站在一定距离之外才能看清这些图像在整体上呈现的形状，也必须经历一定时间之后，这些图像的意义和相互之间的关系才能真正确立。

中国当代实验性建筑与建筑的"实验性"

中国当代实验性建筑的"实验性"并非指形式上的革新（尽管常常表现为形式上的革新），而是一个针对当前的主流设计实践和学术意识形态而言的概念，它与西方建筑界的"先锋"[1](Avant-garde)有不同的针对对象和内容，后者如卡里奈斯库(M.Calinescu)所言，是把"现代性"的某些因素"戏剧化"、"激进化"、"乌托邦化"而作为对"现代性"的一种批判；塔夫里(M.Tafuri)则在20世纪60年代的"先锋危机论"中，悲观地把建筑的先锋实践作为资本主义文化体制自身的一个部分重新纳入历史的肌体里。中国当代实验性建筑针对的主流实践相对而言十分尴尬，一方面是作为样式被接受的现代主义而又缺失了西方现代主义真正关键的问题和丰富多彩的内容，另一方面是商业主义和各种被视为建筑新思潮的混和。而它针对的主流学

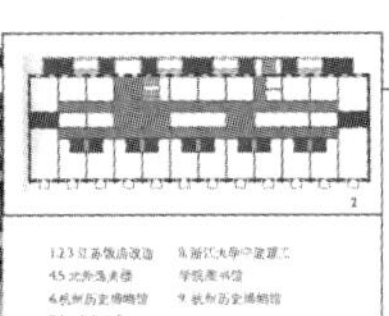

图 5.7 彭怒和支文军关于当代中国实验建筑的专题文章

资料来源：《时代建筑》，2002 年第 5 期，20 页

实用、经济、在可能的条件下注重美观。根据这一原则来推断，美是可有可无的。[24] 作者提倡基本建筑，其中建造与形式、建筑与场地、人与空间密切相关，正如在中华人民共和国成立后建造的工业建筑那样，它们的存在与意识形态无关。[25]

他们对这些基本的、自主性问题的强调与弗兰姆普敦对建筑自主性的定义如出一辙。对于弗兰姆普敦来说，建筑自主性由三个相互关联的向量所决定：类型（机构）、地形（文脉）和建构（建造的模式）。[26] 如何对待这三个基本参数是一个开放式的问题，张永和和张路峰没有区分这些元素之间关系、顺序及其重要程度；而弗兰姆普敦认为，对类型和建构的选择并不是中立的，机构的形式（建筑类型）似乎比其他两个要素更为重要。[27]

在杂志编辑看来，建筑师张雷、丁沃沃、崔愷、张毓峰等人的项目中也有类似对建构的关注。王澍对业余建筑的讨论，虽然彭怒和支文军没有提及，但从不同的角度展示了类似的批评立场。王澍指出，他的兴趣不是建筑，而是房子或业余的建筑。[28] 对于他来说，业余的建筑具有不受意识形态约束的自由和暂时脱离社会的能力。[29] 他对业余建筑的诠释——特别是他坚持认为自发的、非法的和临时的建筑与专业建筑一样重要——或许是受到江南地区古村落的启发，

因为那些精心设计的住宅和公共建筑与村庄生活以及自然密切相关。[30] 王澍在对这些“无力或者无权无势”建筑的关注，表明了一种对传统建筑霸权的抵抗或批判。

基本建筑和业余建筑都可以被看作是对主流建筑文化的美学（形式）批评。[31] 基本建筑的概念是一个较为严密的理论构建，而业余建筑更接近于一个个人化的宣言。[32] 这些建筑师在写作和实践中努力打破了传统建筑观念的束缚，同时也得到了来自西方理论观念的支持，比如说，建构——无论是对于提倡者弗兰姆普敦还是其书的翻译者王群来说，建构表达了对将建筑简化为纯装饰物体倾向的抵抗或不满。[33]

张永和的作品在 2002 年《时代建筑》的专辑中被评论家和建筑师反复引用，是因为它们具体阐释了建构的含义。例如，建筑师柳亦春观察了张永和对建筑基本元素的操作，在该期杂志上发表了题为《窗非窗，墙非墙：张永和的建造与思辨》的评论文章。他写道：

> 建造或者思辨似乎是张永和不可能放弃的两件事。在这里，所谓建造与建筑的空间、营造的方法以及基地的环境有关，而思辨则和语言逻辑及思考习惯有关，事实上按照维特根斯坦（L. Wittergenstein）的说法，有关哲学问题正产生于我们“对语言逻辑的误解”。虽然后来张永和宣称自己的兴趣在于“一个将建造而不是理论（如哲学）作为起点的设计实践”，但却并没有妨碍他在建造过程中的种种思辨。[34]

柳亦春以建造为出发点，追溯了张永和在 2000 年左右建成的一系列项目中的实验性做法。他认为，张永和对基本建筑元素（如窗和墙）的形式实验，阐述了他对建造和材料的逻辑方法。张永和设计的西南生物技术试验基地——2001 年在重庆竣工，由他的研究生名可评述并发表在《时代建筑》上——是这种实验的早期案例（图 5.8）。[35] 虽然该项目采用面砖贴面，但是建筑师在立面洞口的侧面强调了框架结构和填充墙体系之间的视觉差异，以显示建筑内部的实际结构。

一方面，这个项目看起来似乎违背了建构逻辑的表达，另一方面，2001 年南京大学出版的《A+D》杂志较为集中的探讨了建构这一西方建筑理论话语。在这种背景下，建筑师朱涛以此为案例撰写了《“建构”的许诺与虚设：论当代中国建筑学发展中的“建构”观念》一篇长文并发表在互联网上。2002 年《时代建筑》部分转载了这篇具有很大争议性论文。当时的朱涛正在纽约哥伦比亚大学攻读硕士研究生，他对建构的认识很可能受到弗兰姆普敦讲座的影响。朱涛的分析建立在德国建构理论家森佩尔对框架的建构学和受压体量的固体砌筑术的区分基础之上，认为张永和的项目在轻质框架与实体面砖材料之间呈现出一种美学上的矛盾，因为面砖贴面塑造了一种坚实的外观并隐藏了轻巧的框架结构。[36]

对于朱涛来说，刘家琨设计的鹿野苑石刻博物馆也呈现了一种类似的建筑本体与表征之间的建构张力。博物馆这一项目位于成都近郊，2001 年首次发表在《世界建筑》杂志上（图 5.9）。[37] 这个钢筋混凝土结构建筑呈现出“独石”（monolithic）外观，具有强烈的体量感，

图 5.8　名可对张永和 / 非常建筑工作室设计的重庆西南生物技术试验基地的评述

资料来源：《时代建筑》，2002 年第 5 期，52 页

主要是因为其现浇混凝土墙体隐藏了框架结构。刘家琨用清水混凝土的抽象形式来直接回应博物馆的展品——石刻艺术，试图抵制都市建筑里普遍存在的过度装饰趋势。[38] 然而，在这个欠发达地区，施工公司从来没有建造过清水混凝土建筑，缺乏垂直浇筑混凝土的专门知识，但是，他们想了一个建造复合墙壁的新方法：施工人员首先用页岩砖砌筑墙体，然后使用它作为内模板（外侧使用窄条木模板）以确保外部的混凝土能够垂直浇注。[39]

朱涛认为，这个建筑的建构矛盾在于，在外部，混凝土结构的骨架与外墙没有从视觉上分开，而在内部，具有独特特征的组合墙被石膏饰面所覆盖而没有直接暴露。在朱涛看来，建筑师受到先入为主的美学观念约束，没有展示出墙面复杂而更具表现力的施工工艺。对于他的批评，刘家琨回应说，建筑结合混凝土框架和现浇混凝土墙，官方建筑规范并不承认这种组合墙体的建造技术，而内部墙面的抹灰处理是为展品提供一个简单朴素的背景，并没有展示建构的意图。[40]

朱涛的批评和刘家琨的回应揭示了建筑话语与建造现实之间的矛盾，这也体现在彭怒的文章中。2003 年，她在《时代建筑》发表了《在“建构”之外：关于鹿野苑石刻博物馆引发的批评》一文，在建筑师与评论家争论的基础上进一步加深了对建构和这个博物馆的讨论（图

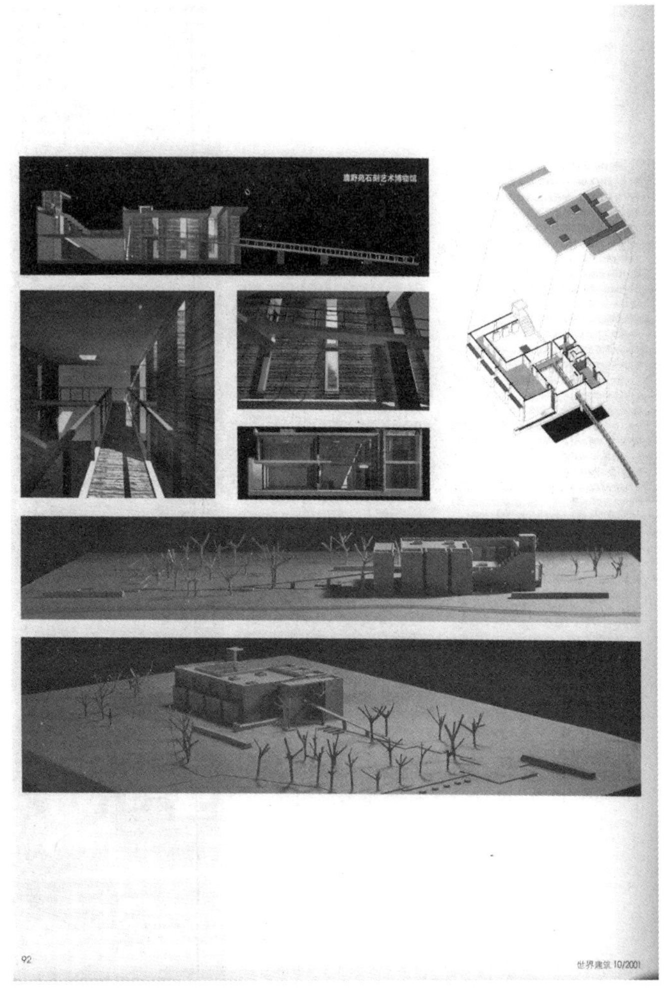

图 5.9 刘家琨设计的成都鹿野苑石刻艺术博物馆

资料来源：《世界建筑》，2001 年第 10 期，92 页

5.10）。彭怒认为建构不能被简单地理解为忠实地反映建筑结构或表达建造逻辑。[41] 她仔细分析了在中国建筑语境里建构的可能性与局限性，也对博物馆的细节作了敏锐的观察，认为博物馆的北面展墙和非常规的外墙“排水管”等细部做法仍然清晰体现了一定的建造智慧。[42]

通过对博物馆细节的细腻解读和精准分析，彭怒揭示了新兴建筑师善于应对具体的建造挑战，并能够将有限的施工技术转化为设计的灵感。刘家琨对组合墙体这种适宜的施工技术的运用得到了业主朋友和施工单位的大力支持。在世纪之交的中国建筑界，他和张永和的项目是强调建造和空间的两个典型例子，旗帜鲜明地抵制了建筑设计中存在过多装饰的美学倾向；除此之外，《时代建筑》的读者可以在杂志中看到，类似的立场也体现在王澍和张雷的作品中。

除了对建构的探索以外，在 2002 年的《时代建筑》专辑中，人们还可以看到一些年轻建筑师在理论和实践中关注都市主义（urbanism）。刚刚成立的都市实践事务所（刘晓都，孟

在“建构”之外——
关于鹿野苑石刻博物馆引发的批评
Beyond Tectonics: Discussions of Luyeyuan Stone Sculpture Museum

彭怒 PENG Nu

摘要　本文针对鹿野苑石刻博物馆引发的关于“建构表现性”的批评和回应，结合作品分析，探讨了“材料的建构表现性”与“材料表现性”的关系，提出了“建构”理论的边界和有效性问题。文章还在“建构”的视野之外，分析了博物馆在细部中显示的建筑师个人语言的形成，在地域性概念中建筑师的创造性作用等问题。

关键词　建构　制作过程　面层原则　路径　有繁衍力的细部

ABSTRCT　Focused on the criticism and response of architect about Luyeyuan Stone Sculpture Museum in the viewpoint of tectonic expression, this paper discusses the essential difference between tectonic expression of material and expression of material, while facing the boundary and the question of validity of tectonics. Beyond tectonics, the author also analyses other theoretical problems in this building such as significance of detail with personal chracteristics and creative role of architect in regionality.

KEY WORDS　Tectonics, Abstract Procedure, Cladding Principle, Path, Fertile Detail

中图分类号：TU-021; TU-86(271)

文献标识码：A

文章编号：1005-684X(2003)05-0048-08

图 5.10　彭怒关于鹿野苑石刻博物馆的批评文章

资料来源：《时代建筑》2003 年第 5 期，48 页

岩，王辉，朱锫）是其中一个。这些建筑师都曾经在清华大学学习建筑，之后又去美国留学。对他们来说，中国快速的城市化进程不仅是一个挑战，而且也是一个参与批判性实践的机会。在 2002 年发表的文章中，王辉和他的合伙人写道：

> 建筑师所做的事，很像是杂志，每期的内容都不一样。但之如好的杂志，总有一个持续的观点。对我们而言，这种恒常的东西便是批判性的实践。首先，我们积极介入当代城市生活的态度已经省去了许多局限在形式和空间上的建筑学烦恼，而把精力更多地放在建筑的社会意义上。在这个层面上，最重要的问题是如何在短期内解决世界上最大人口国家基本居住问题的同时，保证这种居住是人性化的、有活力的。其次，用观察城市的方法去寻找实践的出路，使我们看到正统的建筑学以外的许多东西。这种立场使我们有意识地把每一个具体的项目变成保护生活、刺激生活的装置。我们不仅仅关心建筑的功能价值、美学价值、经济价值，还关心它的生活价值，我们当然不是在做装置艺术（installation），而是在当代城市的背景下去制造一些使生活更艺术的装置（device）。[43]

自 1999 年在深圳设立办事处后，都市实践的建筑师在短短几年之内便提出了一系列富有新意的设计方案（图 5.11）。他们第一个实现的项目是一个位于城市中心的小型公园——最初发表在 2001 年的《世界建筑》杂志上——但是在完成后不久就被拆除了。与这些未建成的作品相比，他们同行也是清华大学的校友马清运（后来在宾夕法尼亚大学留学）已经建造了一些大型商业项目，比如，位于宁波中央商务区的天一广场（图 5.12）。在此之前，马清运在他的陕西老家修建了一座具有精致建构特征的别墅——父亲之家（钢筋混凝土框架结构并采用当地的鹅卵石填充外墙）（图 5.13）。与这个小型项目不同的是，天一广场展示了马清运在复杂的城市环境中处理大型建筑的能力。[44] 如果说都市实践主要关注建筑在城市化过程充当动态装置的转化作用，马清运和马达思班的设计巧妙地平衡了当地政府对建筑形象的要求、客户的经济预期以及大量的人流和商业吸引力。彭怒和支文军强调说，都市实践的做法偏向于微观的针灸式介入，而马清运努力用宏观战略来对城市问题作出反应。[45]

《时代建筑》对实验建筑的关注并不限于理论思辨和项目介绍。2002 年，该杂志组织并报

时代建筑 Time+Architecture 2002/5 65

都市国际 孟岩 姚东梅 Urbanus Meng Yan Yao Dongmei

深圳公共艺术广场——都市造园系列之二
Shenzhen Public Art Plaza : Urban Landscape Series 2

摘要 深圳公共艺术广场是Urbanus的都市造园系列之二。作为城市策略它将公共艺术设施置放到混杂密集的城市街区之中，通过重塑基地表层地形创造了一个富于想象力的城市公共空间。

关键词 市井图象 城市策略 城市公共艺术 城市人工地形

ABSTRACT Shenzhen Public Art Plaza, as Urban Landscape Series 2 designed by Urbanus Architecture and Design, managed to create an imaginative urban public space in a dense and chaotic urban area by reshaping its land and surface.

KEY WORDS Urban Image, Urban Strategy, Urban Public Art, Urban Artificial, Landscape

荷兰建筑师库哈斯 (Rem Koolhaas) 的新书《大跃进》("Great Leap Forward") 以七百多页的篇幅叙述了深圳及珠江三角洲地区过去20年发展出的"即时城市"(instant city) 现象，并借用"大跃进"一词作为这本红色封皮厚书的书名。然而这本迟到的"红宝书"出版时，深圳已经超越了书中描述的那个挣扎着崛起的城市早期阶段，经过了像大楼反复叠加之后的深圳城市景观正显露出新的一层含义：城市早已开始向纵深发展，在第一层开发过的城市巨型结构之间的空隙里，剩余的地块正被丰富、多层次的新的一层城市生活空间及内容所充实着。

城市线索：市井图象 (Urban Image)

沿横贯深圳东西的深南路向东走过繁华喧闹的东门商业区之后，城市的速度和强度都减弱了。这种突然的张力丧失 (strength disappearance) 带来了一种类似"空洞"的空间体验，城市在这里处于一个"过渡 (marginal)"的状态，几乎可以感觉到一种在接近边缘之前特有的空泛和茫然。事实上这种感觉是十分真切的，罗湖老区与深圳城市发展长期以来所依托的"母城"香港仅一河之隔，人们通常印象中高楼林立的香港被高速公路拦截在另一侧以一种看不见的方式传说般地存在着，而香港的气息却越过这自然和人为的边界浸透在这片与之毗邻区的潮湿空气中，影响了这一区的人口构成和它的文化特征。

由深南路向南转向南极路，这是一条相对安静的街，200m多一点就接入通向火车站的春风路，形成Y字型路口。大量高层公寓和商业区沿着城市道路两侧生长，把原有的村落紧密地包裹起来，形成高密度的商住街区，这片长期处于被忽略状态的城市边缘正在经历快速的转化。公共艺术广场用地就在这南极路东侧，四周被高层写字楼、公寓、厂房所包围，长年以来它只是一块围墙环绕的停车场，从混凝土地面上的裂纹间渗出了绿色杂草，沿人行道一侧的围墙形成一道城市界面，都市生活痕迹便投射到这面平常的墙上了。经

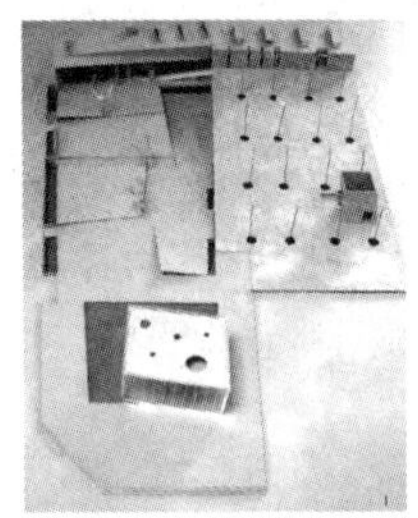

1,2,3,4 深圳公共艺术广场模型

图 5.11 都市实践，深圳公共艺术广场

资料来源：《时代建筑》，2002 年第 5 期，65 页

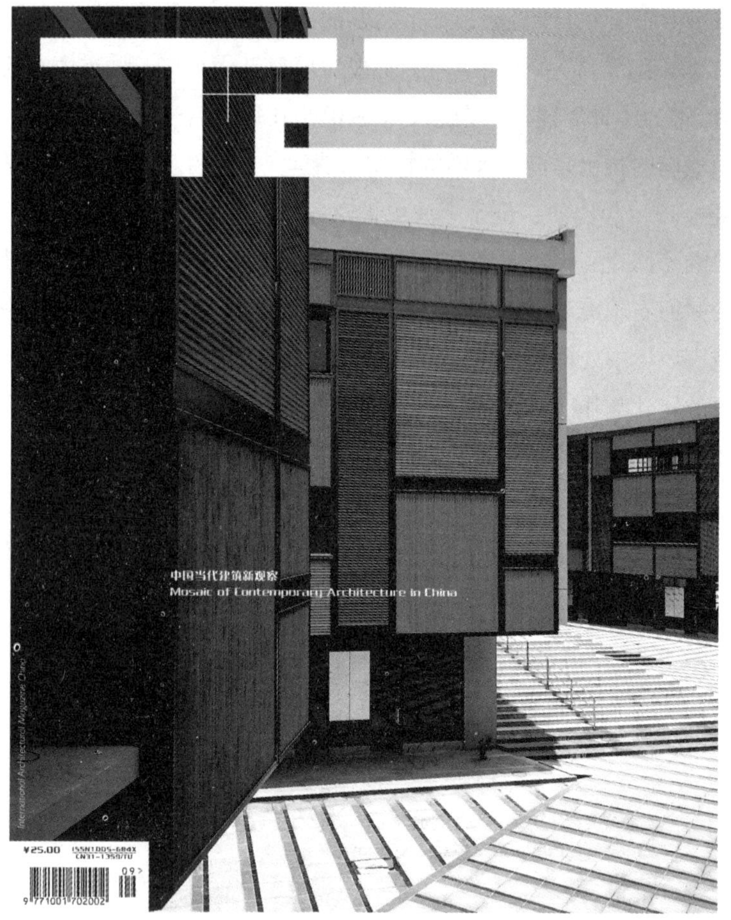

图 5.12　马清运 / 马达思班，宁波中央商务区天一广场

资料来源：《时代建筑》，2002 年第 5 期，封面

图 5.13　马清运 / 马达思班，陕西蓝田父亲住宅

资料来源：马达思班建筑设计事务所

道了一次关于当代中国建筑的论坛，邀请知名教育家、建筑师、学者彭一刚、郑时龄、薛求理、建筑评论家王明贤、李巨川，以及本地建筑师王兴田等人分别为杂志撰写一篇文章。其中彭一刚、王明贤和李巨川专门对新兴建筑师的工作做了评论，揭示了实验建筑的可能性及其局限。

彭一刚认为，年轻一代的建筑师在新的社会政治环境下接受教育，展示了一些新的设计方法和思路。[46] 他在文章中并没有提及任何具体的个人，而是巧妙地引用了在《世界建筑》杂志上发表的作品。对他来说，这些新建筑具有形式和美学上的探索，挑战了传统的平面和空间构图方式，但是与高品质的作品相比，仍有一定的距离。[47] 在过去几十年里，彭一刚通过教学、写作、绘画、设计和出版活动，为繁荣中国的建筑文化作出了重要贡献，他的辩证思维能力使他能够对建筑实践现状保持一个清醒、全面的认识。

王明贤热心于对新兴建筑师的推介工作，不但策划了展览，而且推出了关于实验建筑话语的系列出版物。[48] 除了 1999 年的中国青年建筑师实验建筑展，在 2002 年，他与合作者编辑出版了贝森文库系列丛书，包括张永和的《基本建筑》、王澍的《设计的开始》、刘家琨的《此时此地》、崔愷的《工程报告》以及汤桦的《营造乌托邦》。在当时的中国，为年轻建筑师出版作品集是非同寻常的举动；许多著名建筑师在生前也没有出版过个人专著。

与王明贤相比，青年教师李巨川对实验建筑的论点看起来似乎更为批评和“悲观”。在《建筑师与知识分子》一文中，李巨川以北京长城脚下的公社项目（2000 ~ 2002）为例，质疑了新兴建筑师的社会责任感。[49] 虽然他没有提及具体建筑师的姓名，但读者不难发现，张永和的二分宅项目是他批评的一个目标。

受民营房地产开发商潘石屹的邀请，来自亚洲不同国家的 12 位新兴建筑师在北京郊区长城脚下设计了 12 座别墅。其中，张永和设计的二分宅由两个不平行的单体建筑组成，一端由封闭的玻璃廊子联系在一起，另一端面向山体分开，由此形成一个半开敞的院落，既区别于传统封闭的四合院，又灵活地适应了场地地形（图 5.14）。[50] 考虑到项目的可复制性，二分宅的两翼（就像它的名字暗示的那样）可以串联、平行、正交或以任何角度来布置，一切取决于具体场地的特殊要求。[51] 每个侧翼可以容纳不同的功能，包括一楼的起居室、厨房、卫生间和餐厅，二楼的卧室并设有开阔的露台。

除了对传统空间的重新诠释，张永和试图采用传统建筑常用的材料，比如，生土和木材，这两种材料被广泛地使用在大到皇家宫殿小到传统民居当中。建筑师柳亦春写道，张永和原打算建造 60 厘米厚的夯土墙作为承重墙，但是现行的建筑规范并不认可这种方式。[52] 于是，他采用胶合木框架作为建筑的结构，非承重的夯土墙主要用于提高房屋的保温和隔热性能。2002 年，张永和的研究生野卜和张洁在《从材料的角度分析二分宅》一文中详细记载了该建筑的施工过程。[53]

相比之下，李巨川似乎对这些项目的社会意义而非形式实验更感兴趣。对他来说，整个项目表明，新兴建筑师梦想在私人资本的赞助下自由而创造性地表达自己的想法。[54] 而他认为，批判性的建筑应该是一件具有批判性和创造性的事件，嵌入在复杂的社会、政治、经济和文化

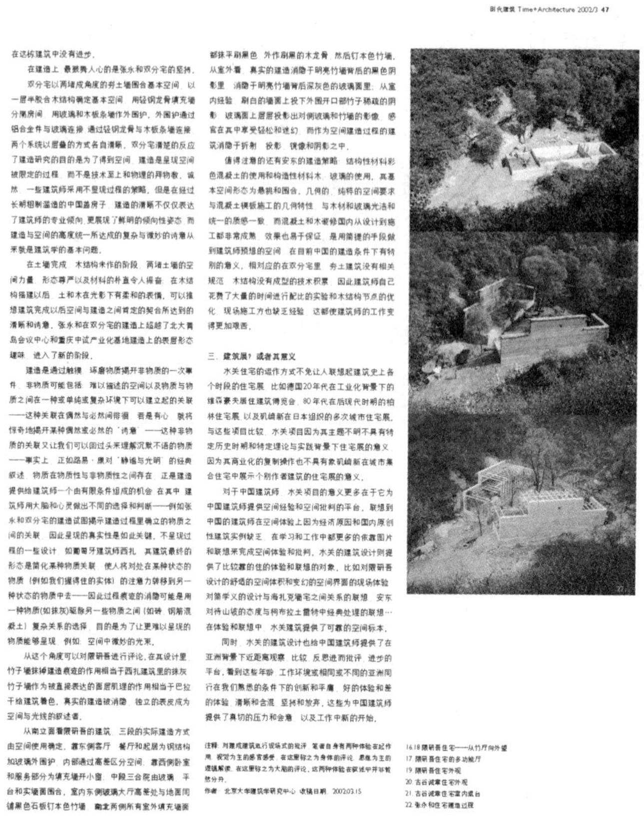

在这栋建筑中没有进步。

在建造上，最鼓舞人心的是张永和双分宅的坚持。

双分宅以两堵成角度的夯土墙围合基本空间，以一层半胶合木结构确定基本空间，用轻钢龙骨填充墙分隔房间，用玻璃和木板条墙作外围护，外围护通过铝合金件与玻璃连接，通过轻钢龙骨与木板条墙连接，两个系统以层叠的方式各自清晰。双分宅清楚的反应了建造研究的目的是为了得到空间，建造是呈现空间被限定的过程，而不是技术至上和物理的拜物教。诚然，一些建筑师采用不呈现过程的策略，但是在经过长期粗制滥造的中国盖房子，建造的清晰不仅仅表达了建筑师的专业倾向，更展现了鲜明的倾向性姿态，而建造与空间的高度统一所达成的复杂与微妙的诗意从来就是建筑学的基本问题。

在土墙完成，木结构未作的阶段，两堵土墙的空间力量，形态尊严以及材料的朴直令人振奋，在木结构搭建以后，土和木在光影下有柔和的表情，可以推想建筑完成以后空间与建造之间肯定的契合所达到的清晰和诗意。张永和在双分宅的建造上超越了北大青岛会议中心和重庆中试产业化基地建造上的表层形态趣味，进入了新的阶段。

建造是通过触摸，琢磨物质揭开非物质的一次事件，非物质可能包括，难以描述的空间以及物质与物质之间在一种或单纯或复杂环境下可以建立起的关联——这种关联在偶然与必然间徘徊，若是有心，就将惊奇地揭开某种偶然或必然的“诗意”——这种非物质的关联又让我们可以回过头来理解沉默不语的物质——事实上，正如路易·康对“静谧与光明”的经典叙述，物质在物质性与非物质性之间存在，正是建造提供给建筑师一个由有限条件组成的机会，在其中，建筑师用大脑和心灵做出不同的选择和判断——例如张永和双分宅的建造试图揭示建造过程里确立的物质之间的关联，因此呈现的真实性是如此关键。不呈现过程的一些设计，如葡萄牙建筑师西扎，其建筑最终的形态是简化某种物质关联，使人将对处在某种状态的物质（例如我们握得住的实体）的注意力转移到另一种状态的物质中去——因此过程痕迹的消隐可能是用一种物质(如抹灰)驱除另一些物质之间（如砖，钢筋混凝土）复杂关系的选择，目的是为了让更难以呈现的物质能够呈现，例如：空间中微妙的光束。

从这个角度可以对隈研吾进行评论，在其设计里，竹子墙抹掉建造痕迹的作用相当于西扎建筑里的抹灰，竹子墙作为被直接表达的面层肌理的作用相当于巴拉干给建筑着色。真实的建造被消隐，独立的表皮成为空间与光线的叙述者。

从南立面看隈研吾的建筑，三段的实际建造方式由空间使用确定。靠东侧客厅，餐厅和起居为钢结构加玻璃外围护，内部通过高差区分空间，靠西侧卧室和服务部分为填充墙开小窗，中段三合院由玻璃，平台和实墙面围合，室内东侧玻璃大厅高差处与地面间铺黑色石板钉本色竹墙，南北两侧所有室外填充墙面都抹平刷黑色，外作刷黑的木龙骨，然后钉本色竹墙。从室外看，真实的建造消隐于明亮竹墙背后的黑色阴影里，消隐于明亮竹墙背后深灰色的玻璃面里；从室内经验，刷白的墙面上投下外围开口部竹子稀疏的阴影，玻璃面上层层投影出对侧玻璃和竹墙的影像，感官在其中享受轻松和迷幻，而作为空间建造过程的建筑消隐于折射，投影，镜像和阴影之中。

值得注意的还有安东的建造策略：结构性材料彩色混凝土的使用和构造性材料木，玻璃的使用，其基本空间形态为悬挑和围合，几何的，纯粹的空间要求与混凝土模板施工的几何特性，与木材和玻璃光洁和统一的质感一致，而混凝土和木装修国内从设计到施工都非常成熟，效果也易于保证，是用简捷的手段做到建筑师预想的空间，在目前中国的建造条件下有特别的意义。相对应的在双分宅里，夯土建筑没有相关规范，木结构没有成型的技术积累，因此建筑师自己花费了大量的时间进行配比的实验和木结构节点的优化，现场施工方也缺乏经验，这都使建筑师的工作变得更加艰苦。

三、建筑展？或者其意义

水关住宅的运作方式不免让人联想起建筑史上各个时段的住宅展，比如德国20年代在工业化背景下的维森豪夫居住建筑博览会，80年代在后现代时期的柏林住宅展，以及矶崎新在日本组织的多次城市住宅展。与这些项目比较，水关项目因为其主题不明不具有特定历史时期和特定理论与实践背景下住宅展的意义，因为其商业化的复制操作也不具有象矶崎新在城市集合住宅中展示个别作者建筑的住宅展的意义。

对于中国建筑师，水关项目的意义更多在于它为中国建筑师提供空间经验和空间批判的平台。联想到中国的建筑师在空间体验上因为经济原因和国内原创性建筑实例缺乏，在学习和工作中都更多的依靠图片和联想来完成空间体验和批判。水关的建筑设计则提供了比较靠的住的体验和联想的对象。比如对隈研吾设计的舒适的空间体积和变幻的空间界面的现场体验，对简学义的设计与海扎克墙宅之间关系的联想，安东对待山坡的态度与柯布拉土雷特中经典处理的联想…在体验和联想中，水关建筑提供了可靠的空间标本。

同时，水关的建筑设计也给中国建筑师提供了在亚洲背景下近距离观察，比较，反思进而批评，进步的平台，看到这些年龄，工作环境或相同或不同的亚洲同行在我们熟悉的条件下的创新和平庸，好的体验和差的体验，清晰和含混，坚持和放弃，这些为中国建筑师提供了真切的压力和会意，以及工作中新的开始。

注释：对建成建筑进行现场式的批评，笔者自身有两种体验在起作用，视觉为主的感官感受，在这里称之为身体的评论，思维为主的逻辑解读，在这里称之为大脑的评论，这两种体验在叙述中并非截然分开。

作者：北京大学建筑学研究中心 收稿日期：2002.03.15

16.18 隈研吾住宅——从竹厅向外望
17. 隈研吾住宅的多功能厅
19. 隈研吾住宅外观
20. 古谷诚章住宅外观
21. 古谷诚章住宅室内露台
22. 张永和住宅建造过程

图 5.14　野卜对长城脚下公社项目第一期的评论，插图为张永和的二分宅

资料来源：《时代建筑》，2002 年第 3 期，47 页

环境中，由知识分子型的建筑师，而不是具有专业技术知识的建筑师来创造。[55] 李巨川无不尖锐的指出，即使这些年轻建筑师当中最具雄心的人也只是希望成为经典意义上的建筑师——设计和建造最好的房子，但是他们没有能力想象在今天的社会中什么是最好的建筑。[56]

李巨川关注建筑师的社会政治责任，而不是“建筑本身”，即建筑的空间、材料、颜色和细节等，揭示了实验建筑的局限性。这一点与彭怒和支文军的观点相呼应，他们两位都认为，当代中国的实验建筑主要关注建筑的本体，与西方前卫建筑相比，缺乏社会批判性。[57] 实验建筑师试图逃避已经建立起的社会正统观念和规范，在美学领域中寻找避难所。

实验建筑的转型

21 世纪的第一个十年，中国的实验建筑与建筑展览之间呈现出复杂的关系。从《时代建筑》对建筑展览的报道中，人们不难发现实验建筑的转型轨迹。对于新一代中国建筑师来说，展览具有两方面的作用：1）作为一种传播知识和公开宣传建筑作品的手段，包括集体的群展

和单独的个展；2）作为一种探索建筑新空间、新形式、新材料、新的建造方式和结构选型的实验。

最明显的一个例子就是 1999 年举办的“当代中国青年建筑师实验性作品展”。2000 年，《时代建筑》的第二期专辑就是以此作为选题来报道的。如果我们同意王明贤所说的，这个展览是中国实验性建筑的第一次正式亮相，那么这期特刊在推动新兴建筑师的实践方面发挥了至关重要的作用。[58] 两年后，《时代建筑》又推出了一期关于当代中国实验建筑的专辑，介绍了更多的新兴建筑师。实验建筑师群体范围的扩大与这些建筑师在各种国际和国内展览上频繁露面有关。特别需要指出的是，2001 年德国建筑学者爱德华・科构（Eduard Kögel）和伍尔夫・麦耶（Ulf Meyer）在柏林策划了“土木：中国青年建筑师”的展览，参展建筑师包括张永和、王澍、刘家琨、艾未未、马清运以及南京大学的教师张雷、丁沃沃、王群、朱竞翔等。

香港学者古儒郎（Laurent Gutierrez）和林海华（Valerie Portefaix）曾经指出，这种在国内建造、国外展览的“双重性”（duality）大大有助于国人接受这种“别样的”建筑。[59] 首先，从 2000 年以来，《时代建筑》等期刊就一直关注他们的实践。在 2003 年出版的以“实验与前卫”为主题的专辑中，秦蕾总结了新兴建筑师参与的国内和国际展览，这就是一个鲜明的例子。[60] 其次，这些新兴建筑师经常以集体的面貌出现在各种展览上，试图在国营设计院占统治地位的建筑界发出自己的声音，扩大行业影响力。值得一提的是，新一代建筑师的作品在不同的展览上展出并在杂志上发表，逐渐挑战了建筑界的主流意识形态，影响了一大批的年轻学子和青年建筑师。

正是在这种背景下，新兴建筑师和艺术家在 2002 年第四届上海双年展中首次成为共同主角。上海双年展是一个由官方机构——上海美术馆组织的关注当代国际艺术的重要展览。原先处于边缘地位的实验建筑师和艺术家们开始成为吸引大众传媒的超级明星，不再像以往那样成为反对官方文化立场的外部人士。[61]2003 年，《时代建筑》出版了一个关于第四届上海双年展的专辑，以“城市营造”为主题，反思过去几十年来剧烈的城市变迁。[62]

实验建筑师包括王澍、刘家琨、董豫赣、张雷、刘珩、马清运和大舍（柳亦春、庄慎、陈屹峰）以及国际人物如尤纳・弗里德曼，MVRDV，板茂，妹岛和世和西泽立卫（SANAA）和犬吠工作室（Atelier Bow-wow）均在这个展览上介绍了自己的项目——这些作品涉及更广泛的城市问题，并且专门是为本次双年展而制作的。[63] 除了参展的年轻建筑师，国有设计院的资深建筑师如邢同和也展出了他的黄河博物馆设计项目。另外，南京大学和清华大学建筑学院的研究小组分别展示了他们对中国传统木拱桥和乡土建筑的建构表现开展的研究。

这期专辑由策展人、建筑和艺术评论家、学者等撰稿，全方位讨论和展示了实验性建筑。其中一位策展人伍江对年轻建筑师的工作发表了一些批评性意见。他在《2002 上海双年展策展杂感》一文中写道：

在选择参展者过程中，策展人小组有一个共识：这同时也是上海双年展的宗旨之一，就是尽量选择那些刚刚在艺术界或建筑界崭露头角的年轻艺术家和建筑师，强调当代性、前卫性和预见性。然而这在中国建筑界显得十分困难。主要原因是中国的“前卫”（或被更多地称之为“实验性”）队伍在学术上还很不成熟。他们中的多数很难说是否真正了解中国建筑的困境及其症结，因而这种“实验”其实也就很难说到底有多大的“实验性”。[64]

像许多其他人一样，伍江对这些新兴建筑师的参展作品不够满意，而对推动实验建筑运动的评论家王明贤来说，这种过度悲观的想法似乎是有问题的。作为对伍江观点的一种回应，王认为，虽然中国的实验建筑并没有比西方现代建筑更具新意，但在当代中国现代主义不发达的文化背景下，它们的实验仍然是有意义的，因此值得赞赏（图 5.15）。[65]

至此，人们可以感受到两种观点之间的张力——一种是对新兴建筑师工作的批判性阅读，另一种认为实验建筑仍处于发展过程中。在许多方面，这种矛盾的出现既有历史的，也有现实的因素：部分是因为中国建筑师在 20 世纪漫长的历史时期内并没有机会充分地利用和发展现代主义抽象纯粹的建筑语言，部分原因是年轻建筑师的设计缺乏对不断变化的城市环境的

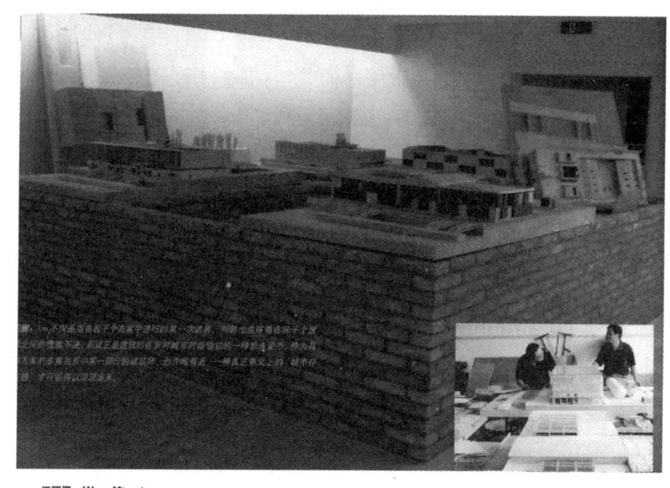

王明贤 Wang Mingxian

如何看待中国建筑的实验性
——上海双年展杂感
Attitude towards Ethos of Experimentation in Chinese Architecture: Random Thoughts on Shanghai Biennale

摘要 2002上海双年展提出了当代艺术与都市化问题，在如何看待中国当代实验性建筑的艺术独创性方面引发人们的思考。
关键词 策展人 明星建筑师 实验性 建造
ABSTRACT 2002 Shanghai Biennale highlights contemporary art and urbanity, and stimulates originality in experimental architectural practice in China.
KEYWORDS Curator, Starchitect, Ethos of Experimentation, Construction

进入20世纪以来，最大限度地改变了人类社会的一是现代战争，二是现代建筑。第一次世界大战，第二次世界大战，第三次世界大战的危险，从长枪大炮到核武器，战争的阴云始终笼罩着地球，人类在恐怖中度日如年。现代建筑的作用则是建设性的，它改变了人类的城市的面貌。今天的全球化和都市化都与它有着很密切的关系。都市化在带来经济上大发展的狂喜的同时，又带来了越来越多的疑惑。考虑都市化和建筑问题，是知识分子不可推卸的责任，也是艺术家和建筑师工作的重点。2002上海双年展的主题是“都市营造”，也就是注意到都市化和建筑在当今社会的重要性。它将成为中国当代建筑史上值得回忆的一页。

上海双年展是国际性的当代艺术展览，这么大规模的当代艺术展，这么多的策展人，把城市、建筑和当代艺术联系在一起，在国际上是罕见的，在中国更是第一次。对中国建筑师来说，双年展是陌生的，策展人是陌生的。但在11月22日开幕之后，他们会发现陌生的东西竟与自己有着如此之多的关系，还会发现有着策展人模式的当代艺术展览能影响到建筑的发

图 5.15 王明贤对上海双年展的评论，插图是王澍为宁波美术馆设计的六个方案模型

资料来源：《时代建筑》，2003 年第 1 期，42 页

敏锐回应。也许没有人能够比评论家露易更好地抓住这次展览中揭示的中国建筑的困境。她在《双年展：一种建筑批评的开始》一文中指出，此次展览反映了现实中建筑与艺术思维、建筑与人文学科之间的疏离，特别是在教育方面。[66]

露易认为，在教育中对艺术技能的培养与建筑思维相分离，建筑创作受制于政治以及创新、现代、中国风格和地标等各种口号，缺乏一种生产和判断的自主权。[67] 以新兴建筑师的理论和设计实践为例，她认为如果不能建立一种本土同时又现代的建筑思想（或者属于建筑专有的一种语言，而不是各种各样的象征修辞），这种困境则很难从根本上加以解决。在她看来，这种努力的关键在于建筑教育的大胆变革。[68] 伍江的评论也反映了这样的观察。[69]

就年轻建筑师的作品而言，刘家琨设计的题为“黑天井”的临时装置提供了一个可以供人沉思的精神空间（图 5.16）。对于他来说，传统展览中展示的模型、图纸、照片和文字只是建筑的表征，而不是建筑本身。这个装置的结构是一个木制的框架，四周被遮阳网包围。在基本结构构件搭建完之后，刘和他的助手在参展现场收集了别人丢弃的纸箱、包装泡沫、塑料、薄膜等物品，把它们装入黑色的垃圾袋中，并和易拉罐一起放在铺有黑色遮阳网的地板上，

与过去泛政治化时代对建筑艺术的评判方式没有根本区别。

可以看到，虽然当代艺术已经走出了美学正确性的范畴，但艺术家对于建筑的评判过程却潜藏着强烈的美学标准，这可能是作为公众艺术的建筑特有的命运。也许，建筑回归艺术至少在于，建筑师去学会一种艺术的经验过程，一种艺术的方法论，即，如何在所给定的条件里去重新审视过去的经验，转换、超越甚至颠覆过去所建立的物质世界的关联，去寻找新的秩序，以做出对新条件下建筑需求的新的回应。应该说，建筑需建立一种自身的图像思维方法。

无疑，这种图像学的方法首先是西方式。从传统走向现代的路途也不可否认地要经历从传统中国走向西方现代的转变。如果这种学习是必要的或不可避免的，那么，应该说困难是双重的，而其中最大障碍就是建立这种西方人方式的建筑图像思维，因为中国传统建筑的生成主要是在建造的经验过程中而不是在艺术的思维体系中的，所以，一旦一种建造方式与建造系统趋于成熟后，形式的存在是稳定的，相对于西方，我们的传统建筑在形式与意识形态发展的对应关系上是疏离的，而相反，文字的力量一直极其强大，再宏伟再精美的建筑，一定是加上门牌、匾额且是出自权威或名人名家的书法才能真正出场。这不仅是一种现象，更是一种对建筑艺术的思维方式，这种方式无疑影响到现在，像“东方明珠”、“大珠小珠落玉盘”和“天圆地方”等构思中产生的作品，就是用文字思维与十分表面的图形类比来替代真正的建筑图像思维。那阿和的参展作品是这类作品的典型，从上海博物馆到黄河博物馆，近十年的创作实践并未包含太多变化，这也呈现了一个群体的共同困境。

根本的出路还在于增长一种消化外来话语的能力，90年代出现的实验建筑师群体在试图建立一种植根本土又是现代的建筑图像思维方式的努力是显然的。无论是王澍的《设计的开始》，还是刘家琨的《此时此地》，或是张永和的大地艺术设计方法，不管他们是把建筑叫做“房子”，还是他们直接作为艺术家身份的创作参与，都是想使自己脱离所有现存风格与思潮的纠缠，回到一种真正属于建筑艺术的经验过程和图像创造。他们大都善于写作，但写作只是帮助他们明晰这种经验过程，他们更致力于一种图像的表达，在刘家琨的“黑天井”中，这种表达已经达到了一种可贵的高度。对于王澍来说，参与这次展览的初衷可能更想展示那座桥的设计，草图显在了双年展的画册中，那是一座缓缓坡起的钢板桥，垂直穿插了一束束的竹子，在展现新的图像创造的同时也表征了现代技术与传统精神的共存。王澍的传统文人情结促使他在十分用心地去建构创作中的中国话语，也许是太用心于过程，倒使创作更接近一种行为艺术，他所谓的“业余”也显得尤其专业。比较起来，刘家琨的创作方式显得更洒脱也更幽默。桥并没有建成，也许这也使王澍避免了一次作品结合场地的冒险行动。

可以说，装置艺术的表达形式缩短了建筑师与艺术家对话的距离，这无论从双年展的核心展场，还是从同样活跃的双年展国际学生展上都能体会。当然，真正意义上的建筑图像学是应该有自己的语言的，要建树这样的语言，并属于我们的文化又面向未来，建筑教育的改革是至关重要的，也是极其艰难的，我们

图 5.16　露易对上海双年展的评论，插图为刘家琨的黑天井装置

资料来源：《时代建筑》，2003 年第 1 期，47 页

然后，他们把几根鱼竿竖立在地面上。在这里，刘家琨用低价的回收材料创造了一个具有传统内涵的庭院，这一主题以前也反复出现在他的建筑中。

有趣的是，许多其他的新兴建筑师也展示了对可再生资源和适宜技术的应用，比如，王澍设计了一座竹桥连接上海美术馆和附近的人民公园。由于预算限制，这个竹桥设计并没有实现，取而代之的是他和学生们设计的几个宁波美术馆方案模型。与日本同行相比，虽然建筑师对常见材料的使用缺乏一种社会和意识形态的关注，露易认为，这种策略可以被看作是对技术统治（建筑）世界的一种批判性反思。她认为“最终设计的质量不是由现有的技术技能决定的，而是由处理现有条件的能力决定的”。[70] 这种评论让人联想到刘家琨倡导的“低技策略”。在 1997 年发表的题为《叙事话语与低技策略》一文中，他解释道：

> 面对现实，选择技术上的相对简易性，注重经济上的廉价可行，充分强调对古老的历史文明优势的发掘利用，扬长避短，力图通过令人信服的设计哲学和充足的智慧含量，以低造价和低技术手段营造高度的艺术品质，在经济条件、技术水准和建筑艺术之间寻找一个平衡点，由此探寻一条适用于经济落后但文明深厚的国家或地区的建筑策略。[71]

刘家琨的“低技策略”不但反映了中国实验建筑师面临的复杂性和困境，而且暗示了他面对现实的个人态度。事实上，这些年轻建筑师在职业生涯的早期面临各种限制条件，但努力建造高质量建筑。然而，他们的展示作品也显示出一个似乎“保守”的立场，对“城市营造”的主题缺乏精准的回应，而策展人却希望参展建筑师能够积极参与解决城市快速转型中出现的各种问题。

2003 年的上海双年展可以被认为是实验建筑发展的转折点，其矛盾之处已经在上述辩论中显现出来。一方面，其由边缘地位转变为主流文化的一部分，其合法性也在官方舞台上被接受和认可。另一方面，他们对于展览主题的回应也揭示了自身的局限性。这种矛盾性在接下来的中国国际建筑实践展上表露无遗（China International Practical Exhibition of Architecture，CIPEA）。

2004 年《时代建筑》重点报道了位于南京的中国国际建筑实践展，这次展览在某种程度上可以说是第四届上海双年展的延续和扩张，因为它设置了专业的策展机制和学术主题，并强调在地建造。20 位来自国内外的建筑师受邀在南京分别设计并建造一栋建筑用于展览。这大大突破传统展览的空间和材料限制，并邀请观众亲身体会建成的建筑。

举办这个建筑展览的想法来自于在第四届上海双年展期间，策展人、建筑师和艺术家等人对当代中国建筑的讨论与思考。[72] 如果说上海双年展作为一种建筑批评，为建筑文化的发展开辟了新的一页，并呈现出一种开放的立场，那么南京的建筑实践展便是这次学术交流最为显著的成果之一。这个雄心勃勃的文化项目得到了中国国际展览中心、南京市浦口区政府以及南京四方地产公司等方面的支持。这种公共和私营部门之间，机构和个人之间的合作，更准确地说，是建筑师、策展人、房地产开发商、地方政府之间的合作具有很强的社会意义。

一方面，作为国家文化部领导的国有企业，中国国际展览中心近年来在国际舞台上大力推动中国“软实力”的发展，组织了一系列的国际交流活动，如威尼斯双年展和中法文化交流。为了树立良好的形象，浦口区政府提供了一系列的便利条件。另一方面，私人开发商负责巨额投资，通过商业运作来促进建筑与艺术活动。可以设想，这样一个项目的成功无疑将推动后续的房地产开发。

南京建筑实践展和第四届上海双年展类似，不仅拥有专业的策展人员和明确的学术主题，还邀请了许多国内外建筑师通过具体的设计来解读这个主题。[73] 组委会邀请日本建筑师矶崎新（Arata Isozaki）和中国建筑师刘家琨担任建筑策展人，并邀请许江、李晓山为艺术策展人。除了设计公共建筑以外，矶崎新和刘家琨还分别负责邀请国际和国内建筑师参与进来。

南京建筑实践展有一个明确的主题——重建平衡，这也在很大程度上决定了建造活动的动机和目标。虽然每个参展建筑师对这个主题有不同的解读，但它暗示了一种对当今中国社会的复杂现实的反思态度。因此，关注建筑的社会价值而非单纯的形式操作显得格外重要。

《时代建筑》杂志通常报道已经建成的项目，但是这次它发表了许多参展建筑师的设计方案（图 5.17—图 5.18）。[74] 在这些项目中，刘家琨的接待中心设计积极回应了展览主题的诉求

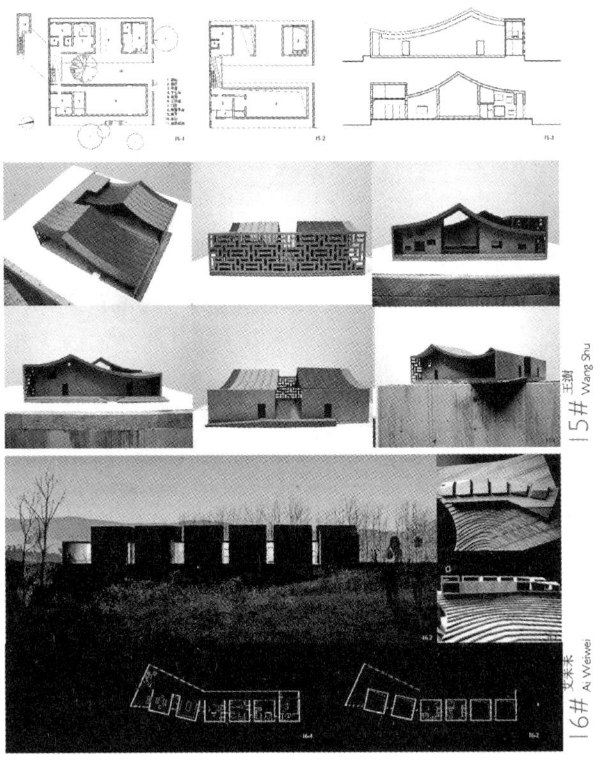

图 5.17　王澍和艾未未在中国国际建筑实践展中的设计方案

资料来源:《时代建筑》，2004 年第 2 期，77 页

图 5.18 张永和和崔愷在中国国际建筑实践展中的设计方案

资料来源：《时代建筑》，2004 年第 2 期，79 页

（图 5.19）。他试图将整个综合体分成若干个较小的体块，以一种非常现代的方式重新诠释中国山区民居的形态。[75] 除了对场地的敏感回应外，刘还大量使用当地的材料，如页岩砖和混凝土砌块。通过探索这些大量便宜易得的建筑材料的使用和表现方法，建筑师试图来推广它们在一般性建筑中使用。[76] 事实上，对传统聚落空间秩序的重新诠释，以及创造性的采用再生砖等材料，已经成为刘家琨的一种独特设计方法。最新的一个例子就是他在成都设计的水井坊博物馆，在自然和人造环境惨遭破坏的背景下，这个作品表达了一种难能可贵的生态意识和强烈的历史连续性。

张永和的设计同样表达了对原有地形的尊重。这个三层跌落布局的小住宅非常类似传统的吊脚楼，并形成 2 层开敞的院落空间。然而，就像史永高所指出的那样，整体而言，参展建筑师的作品大都呈现一种遁入山野的姿态，与实践主题相互矛盾，使得此次展览缺乏一定的思想或社会“厚度”。[77]

然而，这样一个富有文化雄心的建筑展览在当代中国或在世界上并非独一无二。[78]《时代建筑》杂志曾经刊登过“北京长城脚下的公社”、“浙江省金华建筑公园”、“广东省东莞松山湖新城”和“上海青浦新城”等集群设计项目。[79] 在 2006 年对集群设计的专题报道中，支文军写道：

中国国际建筑艺术实践展
接待与餐饮中心
Guest House and Restaurant, CIPEA

刘家琨 LIU Jia-kun

中图分类号：TU247.3(253)
文献标识码：D
文章编号：1005-684X(2004)02-0084-04

图 5.19 中国国际建筑实践展览中刘家琨的接待中心设计方案

资料来源:《时代建筑》, 2004 年第 2 期，84 页

我们认为，“集群建筑”通常是指在同一个场地上，由某一机构或策划人邀请一群建筑师或艺术家来完成由多个项目构成的一组或多组建筑群。“集群设计”并不仅仅是建筑师们在一定时间内共同完成一些快速建造的大型项目的手段，他们往往试图通过具体实践对中国建筑的现状进行批评并展示新的思想，而且还通过专业和大众媒体影响业界和整个社会。所以，中国的“集群设计”里常常出现我们通常所指的“明星建筑师”们的身影。“集群设计”一方面是建筑师的个人展示同时又是一种集体亮相。《时代建筑》聚焦“集群建筑设计”，旨在对中国当代建筑现状的整体关注中深入解析这一现象。[80]

《时代建筑》发表的这些集群设计项目重新定义了当代中国的实验建筑。一群新兴建筑师集体设计建筑，或为商业投机，或为文化展示，在开明业主的支持下，既探索了新的形式语言，也暴露了自身的局限性。东莞松山湖新城集群设计便是一个典型案例（图 5.20）。松山湖新城的集群设计初衷，用活动组织人、城市设计师朱荣远的话来说，就是希望能积聚众多建筑师的智慧，使快速营建新城的建筑能够拥有空间功能之外的代表中国建筑设计文化的附加值，通过所形成的物质空间精神的外溢来影响人们的视觉和心理的感受。[81] 在项目开展的四

图 5.20　东莞松山湖新城总体规划

资料来源：《时代建筑》，2006 年第 1 期，67 页

年之后，也就是 2006 年，《时代建筑》发表了建筑师张永和、崔愷、齐欣、周恺、汤桦等人在此设计的建筑项目。

其中，张永和设计的松山湖生产力大楼呈现出一种交错、波浪起伏和水平延展的形式，似乎漂浮在山丘上（图 5.21）。他采用单一线性体量而不是一组小体量的单元来应对起伏的地形，创造出一个开放的城市环境。与此设计策略相反，齐欣将松山湖管委会大楼分散为五座三角形的建筑，分别设有地下停车场，并且地下停车库相互连通（图 5.22）。这种化整为零的做法是为了避免单一建筑和周围景观之间产生紧张关系，并让每栋建筑都享有风景如画的湖景。然而，除了个体建筑的创造性以外，整个项目还有一些值得评论的突出特征。

首先，总共有 30 多位新兴建筑师参与了这个大型集群设计项目，包括商业社区、政府办公、东莞理工学院新校区以及文化社区。对于年轻建筑师来说，难以想象会有这样一个好的实践机会，特别是来自地方政府的大力支持。集群设计往往给建筑师提供更多的自由度以及宽松的功能、时间和场地限制来试验他们的想法。此外，在本次集群设计中，城市设计师和建筑师之间紧密合作。[82] 前者负责控制整个区域的空间秩序，后者在这一框架内探讨建筑和环境之间对话的可能性。在设计过程中，城市设计师、建筑师和客户之间的反复讨论有助于调整

图 5.21 张永和设计的东莞生产力大楼

资料来源:《时代建筑》, 2006 年第 1 期，80 页

他们对不同尺度的理解。[83] 这种沟通机制也有助于从宏观的秩序到微观的细节来构建一种平衡的环境。

乍一看，这样的机会似乎为建筑师和业主等提供了一个完美的机会来实现双赢，并让所有参与者受益。然而，这种想法看起来相当天真。同时，有必要分析目前条件下所谓集体设计项目的各种限制。在杂志组织的一次专题讨论中，孙继伟认为：

> 在这些集群项目中简化和抽象了城市真实条件下各种复杂的关系，没有真实的使用对象，没有严格意义的甲方，没有社会环境下的多方博弈，更多的是自说自话的表演。相互攀比、相互争秀的内心状况使建筑师缺少平和的创作心态，这使得很多作品更具有形式上的表现性和概念上的展示性，使得这些集群建筑更像一次刻意集聚的展览，而非真实意义的集群。这种实验条件下的建筑创作，并非城市建筑的常态。经过特殊的维护所营造的实验温室，简化了各种制约条件，消解了许多不确定性因素，与城市无关，与具体的使用者无关，成为一种形式上的智力游戏，是设计领域的无重力跳高。这样的集群唯一得益的是开发商。群星的光芒照耀着开发商金光闪闪的收益，对城市无益，对建筑师无益。[84]

东莞松山湖新城中心区管委会
Administrative Committee of
Songshan Lake New Town

图 5.22　齐欣设计的东莞松山湖新城管委会

资料来源：《时代建筑》，2006 年第 1 期，76 页

这段评论精准地指出了集群设计这一时髦现象的局限性以及实验建筑的困境。到目前为止，通过分析《时代建筑》的报道，人们可以微妙地感受到新兴建筑师和实验建筑的转型。它们边缘化的地位被戏剧性地转化为新的主导意识形态。在这个意义上，如果要继续保持批评的立场和姿态，实验建筑需要在技术和意识形态上挑战当前建筑实践的状况，无论在建筑形式还是在社会介入层面上，实验建筑需要克服自身的内在限制，特别是其社会方面的无力。

注释：

[1] Terry Eagleton, *The Function of Criticism: From the Spectator to Post-Structurism* (London: Verso, 1984), 123. 原文：The role of contemporary critic is to resist that dominance by re-connecting the symbolic to the political, engaging through both discourse and practice with the process by which repressed needs, interests and desires may assume the cultural forms which could weld them into a collective political force.

[2] 巫鸿认为，实验艺术与任何特定的艺术风格、主题或政治方向无关，区别于其他四种当代中国艺术流派，即 1）受到官方支持的高度政治化的艺术；2）努力摆脱政治宣传的学院派艺术，

并强调技巧训练和较高的审美标准；3）热衷于吸收中国香港、日本和西方时尚形象的流行的城市视觉文化；4）“国际” 商业艺术，尽管经常是实验艺术的一部分，但最终还是迎合了国际艺术市场 .Wu Hung，*Exhibiting Experimental Art in China*（Chicago：University of Chicago Press，2001），11.

[3] 饶小军，姚晓玲 . 实验与对话：记 5· 18 中国青年建筑师、艺术家学术讨论会 [J]. 建筑师，1996（72）：80-83.

[4] 王明贤，史建 . 九十年代中国实验建筑 [J]. 文艺研究，1998（1）：118-137.

[5] Mary Ann O' Donnell，Winnie Wong，Jonathan Bach，eds. *Learning from Shenzhen：China's Post-Mao Experiment from Special Zone to Model City*（Chicago：University of Chicago Press，2017）.

[6] 同上，118.

[7] 高明禄等 . 中国当代美术史，1985 – 1986[M]. 上海：上海人民出版社，1991. 王明贤撰写了本书的建筑部分 .

[8] 张文武已经承认了这一差异，他认为可能造成这一滞后的主要原因在于建筑师的平庸 . 张文武 . 中国大陆实验建筑 [J]. 时代建筑 . 2000（2）：16-19.

[9] 这些建筑师的项目和文章曾经在《建筑师》杂志上发表，而王明贤当过该杂志的编辑，后来为副主编 .

[10] Jinglian Wu，*Understanding and Interpreting Chinese Economic Reform*（Mason，Ohio：Thomson/South-Western，2005）；David Harvey，*A Brief History of Neoliberalism*（London and New York：Oxford University Press，2007）.

[11] 1999 年 6 月 23 日至 30 日，国际建筑师协会（International Union of Architects，UIA）第 20 届世界建筑师大会在北京举办 . 大会组织方——中国建筑学会选了中华人民共和国成立以来的 55 个建筑作品在中国美术馆进行展览 . 除此之外，组委会还希望展出 10 个创新性项目，以便充分展示中国建筑的成就，吸引更多公众关注。在这样一个背景下，王明贤策划了中国青年建筑师实验性作品展 . 由于这些实验项目表现出一种不同的美学观念和意识形态，组委会不同意它们一起在国家美术馆展出 . 不过，与会议组织者协商后，王明贤最终在北京中国国际展览中心的一个小房间里安排了年轻建筑师的作品 . 这次展览事件表明了建筑界存在的意识形态冲突 . 参见王明贤 . 空间的历史碎片：中国青年建筑实验性作品展始末 // 蒋原伦主编，今日先锋 [M]. 天津：天津社会科学院出版社 . 2000（8）：1-8.

[12] 支文军 . 编者的话 [J]. 时代建筑，2000（2）：5.

[13] 王明贤 . 建筑的实验 [J]. 时代建筑，2000（2）：8-11.

[14] 张文武 . 中国大陆实验建筑，17.

[15] 张永和曾在南京工学院学习建筑，然后到美国印第安纳州的鲍尔州立大学留学。在那里，他受到导师罗德尼·普雷斯（Rodney Place）的影响 . 普雷斯在 1972 年至 1978 年曾经跟随伯纳德·屈米（Bernard Tschumi）和雷姆·库哈斯（Rem Koolhaas）在伦敦建筑协会建筑学院学习（AA），1981 年他成为鲍尔州立大学的建筑学讲师 . 本科毕业之后，张永和又前往加州大学伯克利分校学习并获得硕士学位，并曾在加州大学伯克利分校、密歇根大学和莱斯大学任教 .1993 年，

他与妻子鲁力佳在北京创立了非常建筑工作室（Atelier FCJZ）.

[16] 20 世纪 80 年代，王澍曾在南京工学院学习建筑，分别获得学士和硕士学位，2000 年获得同济大学工学博士学位 .1997 年，他和妻子陆文宇在杭州创立了业余建筑工作室，之后，任教于中国美术学院 .

[17] 彭怒师从罗小未，1998 年获同济大学博士学位，之后在清华大学博士后流动站从事建筑历史与理论研究，2001 年出站以后加入《时代建筑》编辑部 .

[18] 彭怒 . 在“安静”的“建造”与不懈的实验之间：席殊连锁书屋系列访谈 [J]. 时代建筑 . 2000（2）：20-25.

[19] 支文军 . 编者的话：中国当代建筑新观察 [J]. 时代建筑，2002（5）：1.

[20] 彭怒，支文军 . 中国当代实验性建筑的拼图：从理论话语到实践策略 [J]. 时代建筑 . 2002（5）：20-25.

[21]《非常建筑》一书收录了张永和的一些概念设计，这些作品探索了抽象纯粹的现代主义建筑的新的可能性，突破了一些刻板的建筑思维，影响了许多年轻建筑师和学生 . 当时的中国建筑界充满了各种装饰风格，该书有助于建筑师反思日常的建筑创作 . 参见张永和 . 非常建筑 [M]. 哈尔滨：黑龙江科技出版社，1997.

[22] 张永和 . 平常建筑 [J]. 建筑师 . 1998（10）：27-37.

[23] 受苏联模式的影响，历史上中国有两种不同的国有设计院，一种负责工业建筑，另一种负责民用建筑 . 建筑教育也以建筑类型的训练为基础，涵盖了住宅、博物馆、图书馆、酒店、医院、办公楼等类型 .

[24] 张永和，张路峰 . 向工业建筑学习 [J]. 世界建筑，2000（7）：22-23.

[25] 同上 .

[26] Kenneth Frampton，“Reflections on the Autonomy of Architecture：A Critique of Contemporary Production，” in *Out of Site：A Social Criticism of Architecture*，ed. Diane Ghirardo（Seattle：Bay Press，1991），17-26.

[27] 同上 .

[28] 王澍 . 业余的建筑 // 蒋原伦主编，今日先锋 [M]. 天津：天津社会科学院出版社 . 2000（8）：28-31.

[29] 同上，29.

[30] 王澍 . 旧城镇商业街坊与居住里弄的生活环境 [J]. 建筑师，1984（18）：104-112；王澍 . 皖南村镇巷道的内结构解析 [J]. 建筑师，1987（28）：62-66.

[31] 类似的理论立场，参见刘家琨 . 前进到起源 // 蒋原伦主编，今日先锋 [M]. 天津：天津社会科学院出版社 . 2000（8）：32-34 页；张雷 . 基本空间的组织 [J]. 时代建筑，2002（5）：82-86.

[32] 张永和对“布杋”美术传统的批评与他的美国教育经验和西方建筑文化知识有关，而王澍对当时中国建筑实践的攻击却是基于他自己的实践经验和切身观察 .

[33] 1996 年在纽约工作的建筑师伍时堂首先在《世界建筑》杂志上介绍了肯尼思· 弗兰姆普敦的著作——《建构文化研究：论 19 世纪和 20 世纪建筑中的建造诗学》；2001 年南京大学的王群

写了两篇介绍该书的文章，之后，王群（王骏阳）翻译了此书 . 中国建筑工业出版社于 2007 年出版了该书的第一版；2009 年发行了第二版 . 参见伍时堂 . 让建筑研究真正研究建筑本身：弗兰姆普敦研究构造文化的介绍 . 世界建筑，1996（4）：4；王群 . 解读弗兰姆普敦的建构文化研究（一）[J]. A+D，2001（1）：69-79；王群 . 解读弗兰姆普敦的建构文化研究（二）[J]. A+D，2001（2）：69-80.

[34] 柳亦春 . 窗非窗，墙非墙：张永和的建造与思辨 . 时代建筑，2002（5）：40-43.

[35] 名可 . 图说西南生物工程产业化中间试验基地 [J]. 时代建筑，2002（5）：52-57.

[36] 朱涛 .“建构”的许诺与虚设：论当代中国建筑学发展中的“建构”观念 [J]. 时代建筑，2002（5）：30-33.

[37] 刘家琨 . 鹿野苑石刻博物馆 [J]. 世界建筑 . 2001（10）：68-72. 刘家琨在“文化大革命”结束后入重庆建筑工程学院学习建筑，像当时的许多大学生一样，本科毕业后被分配到成都建筑设计院 .1999 年，他在成都成立了家琨建筑事务所 .

[38] 同上，68.

[39] 这种方法以前用于建造地下室的墙壁，以防止地下水渗透 . 同上，69.

[40] 刘家琨 . 此时此地 [M]. 王明贤，杜坚主编 . 北京：中国建筑工业出版社，2002：110-112.

[41] 彭怒 . 在“建构”之外：关于鹿野苑石刻博物馆引发的批评 [J]. 时代建筑，2003（5）：48-55.

[42] 同上 .

[43] 王辉，刘晓都，孟岩，朱锫 . 都市实践 [J]. 时代建筑，2002（5）：58-64.

[44] 马清运，卜冰 . 都市巨构：宁波中心商业广场 [J]. 时代建筑，2002（5）：74-81.

[45] 彭怒，支文军 . 中国当代实验性建筑的拼图，24.

[46] 彭一刚 . 可能性与限制：新一代建筑师 [J]. 时代建筑，2002（5）：38-39.

[47] 同上 .

[48] 王明贤 . 可能的建筑 [J]. 时代建筑，2002（5）：36.

[49] 李巨川 . 建筑师与知识分子 [J]. 时代建筑，2002（5）：36-37.

[50] 野卜 . 亚洲建筑师走廊一期工程评论 [J]. 时代建筑，2002（3）：42-47.

[51] 张永和 . 二分宅 // 王明贤，杜坚主编 . 基本建筑 [M]. 北京：中国建筑工业出版社，2002：198.

[52] 柳亦春 . 窗非窗，墙非墙，40.

[53] 野卜，张洁 . 从材料角度分析二分宅 [J]. 时代建筑，2002（6）：48-51. 据作者介绍，夯土材料来自不同的施工工地，模板是不锈钢 . 每层模板约 12cm 深，加土后压缩至原始高度的 50% 左右 . 一层施工完毕后再制作另一层，逐层叠加，一直持续到所需的高度 . 模板拆除后，夯土墙面上可以看到 6cm 高的水平线，也就是施工过程留下的痕迹 .

[54] 李巨川 . 建筑师与知识分子，37.

[55] 同上 .

[56] 同上 .

[57] 彭怒，支文军 . 中国当代实验性建筑的拼图，21.

[58] 王明贤 . 建筑的实验，8.

[59] Laurent Gutierrez and Valerie Portefaix, "Project for the 21st Century," in *Yung Ho Chang/Atelier Feichang Jianzhu: A Chinese Practice*, eds. Laurent Gutierrez and Valerie Portefaix (Hong Kong: Map Book Publishers, 2003), 9-14.

[60] 秦蕾 . 当代中国实验性建筑展实录 [J]. 时代建筑，2003（5）：44-47.

[61] Simon Groom, "The Real Thing," in *The Real Thing: Contemporary Art from China* (London: Tate, 2007), 8-15.

[62] 范迪安 . 演绎都市：关于"2002 上海双年展策展方案"的几点注解 [J]. 时代建筑，2003（1）：24-27.

[63] 由于张永和参加了上一次展览，根据规定，他不能连续参加 .

[64] 伍江 . 2002 上海双年展策展杂感 [J]. 时代建筑，2003（1）：28-30.

[65] 王明贤 . 如何看待中国建筑的实验性：上海双年展杂感 [J]. 时代建筑，2003（1）：42-45.

[66] 露易 . 双年展：一种建筑批评的开始 [J]. 时代建筑，2003（1）：46-50.

[67] 同上，47.

[68] 同上 .

[69] 伍江 . 2002 上海双年展策展杂感，30.

[70] 露易 . 双年展：一种建筑批评的开始，48.

[71] 刘家琨 . 叙事话语与低技策略 [J]. 建筑师，1997（10）：46-50.

[72] 梅蕊蕊 . 中国国际建筑艺术实践展（CIPEA）概述 [J]. 时代建筑，2004（1）：55-56.

[73] 刘家琨 . 关于"中国国际建筑艺术实践展"的问答 [J]. 时代建筑，2004（2）：52-55.

[74] 王铠，董烜 . 十种语言，一个声音：中国国际建筑艺术实践展外国建筑师小住宅方案综述 [J]. 时代建筑，2004（2）：57-69；董烜 . 土生土长——中国国际建筑艺术实践展中国建筑师小住宅方案综述 [J]. 时代建筑，2004（2）：70-79.

[75] 刘家琨 . 中国国际建筑艺术实践展接待与餐饮中心 [J]. 时代建筑，2004（2）：84-87.

[76] 同上 .

[77] 史永高，仲德崑 . 建筑展览的"厚度"（下）：论两次中国当代建筑展 [J]. 新建筑，2006（2）：83-86.

[78] 从历史上来看，较早的建筑实践展可以追溯到 1927 年在德国斯图加特举行的威森霍夫（Weissenhof）住宅展 .1951 年在广州举办的华南土特产展览交流大会也可以说是一个现代建筑展览，策划人林克明邀请了夏昌世、陈伯齐、谭天宋等当地建筑师负责设计了 12 座现代主义展览建筑，用来展销各种当地土特产品 .

[79] 崔愷 . 关于集群设计 [J]. 世界建筑，2004（4）：12-13.

[80] 支文军 . 编者的话 [J]. 时代建筑，2006（1）：1.

[81] 朱荣远 . 松山湖：一个时代的设计集群 [OL]. 城 PLUS. 2017 年 12 月 13 日 .

[82] 朱荣远 . 集群、共识、合力与设计城市——东莞松山湖新城集群设计有感 [J]. 时代建筑，2006（1）：66-71.

[83] 同上 .

[84] 孙继伟 . 城市是建筑的集群，但不需要实验性的集群 [J]. 时代建筑，2006（1）：36.

第6章
寻找城市化进程中的批评性建筑

事实上，建筑必须首先从自身的角度出发，也就是承认其特殊性；但同时也必须符合其特定的社会责任。在这个问题上，不可忽视其与公众的关系。因此，建筑语言是——或者说应该——一种可理解的语言！此外，由于建筑直接介入日常生活（例如，通过其超艺术的功能，extra-artistic functionality），它创造了一个永久的纽带，为判断许多“良好意图”提供了坚实的批评性基础。[1]

——乔治·格里西（Giorgio Grassi）

实验建筑的发展与近几十年来中国全面快速的城市化进程完全交织在一起。《时代建筑》出版的关于实验建筑、建筑展览和集群设计的专辑揭示了建筑实践与资本投入、金融活动和财政支出之间的复杂关联。该杂志一直致力于报道批评性的建筑话语和项目，并推动新兴建筑师的实践，同时这些出版物反映了在当前中国的社会、政治、文化和意识形态背景下批评性建筑的可能性、局限性及其转型。本章在当前的城市化进程中考察该杂志与批评性建筑的关系，是因为建筑出版和物质实践与城市的戏剧性转型紧密相连。[2]

从马克思主义的观念来看，建筑和建成环境实际上是一种商品（commodity），国家和个人通过大量的投资，吸收剩余资本和劳动力来生产更多的剩余价值。过去几年，《时代建筑》出版了几期关于城市主题的特刊，关注了城市化带来的各种机遇和挑战，特别是对北京、上海、广州等大城市以及包括柏林在内的国际大都市进行比较研究。这些城市研究有助于人们反思社会、经济、政治和文化因素对都市转型的影响。

这些专辑报道了批评性建筑话语、项目和建筑评论，揭示了该杂志的批判性编辑议程。新兴建筑师诸如张永和、刘家琨、都市实践和王澍等人通过探索新的形式和空间语言，力图挑战常规意义上的空间生产逻辑。他们提出的各种城市空间干预策略，充分发挥建筑形式和空间的能动作用（agency），试图改变现有的社会状况——不仅创造了一个有意义和人性化的场所来促进社会互动和交往，而且提供了一个反思建筑文化意义以及社会和环境效益的重要机会。

都市干预作为一种批评性实践

《时代建筑》反复出现的主题之一便是对城市问题的关注。毫无疑问，这种一贯的考虑与两个因素有关：首先，作为该刊物的基地，上海像许多城市一样经历了快速的城市化进程，其城市结构的重塑不仅改变了城市环境，而且影响了居民的日常生活；第二，许多新兴建筑师高度关注城市问题，在他们的设计项目中展示了创造性解决思路和应对能力。

实验建筑的转型与城市化进程大体一致。中国的城市化受到西方新自由主义的影响，也与中国特殊的社会政治和经济环境息息相关。这种复杂的历史条件肯定会影响新兴建筑师的实践以及杂志的出版活动。1999 年，《时代建筑》出版了一期“建筑与城市”专辑，可以说是对经历快速转型的中国城市直接而积极的回应。支文军在编辑声明中写道：

“建筑与城市”这一专题以前也曾想过，但有许多的时机不成熟，也没有很多的文章来研究探讨，或者说过去建筑与城市是在相对分离的前提下来讲的。而前几年的经济热潮，大兴土木，大家埋头创作，于是今天，当我们再抬起头时，建筑与城市已是日新月异，许多的历史、文化城市也已面目全非。[3]

本期专辑邀请建筑师从建筑学的角度来反思城市问题。学者张勃和建筑师张皆正的文章分别分析了北京和上海在城市保护与建筑创新之间的矛盾和困境。[4] 城市化过程中的这种冲突实际上反映了猖獗的资本主义与传统文化之间的根本矛盾。具有数百年或数千年历史传统的城市往往强调一体化的空间秩序，层次分明的都市结构和独特的肌理面貌；而资本主义的生产方式，按照马克思主义理论，是以资本为主导，伴随着异化，一种劳动的客观化或物化（objectification of labour）。[5]

在过去几十年中，城市扩张在改善人民生活条件和稳定中国的特色社会主义等方面发挥了重要作用。著名的马克思主义地理学家大卫·哈维（David Harvey）认为，如果没有高效的民主管理和充分的法律控制，城市化过程将不可避免地产生潜在的灾难性后果，会严重影响社会公平、正义，导致贫富悬殊等诸多问题。[6] 在建筑领域，其直接影响就是历史城市的传统肌理被完全破坏和摧毁，以及建设尺度巨大的封闭小区和孤立的、对城市文化缺乏积极关注的建筑物，接近于张永和所说的“物体城市”（City of Objects）。[7]

2003 年《时代建筑》以“北京新建筑”为题出版了一期专辑，回顾了北京经济增长带来了城市扩张，并展望了 2008 年奥运会对北京城市结构的潜在影响。《建筑学报》和《世界建筑》等期刊曾经零星地报道了一批奥运场馆新项目，而《时代建筑》杂志则从理论和实践的角度，全面分析了北京城市的转型，国际建筑师的作品，如荷兰大都会建筑事务所设计的中央电视台总部，以及本地建筑师的项目，还有张永和带领北京大学建筑学研究中心的学生所做的城市研究报告。在《关于城市研究》一文中，张永和写道：

随着中国城市化进程的不断加速，如何建立起一个对当代城市比较深入的认识已成为中国建筑师亟待解决的问题之一……建筑城市学的基本概念来自英语 urbanism 一字。尽管 urbanism 尚无确切翻译，它带来的态度与方法还是相对清晰的。建筑城市学认为建筑与城市在性质上是连续的和一致的。故不在规模与尺度上做城市与建筑的区分；比较城市设计，它并不以开敞公共空间、城市景观等为重点，而是将私密的室内空间也作为城市的一部分。建筑城市学用建筑学的方法研究城市，比较城市规划，它更强调城市的经验性及物质性。建筑城市学同时关注建筑与城市、单体与整体，以及它们之间的关系，即城市的建筑性和建筑的城市性。因此，城市研究的目的是建立起设计单体建筑与整体城市的一个共同基础。[8]

张永和的城市意识促使他将更广泛的城市问题纳入到建筑教育和设计实践中去。对他来说，建筑本身无法完全解决城市问题。然而，这绝不是说，建筑无有助于改善城市生活；相反，一个批评性的建筑有可能补偿日渐消失的城市活力，同时抵御城市空间的同质化。他将“微观城市主义”（micro-urbanism）这一概念作为对上述“物体城市”的一种批评，同时也是他的一种设计策略。在 2006 年发表的题为《我选择》一文中，他指出：

过去几年，微观城市学（micro-urbanism）的观念被越来越多的建筑师，包括我自己，所接受。尽管不同的建筑师对它的含义有不同的解释，微观城市学实际上是一种在局部的层面上研究、讨论城市问题的设计工作策略，进而希望从局部或片段出发影响整体或宏观城市。它反映出的建筑师对日常城市 / 建筑的关注。如果规划体现的更多些权威的意志，微观城市学则是多一分社会、民主的态度。但是，微观城市学与宏观城市学虽角度不同，但并无优劣之分，也不可能互相取代。我针对某些项目的局限和机会，有意识地选择了微观城市作为设计的出发点及概念。[9]

张永和认为，建筑对于城市的空间积极介入代表了建筑师的一种社会承诺；在目前情况下，这样一种姿态显得至关重要。微观城市主义这一概念的核心在于“微观”一词，其意思是区别于早期的城市主义（Urbanism）和今天的新城市主义（New Urbanism）；严格地说，它与所谓的日常城市主义（Everyday Urbanism）有一些概念上的重叠。[10] 在这里，微观意味着规模小、成本低、风险低。在某种程度上，张永和的微观城市主义类似于西班牙建筑师和城市主义者曼努埃尔・索拉–莫拉莱斯（Manuel Sola-Morales）的“城市针灸”（urban acupuncture）概念；即“有策略地、限制性地干预城市，按照既定的但是以开放的方式改善现有的城市状况”。[11]

张永和的微观城市主义理念较为清晰地体现在河北教育出版社的设计中，该项目于 2004 年首次在《时代建筑》上发表，一年后也出现在《建筑学报》上（一样的文字，不一样的图片）（图 6.1—图 6.2）。[12] 他在设计过程中强调三种“逻辑”（发展逻辑、整合逻辑和城市逻辑）的重要性。除了客户的经济和功能要求外，他专注于如何创造性地回应不同功能的内部组合以及与城市环境的对话。[13] 该项目包括自用办公室、出租办公室、酒店和一些商业设施、如咖啡馆、艺术画廊、书店、餐馆等。建筑的形体构成清晰地反映了这些内部功能的组织，同时，建筑师在大楼的中间设计了一个向公众开放的垂直城市花园。通过在建筑

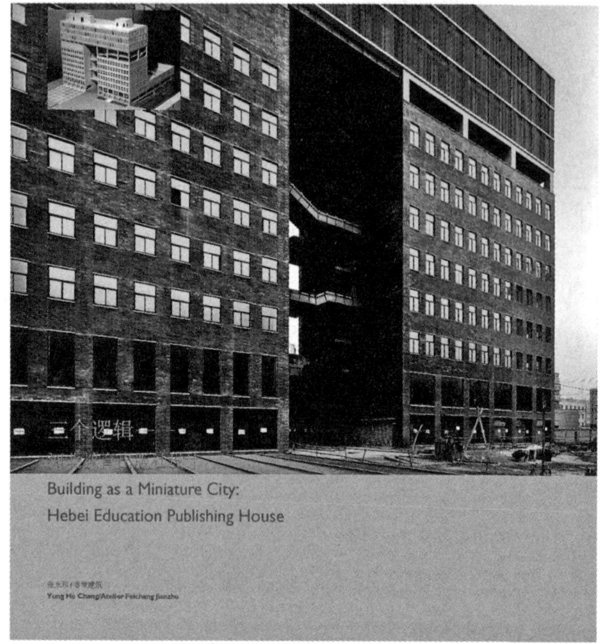

时代建筑 Time+Architecture 2004/2 95

摘要　河北教育出版社是一个功能极端混杂的项目。该设计在空间组织上尝试把单个的结构分解为一组相对独立的微型建筑：出版社在顶部而出租办公楼和商业用房在建筑的底部。微型建筑之间的空间因此得以对公共空间开放成为垂直的城市花园。

关键词　微型建筑　空间组织　微型城市

ABSTRACT　The program of the building is very complex and mixed to the extreme: besides the Hebei Education Publishing Company per se, there are rental office space, conference and exhibition facilities, hotel, restaurant, café, book store, even an art museum and an indoor basket ball court. The program inspires a spatial organization that dissolves the singular structure into a group of relatively independent mini-buildings: the publishing house at the top and the rental office building and commercial building bellow. The spaces between the mini-buildings thus open to the public and become specifically a vertical urban garden. This very urban quality of the in between space pushes the edifice towards a miniature city.

KEY WORDS　Mini-Building, Spatial Organization, Miniature City

中图分类号：TU243(222)
文献标识码：C
文章编号：1005-684X(2004)02-0094-06

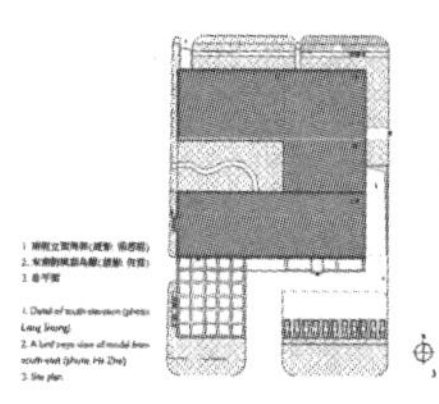

图 6.1　张永和 / 非常建筑工作室，石家庄河北教育出版社

资料来源：《时代建筑》，2004 年第 2 期，94-95 页

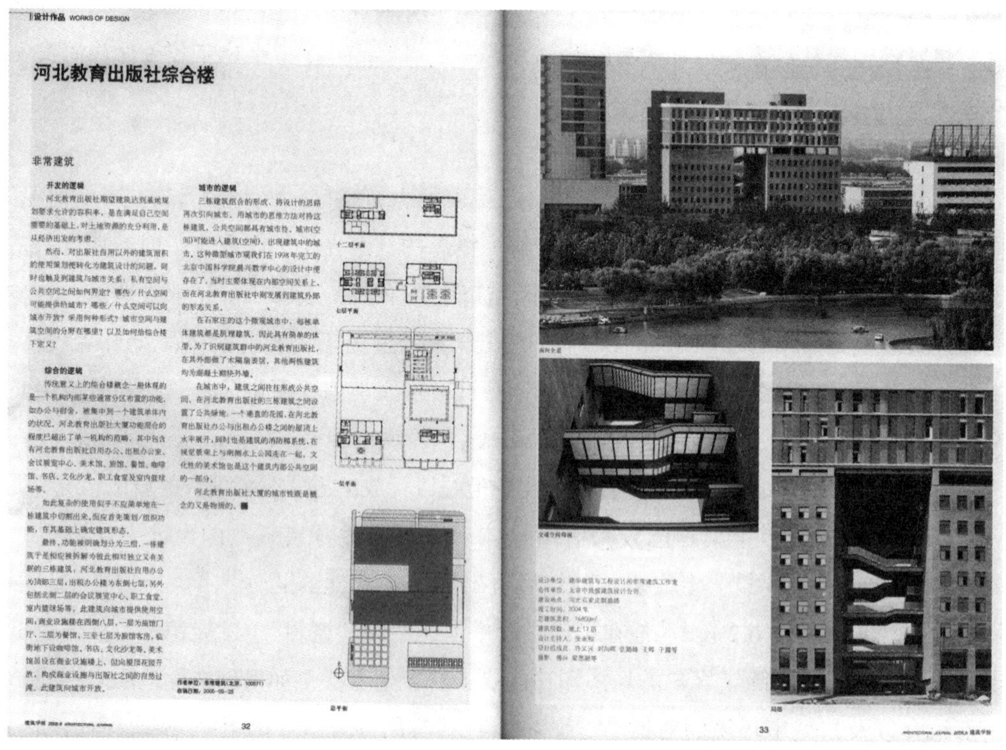

设计作品 WORKS OF DESIGN

河北教育出版社综合楼

非常建筑

开发的逻辑

城市的逻辑

综合的逻辑

图 6.2　张永和 / 非常建筑工作室，石家庄河北教育出版社

资料来源：《建筑学报》，2005 年第 6 期，32-33 页

内创造一种类似城市的体验，建筑师力图超越客户基本的功能诉求，虽然建筑的这种公开姿态仅仅体现在视觉上。

张永和的城市意识直接或间接地受到中国快速城市化的影响，同时与其他同行对城市转型的研究有关。应该说，他并不是唯一关注城市的建筑师。通过杂志的出版物，人们可以发现，包括王澍、马清运、都市实践、刘家琨等在内的建筑师也具有类似的城市干预探索。值得注意的是，2007 年该杂志关于"新城市空间"特刊试图将主题辩论，批判性实践和建筑批评结合在一起，通过几个特殊建筑项目展示了建筑师参与城市干预的可能性。

在杂志的理论讨论部分，美国夏威夷大学教授缪朴在题为《谁的城市？图说新城市空间三病》一文中讨论了当代中国城市公共空间的三大问题：公共空间的私有化日益加剧，公共空间的贵族化趋势以及公共建筑的橱窗化现象。与城市公共空间有关的这些问题是城市化进程在中国的直接后果。更为根本的是，公共空间普遍受到管控；主导力量不仅渗透到城市生活和建筑环境的每一个环节，而且在某种程度上，它们对公共领域的介入还在不断扩大。

假如批评性的建筑实践能够弥补城市生活的活力，那么它该如何应对这种令人沮丧的情况呢？应该说，在目前的城市化过程中，机遇和挑战共存。《时代建筑》发表的建筑作品似乎给了一些积极的回应。例如，刘家琨在广州时代玫瑰园三期的景观庭院设计中，试图寻求解决封闭社区的公共空间问题——也就是缪朴先前提到的城市结构分散化和城市公共空间的私有化。[14]

为了更好地了解刘家琨的城市干预策略，有必要将他的实践放在大众居住和封闭小区的特定背景之中。过去几年，《时代建筑》对居住区建设相当重视，2004 年又一次聚焦"城市住宅与封闭小区"这一主题。其中，缪朴的文章《城市生活的癌症——封闭式小区的问题及对策》简要回顾了中国封闭小区存在的问题。根据他的说法，门禁措施的出现与富裕居民对安全的需求和政府对社会稳定的要求有关。[15] 在当下收入差距明显的背景下，很多人将门禁，而非其他方式，视为确保其安全的有力办法。然而，过度强调门禁可能不会直接有助于稳定和安全，反而造成了一系列负面后果，因为它忽视了其他可能发挥重要作用的因素，如富有活力的街道生活。[16]

虽然许多封闭小区拥有一定的公共空间和商业设施，但实际上它们一般不太受欢迎，部分是由于一些公共空间主要是为了显摆小区的品质而非为了居民的正常方便地使用而建；而部分是因为一些社区商业设施只向富裕的俱乐部成员开放，而非普通公众。在最坏的情况下，一些设施存在的目的在于房产的促销。由于其维护成本高昂，在小区物业被售完之后，这些公共场所和设施被物业公司闲置。据刘家琨介绍说，对公共空间的使用往往引发了居民、房地产开发商和物业管理公司之间的激烈冲突。[17]

正是在这样的背景下，刘家琨被邀请在广州一个新建的封闭小区里设计一个花园及其公共空间（图 6.3）。建筑师用一条架空、曲折的人行步道连接场地上三座现有建筑，试图创建一个公共领域与私家花园相互叠加并置的状态。[18] 为了消除任何对居民生活的负面影响，市

私园与公园的重叠可能

家琨建筑工作室设计的广州时代玫瑰园三期公共文化交流空间系统及景观

Potential for Superimposition of Park on Garden

Cultural Exchange Space and Landscape of Guangzhou Time Rose Garden Phase III designed by Jakun Architects

摘要 文章分析了家琨建筑工作室针对中国封闭式小区普遍存在的问题，在广州时代玫瑰园项目中所采取的策略，即试图在中国当下封闭式小区制度和城市公共空间之间建立一种新型的互动关系

关键词 封闭式小区；公共空间系统；城市公众；小区居民；私家园林；城市公园

ABSTRACT In order to solve some current problems of gated communities in China, Jiakun Architects office took a new strategy when they did Guangzhou Time Rose Garden landscape and cultural space design. This article analyses the design idea, which is to create a new inter-active relationship between the gated residential communities and city public spaces in today's China.

KEY WORDS Gated Community; Public Space System; City Public; Community Residents; Private Garden; City Park

中图分类号： TU-86(265)

文献标识码： B

文章编号： 1005-684X(2007)01-0056-06

图 6.3 刘家琨，广州时代玫瑰园三期的景观庭院

资料来源：《时代建筑》，2007 年第 1 期，56 页

民只能在这条人行步道上行走（公共活动被限定在一定区域），在视觉上欣赏花园的风景，不能够真正地走进小区内部。[19] 基于对封闭小区这一现状的尊重以及他试图创造性地改变这种状况，刘家琨在这个项目中探讨了私有花园和公共空间共存的可能性。这个项目也符合他先前总结的城市干预理论策略。在 2002 年题为《关于我的工作》一文中，他写道：

> 我的策略是跃到起点，介入策划。所谓介入策划，其实就是和一件事情的原动力站在一起，伺机借用它的力量。对都市需求的填补和引导，在合法的范围内尽可能利用资源，通过盈亏测算而探知底线，预估变化与潜伏设计。[20]

刘家琨积极介入城市的理论和实践策略可以与“都市实践”的处理方式相比较。在 2007 年出版的这个专辑里，“都市实践”也展示了类似的项目。[21] 改革开放以来，深圳在政府和市场的强力干预下，从一个偏远的渔村迅速转变为一个人口超过 1500 万的国际大都市。在这个商品化大潮中，短期内城市的快速扩张伴随着经济的高速增长，大规模的移民，公共领域的减少和文化价值受到侵蚀。在这种情况下，批评性建筑如何有助于建立一个有益身心的高质量场所，同时保持和维护人文关怀？来自本地的建筑团体——都市实践以“都市造园”的名义对这一困境进行了反思。他们在题为《城市填空：作为一种城市策略的都市造园计划》的文章中写道（图 6.4）：

“都市造园”计划即是针对中国高速城市化过程中产生的旧有城市结构消解而新的城市公共空间缺失的普遍状况所提出的一项城市策略。这一计划试图结合城市设计、策划、建筑和景观设计等诸多手段去织补和重构城市外部公共空间，并以此激发新一层城市生活的产生。“都市造园”计划摒弃模糊的“景观设计”概念，力图超越纯粹对城市环境在视觉上的“美化”和“修饰”；“都市造园”计划被看作是一个大尺度的城市装置，它与周边的城市发生关联且具有激发城市事件的功能；同时，“都市造园”计划也试图在当今全球化和商业主义泛滥的城市发展中重新提供富有意义的公共场所，以弥补日益缺失的城市精神价值；“都市造园”计划往往发生在属于公众的城市空间，是近于零消费的公共场所。对不能享受到良好的居住区环境的广大中下层市民而言，更具有积极的意义。[22]

这一说法明确地阐述了这些富有意义的城市干预措施的方式和动机。通过适当的建筑活动，都市实践长期参与、介入到普通人的城市生活。对于建筑师来说，城市造园项目是对“物体城市”和“花园城市”等现象的批评。前者是追求个人利润最大化和自我参照的直接结果；后者是地方当局支持的城市环境美化的短暂运动。[23]

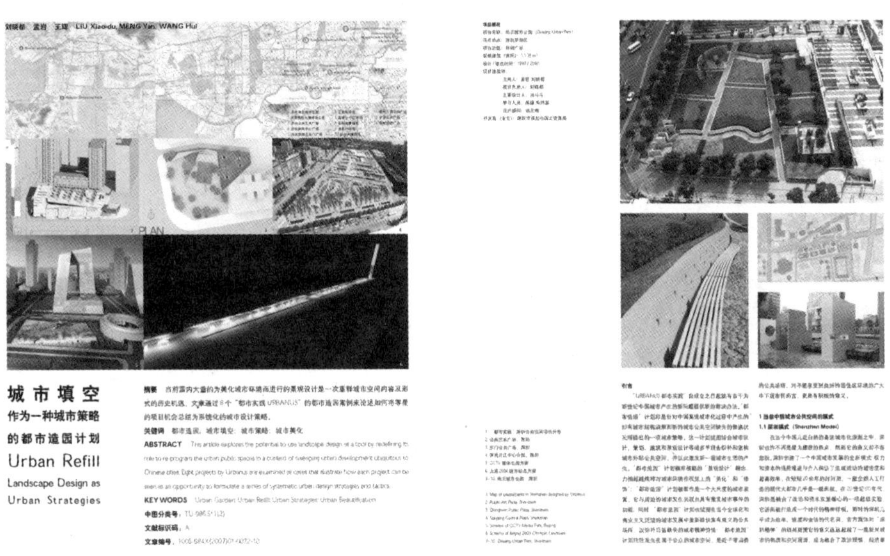

城市填空
作为一种城市策略
的都市造园计划
Urban Refill
Landscape Design as
Urban Strategies

KEY WORDS　Urban Garden; Urban Refill; Urban Strategies; Urban Beautification

图 6.4　“都市实践”关于“城市填空”设计策略的文章

资料来源：《时代建筑》，2007 年第 1 期，22-23 页

都市实践完成的深圳公共艺术广场项目较好地展示了其参与建设另类公共领域的努力（图 6.5）。由于长期经历高速饱和的商业开发，项目用地周边极为缺乏公共空间。该建筑物被构想为能够修复日益受到破坏的城市肌理。深圳公共艺术广场包括艺术画廊、广场和停车场，而不是常见的装饰性草坪景观。这种混合的功能安排是建筑师与客户——深圳市规划局深入沟通的结果。[24] 很显然，这种多样化的功能能够为公众提供一个自由、温馨和非正式交流的机会，试图与周围拥挤的商业和居住环境形成鲜明对比，在一定意义上接近荷兰建筑师库哈斯所定义的“加剧差异化的城市”（city of exacerbated difference）。[25]

作为一系列在深圳实施的城市干预项目之一，这座建筑激活了一处被遗弃的城市场地，并在快速城市化的背景下重新界定了公共空间。对于建筑师来说，通过注入高质量的公共空间来创造有意义的公共领域是城市转型和再生的必要途径。建筑师通过运用常见的材料如清水混凝土，有节制的语言，以及对光线与空间的精准阐释，在混乱的都市背景中创造了一个形式清晰，简洁朴素的建筑作品，并暗示了一种批评性态度。

这个项目体现了建筑师和客户将被遗弃的城市地段转变成新的公共文化空间的愿望。如果说刘家琨在广州的设计力图加强门禁社区里私有花园的公共属性，那么“都市实践”的建

110 时代建筑 Time + Architecture 2007/4

都市实践　孟岩　刘晓都　王辉
URBANUS, MENG Yan, LIU Xiao-du, WANG Hui

介入城市

深圳公共艺术广场的策略与建造

Intervening the City

Strategy and Construction of Shenzhen Public Art Plaza

摘要　深圳公共艺术广场是一项人工介入和文化拼贴的城市策略，它旨在通过在高度混杂的城市中心构筑独特的公共空间和文化设施以期与周边的城市生态产生新的互动。

关键词　人工植入；文化注射；城市舞台；城市策略

ABSTRACT　The Shenzhen Public Art Plaza project demonstrates its urban strategy of "Artificial Intervention" and "Cultural Collage". Through the insertion of a unique public space and cultural institution into the midst of the hybrid and chaotic city center, it attempts to stimulate a new dialogue with its immediate surroundings.

KEYWORDS　Artificial Intervention; Cultural Stimulation; Urban Stage; Urban Strategy

中图分类号：TU-86(265); TU984.18

文献标识码：A

文章编号：1005-684X(2007)04-0110-08

图 6.5　都市实践，深圳公共艺术广场

资料来源：《时代建筑》，2007 年第 4 期，110 页

筑对中低收入人群的需求表现出了人性化的关注，这种态度在他们的项目中反复出现——从广州万科土楼公寓到深圳大芬美术馆。在刘家琨和都市实践的上述项目中，私人业主和政府机构在与建筑师的合作过程中发挥了极其重要的作用，如果没有他们的信任和支持，很难想象这样的项目能够落地实施。在现实生活中，公共领域是十分脆弱的，其表现往往受到权力的干预和资本的制约。在下一章中，笔者将详细解释批评性项目如何受到现实因素的限制。

上述讨论的两个项目对缪朴勾勒的城市公共空间问题作了一些积极回应。这些城市干预的批评性特征在于建筑师既抵制了复制异化空间逻辑的普遍倾向，也构建了不同来源和背景的人们可以自由进入和体验的公共领域。《时代建筑》对理论思辨、工程实践以及建筑评论的报道为思考城市问题提供了重要场所。本节讨论的这些城市干预项目，具有谦逊的形式和积极的社会意义，为介入城市公共空间作出了一定的贡献：建筑师和业主共同努力来重塑城市结构，通过改变城市面貌来改善人们自己的生活。[26]

一种差异性世界的建造

《时代建筑》与城市问题相关的讨论绝不仅限于上述城市干预措施，近年来，该杂志对更为大胆激进的城市建筑实验尤为关注，特别是建筑师王澍的批评性探索。如果说张永和的微观城市主义，刘家琨和都市实践的城市干预措施扩大了现有的城市公共空间，那么，王澍建造一种差异性世界的雄心和努力可以被看作成一种“革命性”的举措。[27] 该杂志对王澍实践的大力报道印证了其对批评性建筑和建筑评论的一贯承诺。

《时代建筑》在 2000 年出版的关于实验建筑的专辑标志着年轻一代中国建筑师的崛起。那一年，37 岁的王澍在同济大学建筑学教授卢济威的指导下完成城市设计的博士学位。毕业后，他放弃留校任教的机会转而前往杭州中国美术学院。王澍在题为《虚构城市》的博士论文中，分析了西方城市设计的总体状况，并提出了 21 世纪中国城市的几种可能性。[28] 他的文本——大量引用了布鲁克曼（Jan B. M. Broekman）的书《结构主义：莫斯科——布拉格——巴黎》——对转型时期的中国城市进行了批判。[29] 他独特而敏锐的写作风格偏向于个人化、经验化的描述，而非常见的理性和历史性阐释。这本被很少人提及的论文不仅是对中国城市转型重要的观察，也为他后来的物质实践提供了坚实的理论基础。他的论文摘要发表在 2002 年的《新建筑》杂志上，其中他写道：

我几乎是本能地偏爱小尺度、小建筑的密集群簇，它们是城市中弱小的、无权势的、偏离正轨的、被遗弃的东西。从这些东西对生活的恰切性出发，我产生了一种观照城市及其构成的新方式。我毫不迟疑地站在无权势的、本义性的设计话语一边，想象着、实验着一种有节制的、不过分的、无权势的小单位的差异共同体，这是一种理想，21 世纪初的中国城市需要所有的理想主义。这也有点消极，“顺其自然”这句中国话，本身就是消解性的，让惰性的事物自我消解、自求解放的意思。在这个各种积极的力量将城市中平常生活全面制度化、专业化、严肃化、全面毁容的时代，有必要、有耐心去坚持一种消解的立场，并希望借着这立场，探讨什么是属于中国城市自己的设计语言，在城市中增加存在，捍卫自由，这才是“虚构城市”的价值本义。[30]

王澍对这些匿名、谦逊、小型房子的喜好实际上宣告了他对当今城市那些自我表现、正统建筑霸权主义的不满和抵制。前者是农耕文明条件下形成的传统城市的实体单位，而后者则是当前工业文明的产物。在城市化进程中，传统城市所具有结构和肌理——用瓦尔特·本雅明（Walter Benjamin）的话来说，就是光晕（aura）——受到破坏而变得支离破碎。换句话说，在短时间之内，市场化大潮彻底毁灭了许多旧事物，同时也催生了许多新的商品。

关于象山校园的报道

在此背景下，王澍有幸超越纸上虚构的城市，而在现实中建造一个充满肌理的城市——中国美术学院的象山校区。[31] 受21世纪之初高等教育产业化的驱动，许多高校纷纷扩建校园来应对大学生扩招。象山校区凭借其独特的形式实验和动态的空间逻辑，在众多校园设计中脱颖而出。这种差异性的设计理念引起了一些个人和机构的关注。《时代建筑》在2005年和2008年分别对一期和二期的建筑做了集中报道，引发了颇有价值的讨论（图6.6—图6.7）。

《时代建筑》在2005年第四期的“项目”栏目里发表了中国美术学院象山校区（一期），

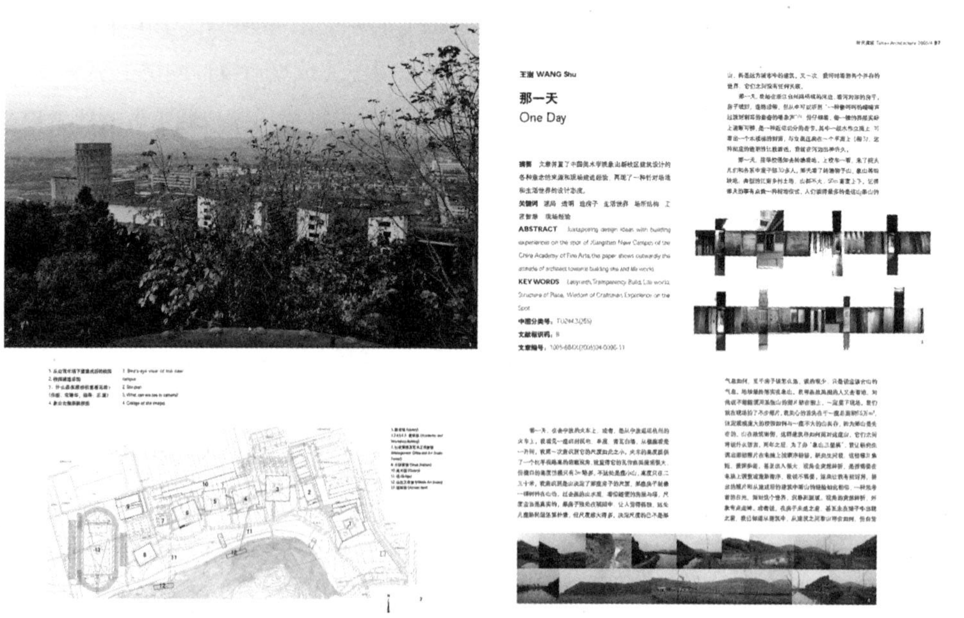
王澍 WANG Shu

那一天

One Day

图6.6　王澍为中国美术学院象山校区（第一期）写的文章

资料来源：《时代建筑》，2005年第4期，96-97页

王澍　陆文宇　WANG Shu, LU Wen-yu

中国美术学院象山校园山南二期工程设计

Phase II of Xiangshan Campus, China Academy of Art

摘要　文章记述了浙江杭州中国美术学院象山校园山南二期工程的设计建造过程，从中可以体现设计师对传统文化之于现代建筑的种种思考。

关键词　自然，城市，园林，类型，手工建造

ABSTRACT　This paper records the design and construction process of phase II, Xiangshan Campus, China Academy of Art, and the thinking about modern architecture in combination with traditional Chinese culture.

KEY WORDS　Nature; City; Chinese Garden; Type; Hand Made

中图分类号：TU-86(255); TU244.3

文献标识码：B

文章编号：1005-684X(2008)03-0072-14

图 6.7　王澍和陆文宇为中国美术学院象山校区（二期）写的介绍性文本

资料来源：《时代建筑》，2008 年第 3 期，72-73 页

涵盖王澍的设计笔记，李凯生的解读以及一批建筑同行发表的评论意见。几乎与此同时，清华大学《世界建筑》杂志的“建筑档案”栏目也报道了这个项目，发表了年轻学者葛明撰写的小段评述。作为一个致力于介绍国际建筑师及其作品的期刊，其“建筑档案”虽然看起来不那么重要，但经常发表一些中国年轻建筑师的作品。虽然《时代建筑》与《世界建筑》都发表了建筑师的文字和评论家的评述，但是就其内容而言，这两个刊物的处理方式根本不同。《世界建筑》用了一个有 6 页的长折页展示了该项目，其中王澍的三段介绍性文字占用了一页（其英文翻译占据一页），其余 4 页充满了线稿图和黑白照片（图 6.8）。

与之相比，《时代建筑》发表了建筑师的一篇叙事文章，图文并茂，总共 11 页，包含了大量的场地照片、拼贴合成的照片（显示场地和各种本地民居元素）、山水画、电影场景、建筑模型、细节、草图、图纸、施工过程和建成的照片。这篇风格独特的文本详细地展示了王澍的设计意图、记忆与经验、思考与建造的过程。它与设计项目具有某种类似性，混杂，多元，非正式，充满活力、动态和思想深度。但是，当 2008 年《时代建筑》报道该校园的二期工程时，杂志页面没有了上述的思维张力，取而代之是常规性的排版布局——以线稿图和杂志特约摄影师吕恒中拍摄的照片为主，辅以建筑师的介绍性文字。

虽然《世界建筑》、《建筑师》和《建筑学报》等不同期刊以不同的方式简要报道了王澍的中国美术学院象山校园，但是《时代建筑》两次广泛而密集的报道显示出该杂志对此项目的高度重视，同时也提供了前所未有的丰富信息（图 6.9）。更重要的是，《时代建筑》组织的两次专题座谈会值得仔细的分析，因为它们展示了一种独具中国特色的建筑批评方式。在这里，笔者将重点分析第一次座谈会。出席象山校园一期论坛的人士包括业主（许江），杂志编辑（支

中国美术学院转塘校园设计

ZHUANTANG CAMPUS OF CHINA ACADEMY OF ART

王澍 /WANG Shu

Project name: The first phase project of Hangzhou Xiangshan campus of China Academy of Art

Construction site: Zhuantang Town, Hangzhou City

Land area: 13.34hm²

Building area: Approx. 65,000 square meters

Architectural designers: WANG Shu, LU Wenyu

Co-designers: LIN Ting, ZHANG Wen, CHEN Lichao, SONG Shuhua, CHEN Ke, JIANG Weihua, GUO Ge, CHEN Zhuo

Design units: Amateur Architectural Studio\Architectural Construction Research Center of China Academy of Art\Landscape Architectural Design & Research Institute of China Academy of Art\Hangzhou City Architectural Design Institute

Design date: 2002-2004

Construction date: 2003.12-2004.12

Structure: Reinforced concrete frame structure and local steel structure

图 6.8　王澍和陆文宇，中国美术学院象山校区（一期）

资料来源：《世界建筑》，2005 年第 8 期，103-104 页

之间的辨证尺度被自觉转化，超尺度的门和与人等高的门的突然并置，如范宽山水立轴的超尺度的门和真山相叠，一系列类似做法瓦解了关于建筑尺度的固定观念，也使一群简单建筑具有了复杂的玄思意味。有作坊的建筑底层全为作坊，均外做干砌石作，做法同当地龙井茶园石坎，使建筑具有一种自土地中生长出来的特征。四层高的杉木板材原色立面三面围合着向山的三合院落，关闭时具有令人震撼的单纯性，打开时具有轻快的多样性，风钩和插销均由镇上铁匠亲手锻造。从一种本土人文意识出发，以扎根于土地为选材原则，以选材推论结构与构造，以"仍在当地广泛使用，对自然环境长期影响小，且正在被大规模专业设计和施工方式所抛弃"为民间手工建造材料和做法的选用标准，以将民间作法和专业施工有效结合并能大规模推广为研究目标，以看似基本不变的简单形制适应大规模建筑的快速建造。不是让设计决定，而是让设计追随因大量手工建造所导致的全建造过程的修改变更，联系单因此变得异常重要，设计因此超越个人创作和工程师的专业控制而演变成一种以手工建造为核心的集体劳作。超过300万片不同年代的旧砖瓦被从浙江全省的拆房现场收集到象山，这些可能被作为垃圾抛弃的东西在这里被循环利用，并有效控制了造价，这体现了一种不同的中国建筑营造观。

当工程临近尾声，环境开始成型。山边原有的溪流、土坝、鱼塘均被原状保留，只做简单修整，清淤产生的泥土用于建筑边的人工覆土，溪塘边的芦苇被复种，越来越多的周边居民进来散步游览。在转塘这座已经完全瓦解的城市近郊城镇中，新校园重建起一个具有归属感的中心场所，接续了地方营造传统。从每座建筑之中或之间望去，象山已脱胎换骨，某种意义上，新校园竣工之日，才是象山这座山的诞生之时。

象山南侧的校园二期工程于2004年设计，2007年建成，由10座大型建筑与两座小建筑组成，建筑面积近 8 万 m²，包括建筑艺术学院、设计艺术学院、实验加工中心、美术馆、体育馆、学生宿舍和食堂。

新的校园建筑被建筑师全部布置在地块的外边界，与山体的延伸方向相顺，形成法规所允许的最高密度，因而与这一地区的传统城市平面更加相似。在建筑与山体之间，留出大片空地，保留了原有的农地、河流与芋头鱼塘。总平面上每栋建筑都自然摆动，与中国的书法相似，体现出建筑对象山的摆动起伏的敏感反应。实际上，建筑师王澍熟习书法，整个校园的建筑摆放是在反复思考之后，几乎于瞬间决定的，如同书法，这个过程不能有任何中断，才能做到与象山的自然状态最大可能的相符。这里的每个建筑都如同一个中国字，它们都呈现出面对山的方向性，而字与字之间的空白同样重要，是在暂时中断时一次又一次回望那座山的位置。

如果"自然"是一端，建筑师思考的另一端就是"城市"，在校园里，建筑以法规所允许的最高密度布置，高度主要在三、四层之间，似乎是偶然的平面位置，突然转折，空间在大与小、开放与静谧上的突然变化，一个建筑有两个完全不同的立面，形成一系列似乎在等待某种事件突发的小场所，似乎有点散漫，甚至没有一个严格的结构，但真正的生活才可能在这里放松的发生。

那些校园建筑因此不是孤立的设计出来，而是在"自然"与"城市"之间的思考中显现出来，在中国的建筑传统中，这样的建筑被称为"园林"，这个词无法用英语的"花园"去翻译，它特指"自然"被置入"城市"，而城市建筑因此发生某种质变，呈现

图 6.9　王澍和陆文宇，中国美术学院象山校区

资料来源：《建筑学报》，2008 年第 9 期，51 页

文军，彭怒），职业建筑师（刘家琨，崔愷，张雷，朱锫）和学者（王建国，葛明，童明，董豫赣）（图 6.10）。类似的座谈会可以追溯到 1982 年召开的北京香山饭店研讨会，与会者的发言发表在 1983 年的《建筑学报》上。

通过简要地分析这两个项目以及与之有关的座谈会，我们可以更好地理解改革开放以来中国建筑实践的变与不变。对于参加过 1982 年座谈会的部分人来说，贝聿铭平衡现代建筑与传统文化的努力值得中国建筑师借鉴。一些人认为，香山饭店在现代主义抽象形式的基础上整合一些传统建筑原则（比如各种尺度的庭院空间，江南民居元素）为中国建筑现代化提供了一种可能性。[32] 除了这些赞美之言，也有一些人对这个饭店进行了直言不讳的批评：从选址到成本，从设计方法到使用情况。[33] 刘东洋认为，1982 年的座谈会真实地反映了改革开放初期中国建筑实践和建筑批评的状况。[34]

20 年之后，中国的社会和建筑领域发生了巨大的变化。如果说在 20 世纪 80 年代，很多建筑师热衷于把西方出现的事物作为中国现代化建设的目标，并紧跟时代潮流模仿最新的建筑风格，那么在 21 世纪的第一个十年，中国已经成为全球最显著的建筑实验中心之一。在社会和经济经历巨大变化的背后，中国建筑师仍然艰难而焦虑地探索一个真正属于此时此地的现代建筑。正是在这种情况下，王澍的实践为这样一个未完成的文化项目（unfinished project of culture）提供了一些启发。在这个 2005 年的象山论坛上，与会人员的评论聚焦在四个基本方面：项目背景，传统，类型和建造。

（1）最令人吃惊的是这样一个大型项目竟是由自称业余的建筑师设计，而不是通常的大型专业设计公司。中国美术学院院长许江在题为《象山三望》的文本中表达了他对该项目的

中国美术学院象山新校区论坛　Forum of Xiangshan New Campus, China Academy of Fine Arts

图 6.10　中国美术学院象山校区论坛

资料来源：《时代建筑》，2005 年第 4 期，112-113 页

认可和对校园未来发展的期待。[35] 考虑到业主的全力支持，王澍的设计回应了许江对建设一个具有传统栖居方式校园的愿望。王建国指出，业主、建筑师和建设者之间的紧密合作对项目的成功起着决定性作用，而刘家琨和张雷都怀疑如此难得的设计机会今后是否还会出现。[36]

（2）乍一看，这个项目给建筑界带来的震撼是其与传统的关系（体现在形式和技术层面上）。王建国和刘家琨都认为，这组建筑是对传统创造性转化。王建国觉得传统建筑的瓶颈之一是其规模限制，不太符合当今城市对高密度的要求。[37] 刘家琨认为，该项目超越了西方的审美判断标准，并试图再现通常在小型建筑中存在的传统趣味。[38] 对于彭怒来说，象山一期 8 座建筑之间的关系与中国传统城市民居的组合方式相似；这些公共建筑在外表上是相似的，但同时具有一定的差异性。[39]

（3）尽管每个建筑都与山丘保持着微妙的、不同的关系，但可以很容易辨别出几种基本类型。张雷和彭怒都指出，建筑师采用传统的合院建筑作为基本类型并在尺度上进行巧妙的转化，这也是他们在短时间内设计和建造如此巨大体量项目的重要基础和保证。[40] 葛明强调，合院连同其他类型的传统建筑，如桥梁和塔楼，组成一个小世界。[41]

（4）除了采用类型学的概念之外，这些建筑的另一个鲜明特征是其建造方式。彭怒觉得，这种独具特色的建造方式，包括从现场的选址、建筑的朝向、工匠的表现以及材料的选择和加工，包含了一种中国式智慧。而对于童明来说，这种建造方式有点散漫而非聚焦性的，有点随机应变而非预谋性的。[42] 由于建筑师对构件系统和材料层次有了系统而成熟的考虑，刘家琨认为整个项目具有一体化的外观和品味，能够容忍不和谐的细节元素。[43]

像过去几十年在《建筑学报》上发表的许多座谈会一样，这里刊出的大部分发言都赞扬了王澍高超的职业能力，而忽略了批判性的解释或严密的分析。对他们来说，没有必要指责一些技术上和功能上的缺陷。很明显，这些评论大都集中在项目的形式语言上，同时有意识或无意识地忽略了建筑师对营造公共领域的社会承诺。公平地来说，这些评论鲜明地体现了与会者的审美兴趣，同时也暴露了座谈会（或建筑批评）的局限性。[44] 由于许多建筑师仍然醉心于创作具有当地特色的现代建筑，所以王澍的形式美学实验，而不是营造公共空间的努力，首先引起了同行的评论。

一个世界

许多建筑杂志发表的设计项目一般都是由建筑师自己撰写的介绍性短文（或设计说明），而王澍于 2005 年发表在《时代建筑》上题为《那一天》的文本展示了他非凡的叙事技巧，也有助于人们理解他的设计思想（这也是很多评论人所忽视的）。特别是这篇文章揭示了他的文化雄心——建立一个差异化的世界。王澍承认：“多年以后我才察觉，我写作，造房子，艺术活动，甚至生活都以某种回忆为基础。”[45] 在这篇文章中，他细腻地描述了自己的日常生活经历（他的大部分设计想法或灵感来自于对日常生活的观察和反思），并记录了象山校园的设计和建造过程。他写道：

我曾经谈过“建筑”与“房子”的区别，不谈建筑，只造房子，既是为了建造一个宁静而温暖的世界，也是为了超越建筑本身。现代建筑最无能之处在于，它们首先是一些自足的作品，经常找不到返回真实的生活世界的道路。

那一天，记得是 2002 年春节前，我去北大访张永和。北大西门到建筑中心的路上，应该是清朝的一处废园。房子已经不在，但山水还在，曲折反复。我突然意识到清朝工匠是怎么干的，他们先整山理水，然后选择房子的合适位置和高低向背。世上只有中国人这么做，用人工的方法建造一种相似性的自然，遵循某种不同的分类法和知识。今天看来，这种做法完全是观念性的。造房子首先是造一个世界，这让我明确了转塘校园的场地做法，那些山边的溪流、鱼塘、茭白地和芦苇都应保留，顺应原有的地势，做顺势的改。[46]

正如上一章所提到的，王澍试图剥除附加在建筑话语上各种意识形态的干扰，倾向于使用“房子”一词（或者业余的建筑）来突出事物（things）的本体意义。这里的“事物”是指砖、石、瓦、钢、混凝土、木材等一般性的建筑材料以及门、窗、墙、柱等基础性的建筑构件。对他来说，最重要的是将它们编织成一个温暖的世界。[47] 这个“世界”不仅包括建筑，还包括丘陵，河流，植物，花卉，树木，鸟，鱼和人。这样一个“宁静”、“温暖”、混杂世界的原型也许可以追溯到让他十分沉迷的传统园林。在他看来，园林是一个建筑与景观诗意地融和且与自然相似的世界。王澍和陆文宇写道：

园林不仅是对自然的模仿，更是人们以建筑的方式，通过对自然法则的学习，经过内心智性和诗意的转化，主动与自然积极对话的半人工半自然之物。在中国的园林里，城市、建筑、自然和诗歌、绘画形成了一种不可分割、难以分类并密集混合的综合状态。[48]

在很多层面，园林通常代表古代中国人对待自然的敏感态度。这种整体的环境观与挪威哲学家阿恩·内斯（Arne Næss）倡导的深层生态哲学（deep ecology）类似，倾向于在复杂的关系中观察建筑，而建筑的存在无法脱离城市、自然、植物、动物和人。[49] 建造作为一种具体的人类活动，正如弗里德里希·恩格斯（Friedrich Engels）所说，是人类对自然的改造。在这个过程中，人类成功地在自然界印上了印记。[50] 但是，如果没有谨慎而适当的考虑，这一行动可能会产生破坏性的影响。在今天的中国，传统的城市秩序和完整的生态体系遭到了大幅度的破坏。为了资本积累，人类在城市扩张过程中过度地榨取了大自然（特别是土地和资源）的价值。在王澍和陆文宇看来，当今处于分裂状态的城市，建筑和景观了无诗意；因此，有必要迫切反思人与自然，建筑与自然之间的关系。[51]

自然，正如他们所指出的那样，体现了一种优于人类的东西；大自然是人类的老师，所以学生应该对老师保持谦虚的态度。[52] 这种对自然的温和态度表明了他们对建筑霸权（建筑在环境中作为主导对象）的批评。然而，在这种审美批评之外，还存在一个微妙的社会批评。

在某种程度上，考虑到建筑语言是自然语言的一部分，对自然的统治和剥削实际上也是对人和环境的统治和剥削。正如大卫·哈维指出的那样，对自然的批判性反思同时也是对社会的反思。[53] 王澍和陆文宇虽然没有明确地表达对现有社会的批评，但他们建设一个与自然类似的世界，显然不是为了满足现状。

建筑师和业主一致认为校园里的自然景观先于建筑而存在。这种共识为审美表达创造了理想氛围，有助于形成一个不同于技术主导的世界，也使得建筑师能够精确地组织整体空间秩序，以便与象山建立微妙的关联。象山校园的二期工程重新诠释了传统园林的审美趣味和地方民居的组织结构，揭示了建筑师将建筑、自然、城市以及场地历史相互融合的意图。[54] 新建校园是一个迷宫似的世界，具有丰富的体验路径。

差异

最重要的是，建筑师建造的这个世界是一个典型的公共领域（public realm），蕴涵了多种行动的可能性。首先它是一个具有政治含义的场所，虽然很少人直接提及这一格外敏感的方面。王澍颇有说服力地指出，这里的世界没有等级的差异，只是分类的差异。他在文中说：

> 而事实上，差异在这里被精微分辨，校园建筑最终落实为一种“大合院”的范型聚落，单纯的合院能够适应繁多的功能类型。这里尝试的，是一种以合院为主的自由类型学，合院因山、阳光和人的意向而残缺，兼顾着可变性和整体性。两座院落可能完全相同，不同只在于平面角度、山的位置、相邻建筑和室外场所的细微差别。以看似基本不变的简单型制形成了一个迷局，也使工程能够适应大规模的快速建造。[55]

“差异”一词反复出现在王澍的写作和论述中，这也暗示了法国结构主义和后结构主义思潮对他的影响。瑞士语言学家费迪南德·德·索绪尔（Ferdinand de Saussure）在其经典著作《普通语言学教程》中突出强调这一概念。[56] 但王澍或许直接受到罗兰·巴特（Robert Barthes）的影响，因为王澍的博士论文特别引用了巴特写于1963年的《结构主义活动》（*The Structuralist Activity*）一文。对王澍来说特别有趣的就是巴特所说的最小差异化原则——巴特以蒙德里安绘画里的方块为例，揭示了如果那些具有相似形式但不同颜色和比例的方块发生轻微的变化，可能会带来画面整体的变化。[57] 巴特令人信服和富有启发性的论证或许使王澍能够敏锐地认识到江南地区单个民居与整体聚落之间的关系。在象山校园设计中，王澍利用结构主义的分析方法，将整个项目分解为一系列类似的元素，之后重新组合并保持它们之间的微妙差异。

虽然建筑师和评论人在他们发表的文章中均提到“差异”，但缺乏对这一哲学概念做详尽的解释。李凯生在《转象的建筑》一文中指出，王澍采用类型学作为设计策略，创造出一个具有微妙差异性的建筑群。[58] 很明显，王澍的文章和李凯生的阐述都强调内部差异（internal difference)，或者说校园建筑群之间的形式美学差异，但并没有明确指出象山校园与其他校园设计项目的外部差异（external difference）。顺着这一思路作进一步分析，可以说，这项作品的批评性主要在于其外在差异性，这意味着建筑师力图反对现状，营造一个非同寻常的校园环境。或许，作者们有意忽略这一方面，其意图是避免发表任何“不和谐的”意见，因为强调它的外部差异性似乎直接表达了一种意识形态的对抗。

类型学

除了差异这一概念，结构主义思想也体现在一期校园里的传统庭院式建筑。王澍可能会认同意大利建筑师阿尔多·罗西（Aldo Rossi）的想法——类型学是建筑和城市的基础。特定的类型与特定的形式和生活方式有关；对城市形态的结构主义分析贯穿了罗西的《城市建筑学》一书。[59] 类型学作为一种设计策略清晰地体现在建筑的空间构成上，而且它有助于校园的快速建造。除了庭院建筑之外，人们在校园的二期工程里还可以发现两种特殊类型的建筑——山房和水房（图 6.11—图 6.12）。

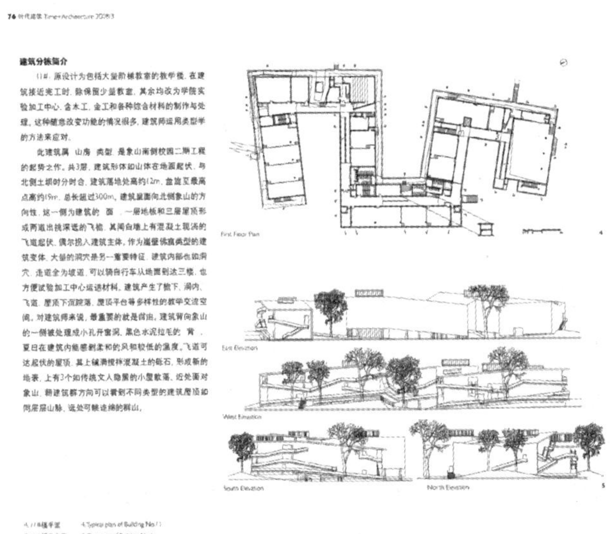

76 时代建筑 Time+Architecture 2008/3

建筑分栋简介

11#，原设计为包括大量阶梯教室的教学楼，在建筑接近完工时，除保留少量教室，其余均改为学院实验加工中心，含木工、金工和各种综合材料的制作与处理。这种随意改变功能的情况很多，建筑师运用类型学的方法来应对。

此建筑属“山房”类型，是象山南侧校园二期工程的起势之作。共3层，建筑形体如山体在地面起伏，与北侧土坝时分时合，建筑落地处高约12m，盘旋至最高点高约19m，总长超过300m。建筑强调向北侧象山的方向性，这一侧为建筑的“面”。一层地板和三层屋顶形成两道出挑深远的飞檐，其间白墙上有混凝土现浇的飞道起伏，偶尔拐入建筑主体，作为墙壁佛龛典型的建筑变体。大量的洞穴是另一重要特征，建筑内部也如洞穴，走道全为坡道，可以骑自行车从地面到达三楼，也方便试验加工中心运送材料。建筑产生了檐下、洞内、飞道、屋顶下沉院落、屋顶平台等多样性的教学交流空间。对建筑师来说，最重要的就是自由。建筑背向象山的一侧被处理成小孔开窗洞，黑色水泥拉毛的“背”，夏日在建筑内能感到柔和的风和较低的温度。飞道可达起伏的屋顶，其上铺满搅拌混凝土的砾石，形成新的地表，上有3个如传统文人隐居的小型散落，近处面对象山，转建筑群方向可以看到不同类型的建筑屋顶如同层层山脉，远处可眺连绵的群山。

4. 11#楼平面　4. Typical plan of Building No.11
5. 11#楼各立面　5. Elevation of Building No.11
6. 11#内走廊　6. Corridor inside Building No.11
7. 11#西侧局部　7. Partial view of the west facade

图 6.11　王澍和陆文宇，中国美术学院象山校区（二期），典型山房的平面、立面和室内

资料来源:《时代建筑》，2008 年第 3 期，76 页

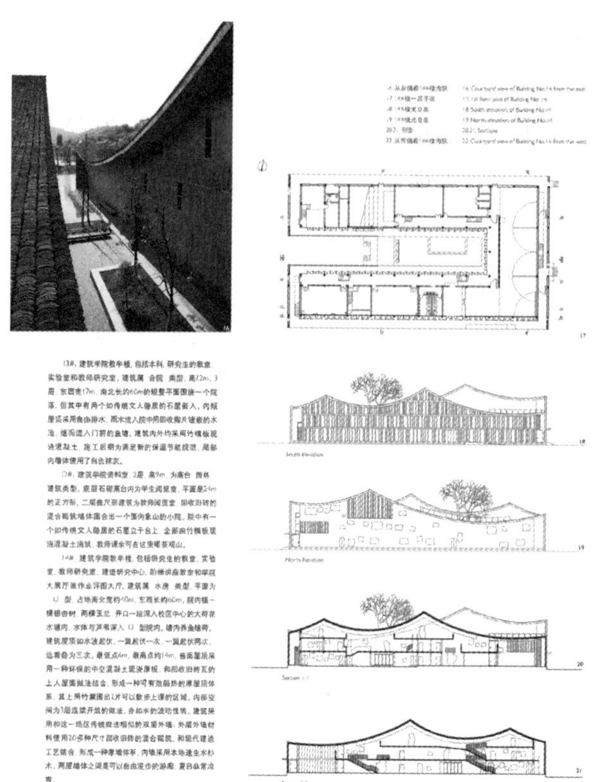

图 6.12　王澍和陆文宇，中国美术学院象山校区（二期），典型水房的平面、立面和剖面

资料来源：《时代建筑》，2008 年第 3 期，80 页

据建筑师介绍，山房的灵感是来自千佛寺，其立面上的各种大小看似随机布置的窗户让人联想到悬崖上雕刻的佛像洞穴；而水房的造型则受到柔和水波的启发，它的大尺度弯曲屋顶回应了附近山体的轮廓。[60] 这些特殊的建筑类型揭示了王澍建筑语言的微妙转变，从早期的纯粹抽象几何到一种倾向于模仿自然的复杂形式。他认为，自然的形式并不一定是基于欧几里德几何，同时，建筑不必非方即圆。[61]

除了壮观的曲线屋顶之外，他还在校园里建造了一系列的小尺度太湖房（其形式灵感来自于太湖石），试图超越正统纯粹抽象形式语言的极限。后来，王澍在宁波历史博物馆的设计中更大胆地试验了“自然”语言，试图在建筑中塑造山的形式（图 6.13）。[62] 虽然这样的形式实验完全基于个人兴趣，在美学上倾向于自我表现并带来一些功能上的问题，但应该补充的是，在这些建筑内，特别是所谓的山房和水房，王澍重新诠释了勒·柯布西耶的“建筑漫步”（promenade architecturale）概念和传统园林的观游方式，创造了一个体验式的迷宫。

建造

一个“差异性世界”的实现归根结底是来自于工业化和手工艺的建造，这一点在王澍及其同行的论述中反复出现。王澍认为建筑实践的核心在于建造。象山校园的施工得益于建筑师、

图 6.13　王澍，关于宁波历史博物馆的文章

资料来源:《时代建筑》，2009 年第 3 期，66-67 页

业主和建筑工匠之间的密切合作，他在文章中解释说：

> 那一天，管工地木作的师傅请我去看楼梯扶手大样，特别是拐角处，说他们按我的图照常规做，有点难，就想了个做法。看到那个大样，我心中几乎是狂喜。工人太聪明了，那个扶手拐弯，按我的要求做成水平的，但只有上面一根线是水平的，利用铁和木的特性，其余均在空间中扭转，顺势而下。实际上，这工地有很多做法出自施工管理人员和工匠的智慧。一开始是我有意识地追踪施工过程，即时性调整做法，接着这种以民间手工建造和材料为基准的做法，激发了工匠们的热情，于是房子不是由设计完全决定，而是让设计追随因大量使用手工建造而导致的全建造过程的修改变更，联系单因此变得异常重要。设计因此超越个人创作和工程师的专业控制而演变成一种以手工建造为核心的集体劳作。不知不觉间，一种不同的建筑营造观开始在工地上形成。[63]

王澍对建造的兴趣可以追溯到他在 20 世纪 90 年代发表在《建筑师》杂志上的实验作品。[64] 早期他常常亲自参与施工过程，并从工匠身上虚心学习。建筑师积极地介入建造也是古代中国的营造传统，比如，许多文人士大夫经常参与自家园林的设计和建造；而在今天的社会生产过程中，建筑环境的形成是劳动分工的具体结果。一些学者细腻解读了王澍对园林的兴趣以及他对文人建筑师的内心期待，实际上，他倾向于成为文人（知识分子）——建筑师或者天才的创造者，而不是建筑师——技术专家，暗示了他对建筑职业过细的劳动分工以及由此带来的异化现象的抵制。[65]

在象山校区的二期工程中（图 6.14），建筑师大量地使用了从被拆迁的房屋里回收的旧砖和瓦，然后建筑工人以一种巧妙的方式把它们重新组合，形成特色的外墙和屋顶。对于这样一种特殊的施工技术，王澍和陆文宇写道：

由于造价被控制得很低，整个校园建筑的结构形式选用当地最常见的钢筋混凝土框架与局部钢结构加砖砌填充体系。但建筑师在这种体系中，大量使用这里便宜的回收旧砖瓦，并充分利用这里大量使用的手工建造方式，将这一地区特有的多种尺寸旧砖的混合砌筑传统和现代建造工艺结合，形成了一种可有效隔热的厚墙体系。屋顶选用一种环保的中空混凝土现浇厚板，与回收旧砖瓦的上人屋面做法结合，形成一种可有效隔热的屋顶体系。这种厚墙与厚板的结合，在这个夏季炎热冬季阴冷的地区能有效减少空调的使用，同时整个校园建筑和景观共使用多达 700 万片回收旧砖瓦，节约了资源，也深刻影响着教师与学生的生态观念。[66]

在大规模运用这些回收材料之前，王澍在宁波的五散房项目中进行了一些建造实验。这种复合砌体墙俗称“瓦爿墙”，在东南沿海地区被当作承重墙使用，具有一定的生态意义和结

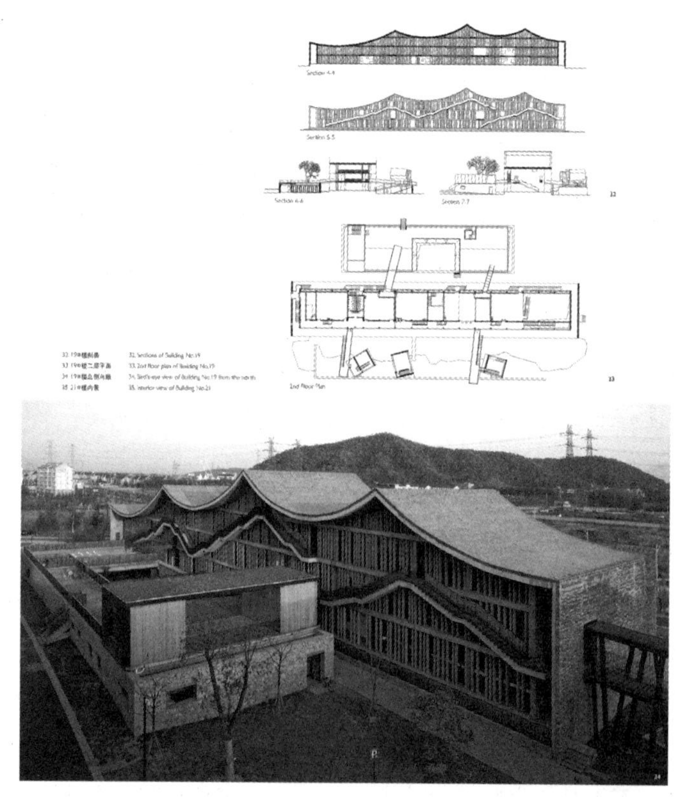

图 6.14　王澍和陆文宇，中国美术学院象山校区（二期），回收的砖瓦被用在立面和屋顶的表面

资料来源:《时代建筑》，2008 年第 3 期，84 页

构作用。1998 年张永和曾经在泉州中国小当代美术馆的设计方案中构想了类似的施工技术，也叫“出砖入石”（图 6.15）。张永和采用传统的方式，将其作为承重墙来建造单层建筑。然而，由于其局限性，这种施工方式不太可能用作多层建筑中的承重结构。而王澍的实验主要集中在外墙和屋顶上，这些材料的环境效益是建筑师的主要关注点，正如他们在上述写作中所指出的那样。

实际上，这种可持续发展的修辞性说明既有令人信服的一面，也有值得怀疑的一面。这种建造措施需要直面气候变化的挑战。美国建筑师彼得·泰戈瑞（Peter Tagiuri）认为象山校园建筑有很大的保温隔热问题，因为在冬季讲座中，他发现人们需要在室内穿大衣和戴棉帽，这与发达国家生态建筑的体验不大一致。[67] 刘家琨坚持认为，王澍采取大量回收砖瓦的方式，以保护“濒危物种”的方式取得了良好的效果，同时又狡猾地回避了一些合法性问题。[68]

尽管如此，这种独特建造技术的意义主要在于它的象征价值。除了建筑师的解释，建筑师彼得·李兹堡（Peter Litzlbauer）认为这里展示的手工艺可以被看作是一种象征，而不是一种真正的高品质工艺。[69] 以明朝家具为例，李兹堡指出，校园建筑需要精确地表达材料的特点，但是一些细节看起来令人费解，而且与所需的高质量相距甚远。[70] 实际上李兹堡的评论是建立在与德国精密制造传统相互比较的基础之上。然而，他的美国同行泰戈瑞认为，王澍的这个项目不追求工业制造的完美，而是使形式、材料和功能以一种直率的方式相配合。这

泉州中国小当代美术馆

设计：张永和 / 非常建筑工作室

在建筑设计工作的初始阶段，便对泉州当地的老房子发生了兴趣。出于经济上的考虑，既为了降低“小当代”的造价，也作为民居大量被拆除时期的文化保护的一种手段，利用旧建筑材料被设为该建筑设计的出发点。小当代美术馆设计利用泉州当地的老房子的旧砖，石、瓦及旧木屋架来建造一个新的建筑，从而也遇到了两个非常当代的问题：一是现成品，二是拼贴。现成品的关键是转化，具体设计工作就砖石与木屋架一类材料结构分别进行。这一设计实际上也探讨了建筑的可持续发展问题。

“中国青年建筑师实验性作品展”在京展出

1999 年 6 月 22 日－27 日在国际建协第 20 届世界建筑师大会展场（北京国际会议中心）展出的“中国青年建筑师实验性作品展览”，展示了张永和的“中国科学院晨兴数学中心”、“泉州中国小当代美术馆”，赵冰的“书道系列”，汤桦的“深圳电视中心”，刘家琨的“四川犀浦镇石亭村艺术组天井之家”，朱文一的“绿野·里弄构想”，徐卫国的“一个探索性的方案”，董豫赣的“家具建筑作家住宅”等，这些作品实际上是对中国当代建筑问题的一个尝试性回答，既有对建筑语言的探索，也有对中国空间的解读，其实验性、研究性给人很多的启示。

图 6.15　张永和，泉州中国小当代美术馆的设计

资料来源：《建筑师》，1999 年总第 89 期，彩页

个项目因此也呈现生机和活力。[71] 这些看似相互冲突的评论让人想起了刘东洋对冯纪忠设计的上海方塔园的分析。刘认为，冯的工作与卡罗·斯卡帕（Carlo Scarpa）的精确细节保持距离，但更多地参与了生活和现实。[72]

与此同时，这种建造方式在文化层面上传达了两层含义：一方面，这种大规模的手工建造技术构成了该项目一个鲜活的元素，之所以称为鲜活是因为“它在不停地变化和生长，而这种变化和生长是我们生活的一部分”。[73] 另一方面，结构与饰面的独特组合展示了一种诗意而诚实的建造方式。更重要的是，这些回收材料提供了“身体，想象力和环境之间的潜在互动”。[74] 以宁波历史博物馆为例，因为房屋强拆许多当地人变得流离失所，但他们又能从这些旧砖瓦中寻找精神上的慰藉（图 6.16）。

在 2005 召开的座谈会上，支文军简要描述了王澍项目的矛盾之处。他说：

在这里，传统与创新、手工建造与工业化制造、个人化策略与普遍性原则、新与旧、乡土与现代性、时间短与规模大、多样性与整体性、观景与景观、国际性与本土性、专业标准

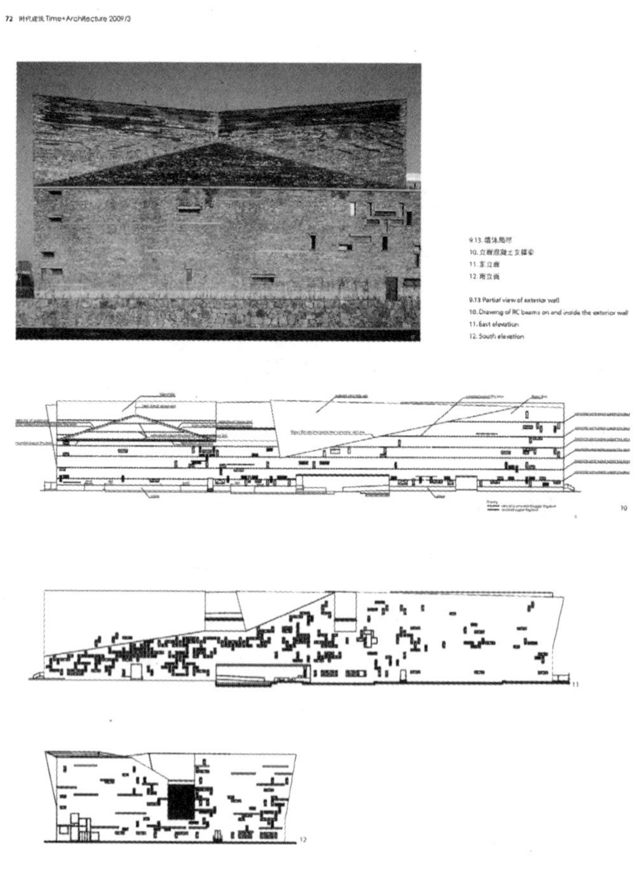

图 6.16　王澍和陆文宇，宁波历史博物馆

资料来源：《时代建筑》，2009 年第 3 期，72 页

与个人喜好、物理指标下的使用舒适度与内部空间组织、事先深思熟虑与现场随机应变、设计预期结果与建造的过程等等二元对立体，无不显现在这组建筑群的点点滴滴之中。事实上任何建筑师都要面临这样的问题，但王澍有两点是最值得称道的，一是为了建造理想去凸显某些对立矛盾，而不是简单地去消解或避开这种对立性；二是应对上述种种对立矛盾，采取了恰如其分的措施，而且把握的尺度比较得体，体现出建筑师的专业素养和艺术品位。[75]

基于这种观察，有必要进一步总结并揭示王澍建筑实践的文化意义和冲突。这种个性与集体、宁静与混乱、清晰与困惑、简单与多样，以及自主性与社会性之间的矛盾和张力是王澍建筑作品的内在特征。

（1）对王澍来说，构建一个与自然相似的世界是一个深思熟虑的整体观念，它不仅是对当今建筑霸权的激烈批评，而且是对新形式语言的大胆实验，融合了破坏与创造、批判与建设。他的构想类似于德国哲学家埃德蒙德·胡塞尔（Edmund Hurssel）对生活世界（lebenswelt）的界定—— 一个我们生活在一起的动态领域。[76] 胡塞尔认为，同时存在一个和多个生活世界。一个是指每个人对其特殊世界不同特征的独特感知和体会；而许多意味着每个人都有不同的经历，不同的背景，因此有不同的世界。[77] 对于王澍而言，像胡塞尔一样，这个世界看起来既是个人的，也是主体间的（集体的）。一方面，中国美术学院的象山校区是一个个人记忆片段的投射和创造性的重新配置与组合。他的文本——《那一天》刚好清晰地记载了从个人经验到建成作品的转化。这种转化既是批评性的但又是可疑的；另一方面，建筑师营造的世界，是基于他对传统聚落和城市结构的重新阐释，因此也深深地植根于普通和非凡的（ordinary and extraordinary）日常生活中。建筑师在创作中试图满足日常生活的功能性和精神性需求，并赋予这个场所一种强烈的归属感和识别性。

（2）在市场化的冲击下，传统而富有生机的城市结构以及历史悠久的生活方式被商品化大生产改造成一个令人难以置信的、陌生的、异化的、碎片化的世界，正是在这种背景下，王澍试图创造——既是批判性地同时也是怀旧地（借鉴阿多诺对本雅明的评论）—— 一个宁静、温暖和多元的场所，以便让失去的农耕文明的“光晕”在当下这个高速运转的现代世界中得到部分再现。[78] 除了温和、和平、和谐的一面，他所建造的世界也有令人不安、不舒服、混乱、焦虑甚至可怕的一面。[79] 虽然王澍宣称自己厌恶那些过度自我表现的设计，并倾向于那些小尺度的、有节制的、非权威性、非正统的建筑，但人们仍然可以感受到他作品里那种普遍存在的难以抑制的自我表达倾向，特别是在象山校园的二期工程中。

（3）这个充满张力的世界既是视觉性的也是身体性的。王澍有意识地关注建筑外观与山体的关系，以及从建筑内部观看的视野和方式。同时，他也非常重视建筑里的身体体验。他的文字清楚地表明了这一点：“在视觉化的时代，人们已经忘记了除了视觉还有其他的东西。这群房子在照片上不会太好看，它逼你去现场，逼你进去。”（图 6.17）[80]

（4）一方面，建筑师致力于通过采用回收材料来建设一个富有历史感和蕴涵生态观念的

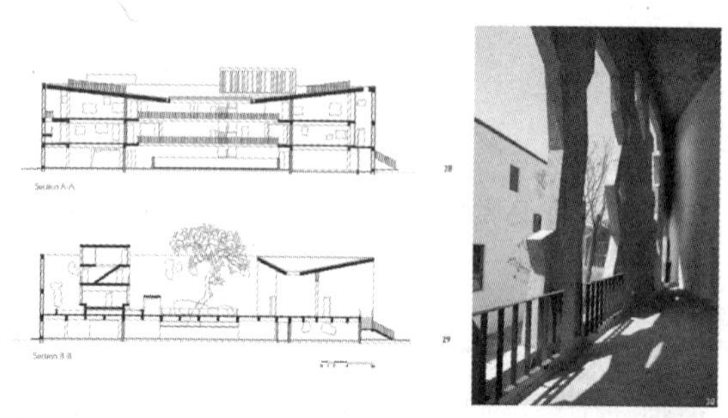

图 6.17　王澍和陆文宇，中国美术学院象山校区（二期）

资料来源：《时代建筑》，2008 年第 3 期，83 页

世界；另一方面，很多人对这个世界的功能组织和能源效率颇有微词，而且这个校园需要一定的时间来使自己发展为一个教与学的社区。很显然，建筑师的设计、预算的限制以及仓促的施工等因素不可避免地导致现实中的悖论表现。

（5）这个充满矛盾性的世界既有乌托邦的一面也有异托邦的一面（utopia and heterotopia）。与过去 20 多年里大规模校园生产相比，中国美术学院的象山校区打造了一个具有不同形式的机构，拥有自身独特的空间逻辑，是一个建筑实验的激进场所。这样一个项目的诞生得益于业主、建筑师、施工方等许多人之间的深入合作。这种看似难以复制的作品在许多方面创造出一种乌托邦的氛围。

在这个世界里，各种迥异的空间，以及来自不同地方植物和不同时代的材料和谐共存，在某种程度上接近法国哲学家米歇尔·福柯所说的异托邦—— 一种非支配、非霸权（non-hegemonic）处境下的地点与空间形态。[81] 这个差异化的世界有两重含义：内部的差异和外部的差异。前者特别强调了校园内部之间的微妙形式差异，后者是指该项目本身与一般性建筑生产之间的对比和区别。

近些年来，尽管王澍的作品发表在许多建筑期刊上，但是，《时代建筑》的报道方式格外特殊，涵盖了论坛、评论、项目、访谈等多种方式，广泛而密集地讨论了他的批评性实践。通过分析这些出版的内容，本节已经展示了这本杂志是如何介入他的项目，评论家如何解释他的工作以及建筑师如何表达他的关切。《时代建筑》对王澍作品的推介表明了杂志本身对于批评性建筑的支持立场，并在当前的文化背景下塑造出一个批判性的话语。然而，仔细阅读这些出版物人们可以发现，大多数文本倾向于描述个人感受并且集中于形式分析，并没有渗透到"构建一种差异性世界"这一概念的深刻社会和政治含义。批评性建筑和建筑批评在这个意义上缺乏一种彻底性。

注释：

[1] Giorgio Grassi, "Avant-Garde and Continuity," in *Oppositions Reader: Selected Readings from a Journal for Ideas and Criticism in Architecture, 1973-1984*, ed. K. Michael Hays (New York: Princeton Architectural Press, 1998), 390-99. 原文: In fact, architecture must first of all come to terms with itself, that is, with its specific characteristics; but at the same time it must also come to terms with its particular social responsibility. And in this light the question of its rapport with the public becomes impossible to ignore. For this reason the language of architecture is – or should be – an accessible language! Moreover, since architecture enters directly into everyday life (for example, through its extra-artistic functionality), it creates a permanent bond that provides a firm critical base from which to pass judgment upon many "good intentions" .

[2] 大卫·哈维认为，城市化的过程意味着物质基础设施的生产、流通、交换和消费．参见 David Harvey, "The Urban Process under Capitalism: A Framework for Analysis," in *Urbanization and Urban Planning in Capitalist Society*, eds. Michael Dear and Allen J. Scott (London and New York: Methuen, 1981), 91-121.

[3] 支文军．编者的话．时代建筑 [J], 1999(2): 1.

[4] 张勃．北京新建筑的时代思考 [J]. 时代建筑，1999 (2): 37-39; 张皆正．上海建筑飞速发展之省思 [J]. 时代建筑．1999(2): 42-44.

[5] Karl Marx, *Economic and Philosophic Manuscripts of 1844*, ed. Dirk J. Struik, trans. Martin Milligan (London: Lawrence & Wishart, 1970).

[6] David Harvey, "The Right to the City," *New Left Review* 53, (2008), 23-40.

[7] 张永和．物体城市，欲望之城 // 作文本 [M]. 北京：生活读书新知三联书店，2003: 218-31.

[8] 张永和．关于城市研究 [J]. 时代建筑，2003 (2): 96.

[9] 张永和．我选择 [J]. 建筑师，2006(119): 9-12.

[10] John Chase, Margaret Crawford, and John Kaliski, eds. *Everyday Urbanism* (New York: Monacelli Press, 2008).

[11] Kenneth Frampton, *Modern Architecture: A Critical History*, Fourth edition (London: Thames & Hudson Ltd, 2007), 350.

[12] 张永和 . 三个逻辑——河北教育出版社 [J]. 时代建筑，2004（2）：94-99；非常建筑 . 河北教育出版社 [J]. 建筑学报，2005（6）：32-33.

[13] 同上 .

[14] 刘家琨 . 私园与公园的重叠可能：家琨建筑工作室设计的广州时代玫瑰园三期公共文化交流空间系统及景观 [J]. 时代建筑，2007（1）：56-61.

[15] 缪朴 . 城市生活的癌症：封闭式小区的问题及对策 [J]. 时代建筑，2004（5）：46-49. 英文版参见 Miao Pu, "Deserted Streets in a Jammed Town: Gated Communities in Chinese Cities and Its Solution," *Journal of Urban Design* 8, 1 (2003), 45-66.

[16] 同上 .

[17] 刘家琨 . 私园与公园的重叠可能，57.

[18] 同上 .

[19] 同上 .

[20] 刘家琨 . 关于我的工作 // 王明贤、杜坚主编 . 此时此地 [M]. 北京：中国建筑工业出版社，2002：12-14.

[21] 刘晓都，孟岩，王辉 . 城市填空作为一种城市策略的都市造园计划 [J]. 时代建筑，2007（1）：22-31.

[22] 同上，23.

[23] 同上，25.

[24] 同上，28.

[25] Rem Koolhaas, "City of Exacerbated Difference," in *Great Leap Forward*, eds. Judy Chung Chui hua, et al. (Cologne: Taschen, 2002), 29.

[26] Harvey, "The Right to the City," 23.

[27] 2011 年，王澍在深圳举行的第三届中国建筑思想论坛上以"一种差异性世界的建造"为题发表了演讲 . 对他来说，差异意味着多样性，或者瓦解霸权和统治 . 他认为设计一座建筑就是营造一个世界而不是一个对象，而这个世界的实现是建立在建造的基础之上 . 王澍 . 一种差异性世界的建造——对城市内生活场所的重建 [J]. 世界建筑导报，2011（6）：35-37.

[28] 王澍 . 虚构城市 [D]. 上海：同济大学，2000. 在论文里，他提出了迷宫城市的可能性，城市琐碎的可能性，城市停滞的可能性，以及反建筑城市的可能性 .

[29] Jan. M. Broekman, *Structuralism: Moscow-Prague-Paris*, trans. J. F. Beekman and B. Helm (Dordrecht and Boston: D. Reidel Publishing Company, 1974). 中文版，参见李幼蒸译 . 结构主义：莫斯科，布拉格，巴黎 [M]. 北京商务印书馆，1981.

[30] 王澍 . 虚构城市 [J]. 新建筑，2002（3）：80.

[31] 在象山校园设计之前，中国美术学院在 21 世纪初重建了南山校区 . 来自北京市建筑设计研究院的李承德及其合作者用轻钢、玻璃和灰色面砖等材料精心营造了一个高效的空间组织系

统．由于场地局促，建筑师采用底层架空的方式，抬高整体建筑体量，并将周围的花园和景观引入一层空间．在二层及其以上，相邻的建筑物用走廊连接，方便人们在这个建筑群中自由穿梭．参见，李承德．中国美术学院校园整体改造 [J]. 建筑学报，2004（1）：46-51.

[32] 刘开济等．北京香山饭店建筑设计座谈会 [J]. 建筑学报，1983（3）：57-64.

[33] 顾孟潮．从香山饭店探讨贝聿铭的设计思想 [J]. 建筑学报，1983（4）：61-64；荒漠．香山饭店设计的得失 [J]. 建筑学报．1983（4）：65-71.

[34] 刘东洋．重温一次主角缺席的座谈会 [J]. 时代建筑，2009（3）：52-54.

[35] 许江．象山三望 [J]. 时代建筑．2005（4）：112.

[36] 王建国．山水相依，清雅素裹——中国美院象山校区建设印象 [J]. 时代建筑，2005（4）：112-13；刘家琨．象山三好 [J]. 时代建筑，2005（4）：113；张雷．山水之间的策略化操作 [J]. 时代建筑，2005（4）：113.

[37] 王建国．山水相依，清雅素裹，113.

[38] 刘家琨．象山三好，113.

[39] 彭怒．“类型建筑”与个人意味的中国式建造 [J]. 时代建筑，2005（4）：114.

[40] 张雷．山水之间的策略化操作，113；彭怒．“类型建筑”与个人意味的中国式建造，114.

[41] 葛明．“学院”的研究与建造 [J]. 时代建筑，2005（4）：114.

[42] 彭怒．“类型建筑”与个人意味的中国式建造，114；童明．关于中国风格和形式的新实验 [J]. 时代建筑，2005（4）：114.

[43] 刘家琨．象山三好，113.

[44] 许多座谈会充满了过多的个人主观感受，较为缺乏批判的张力．

[45] 王澍．走向虚构之城 [J]. 时代建筑，2003（5）：40-43.

[46] 王澍．那一天 [J]. 时代建筑，2005（4）：97-106.

[47] 王澍．我们从中认出：宁波美术馆设计 [J]. 时代建筑，2006（5）：84-95.

[48] 王澍，陆文宇．循环建造的诗意：建造一个与自然相似的世界 [J]. 时代建筑，2012（2）：66-69.

[49] Arne Næess, *Ecology, Community and Lifestyle: Outline of an Ecosophy*, trans. David Rothenberg（Cambridge: Cambridge University Press, 1989）.

[50] Frederick Engels, *Dialectics of Nature*, 2nd rev.（Moscow: Progress Publishers, 1954）, 34.

[51] 王澍，陆文宇．循环建造的诗意，67.

[52] 同上，66.

[53] David Harvey, *Justice, Nature and the Geography of Difference*（Cambridge, Mass.: Blackwell Publishers, 1996）, 174.

[54] 王澍，陆文宇．中国美术学院象山校区山南二期工程设计 [J]. 时代建筑，2008（3）：72-85.

[55] 王澍．那一天，102.

[56] Ferdinand de Saussure, *Course in General Linguistics*, eds. Charles Bally and Albert Sechehaye, with the collaboration of Albert Riedlinger; trans. Roy Harris（London: Duckworth, 1983）.

[57] 巴特指出，解剖和清晰的表达是结构主义活动的两个典型操作．他写道：“要剖析第一个对象，

就是找出某些移动的片段，这些片段的差异化处境产生一定的意义；这些片段本身没有意义，但是如果它们的配置产生轻微的变化，那么就会导致整体上的变化 .”原文：‘To dissect the first object is to find in it certain mobile fragments whose differential situation engenders a certain meaning; the fragments has no meaning in itself, but it is nonetheless such that the slightest variation wrought in its configuration produces a change in the whole.’ Roland Barthes, *Critical Essays*, trans. Richard Howard（Evanston, Illinois：Northwestern University Press, 1972）, 216-17.

[58] 李凯生 . 转象的建筑 [J]. 时代建筑，2005（4）：107-111.

[59] Aldo Rossi, *The Architecture of the City*, revised for the American edition by Aldo Rossi and Peter Eisenman（Cambridge, Mass.：MIT Press, 1982）.

[60] 王澍，陆文宇 . 中国美术学院象山校区山南二期工程设计，74.

[61] 王澍 . 自然形态的叙事与几何：宁波博物馆创作笔记 [J]. 时代建筑，2009（3）：66-79.

[62] 同上，75.

[63] 王澍 . 那一天，102.

[64] 王澍 . 空间诗话：两则建筑设计习作的创作手记 [J]. 建筑师，1994（61）：85-93.

[65] 金秋野 . 文人建筑师的两副面孔 [J]. 建筑师，2006（4）：37-40；赖德霖，中国文人建筑传统现代复兴与发展之路上的王澍 [J]. 建筑学报，2012（5）：1-5.

[66] 王澍，陆文宇 . 中国美术学院象山校区山南二期工程设计，74.

[67] 李凯生，彼得·李兹堡，彼得·泰戈瑞 . 中国美术学院象山校园山南二期建筑访谈 [J]. 时代建筑，2008（3）：86-89.

[68] 刘家琨 . 象山三好，113.

[69] 李凯生，李兹堡，泰戈瑞 . 中国美术学院象山校园山南二期建筑访谈，88.

[70] 同上 .

[71] 同上 .

[72] 刘东洋，到方塔园去 [J]. 时代建筑，2011（1）：140-147.

[73] Ashley Dukes, “Tradition in Drama,” in *Tradition and Experiment in Present-day Literature*（London：Oxford University Press, 1929）, 98-148.

[74] Kent C. Bloomer and Charles W. Moore, *Body, Memory, and Architecture*（New Haven：Yale University Press, 1977）, 105.

[75] 支文军 . 二元对立与自我命题 [J]. 时代建筑，2005（4）：113.

[76] Edmund Hurssel, *The Crisis of European Sciences and Transcendental Phenomenology: An Introduction to Phenomenological Philosophy*, trans. David Carr（Evanston, Ill.：Northwestern University Press, 1970）.

[77] Dagfinn Føllesdal, ‘The *Lebenswelt* in Husserl’, in *Science and the Life-World: Essays on Husserl's Crisis of European Sciences*, eds. David Hyder and Hans-Jörg Rheinberger（Stanford, Calif.：Stanford University Press, 2010）, 27-45; Martin Heidegger, *Being and Time*, trans. John

Macquarrie and Edward Robinson（New York：Harper Perennial，2008），93.

[78] Theodor W. Adorno，*Aesthetic Theory*，eds. Gretel Adorno and Rolf Tiedemann；trans. Robert Hullot-Kentor（London：Athlone Press，1997），45.

[79] 李凯生，李兹堡，泰戈瑞．中国美术学院象山校园山南二期建筑访谈，89.

[80] 王澍．那一天，105.

[81] Michel Foucault，"Of Other Spaces，" *Diacritics* 16，1（1986），22-27，trans. Jay Miskowiec.

下　篇

一种批评性的评估

第7章
批评性：走向一种辩证的阐释

辩证法只不过是自然、人类社会、思想的运动和发展的一般规律的科学。[1]

——弗里德里希·恩格斯（Friedrich Engels）

在2008年出版的第100期杂志中，《时代建筑》主编支文军表示，这100期出版物——以全球视野来关注中国建筑的历史与现实——不仅见证和记载了当代中国建筑的创新与发展，也推动和承载了建筑实践和学术研究的进步。[2] 支文军关于期刊角色的论述可以概括为两个方面：批评性建筑的推介和生产。作为推介人，《时代建筑》是一个发表项目、文字和照片的平台；作为生产者，它通过仔细的编辑来创造新的话语和思想。前者是推出或转载该领域已经存在的内容，而后者则阐明建筑实践的潜在含义。德国包豪斯导师默霍利·纳吉（László Moholy-Nagy）曾经明确区分过生产与复制之间的关系；复制是生产人类已经存在的关系，而生产意味着积极创造新的关系。[3] 换句话说，《时代建筑》精心编排的主题或话语，在弥合复制和生产之间的差距方面起着重要的作用，不仅定义了批评性建筑的意义，而且改变了人们对此的态度。

《时代建筑》是当代中国建筑文化产品的杰出代表之一，它勇于实验新的编辑思路和议程，积极介入新兴建筑师的探索性实践，始终致力于推动批判性建筑和话语的发展。由于批评性建筑实践意味着对内考虑学科创新和对外考虑介入社会，本章将从马克思主义辩证法的角度对批评性进行阐释，因为这个理论框架以及其他一些实证研究，有助于发展一种辩证性批评（dialectical criticism）。

对于马克思主义文化批评家西奥多·阿多诺（Theodor Adorno）来说，辩证性批评包含了外在批评（transcendent criticism）和内在批评（immanent criticism）：前者通过置身社会之外来看待文化（比如，马克思主义者从意识形态角度来批判资产阶级的文化），而后者则置身于文化之内分析对象的特殊性（比如，强调暴露文化的内在矛盾，而非以一种虚假和谐的姿态解决矛盾）。[4] 对他来说，任何一种批评都不够全面；阿多诺强调了这两个立场的结合——摒弃前者的谴责精神同时放弃后者的崇拜精神。美国文化批评家弗雷德里克·詹姆逊（Fredric Jameson）把他的工作纳入马克思主义的批评框架之中，声称辩证批评的任务就是揭示作品的形式或内容与具体的历史条件之间的关系，并让这种关系进一步显露出来。[5] 辩证批评的阐释策略有助于总结《时代建筑》页面所显示的批评的复杂性和矛盾性。

批评性建筑的介绍

《时代建筑》主动介入新兴建筑从业人员的工作，在当代中国展现了批评性建筑活动的可能性和局限性。在杂志出版物的语境里，所谓的“批评性建筑”大体上是指编辑曾经称之为的“探索性和有新意的”建筑实践。与批评性建筑不同，“探索性和有新意的”建筑实践，在字面意义上，几乎没有任何政治含义、社会批判或意识形态的对抗。尽管编辑在其创刊词中声称自己不拘泥于任何成熟或者具有探索性的作品，直到 20 世纪 90 年代末的改版之后，这本杂志才着重强调明确的主题编辑议程并积极推介年轻建筑师的边缘性和实验性的作品。在 21 世纪第一个十年中，三期关于新兴建筑师的专辑体现了该刊的批评性编辑倾向。这些出版物同时也记录了批评性建筑实践的嬗变以及中国建筑师的代际变迁。

《时代建筑》在 2002 年的“当代中国建筑的拼图”专辑中推介了一批实验性建筑项目和新一代建筑师，如张永和、王澍、刘家琨、都市实践、韩涛、马清运、卜冰、张雷等。这些人大都出生于 20 世纪 50 和 60 年代，其中一些人曾在 80 和 90 年代留学于西方，在 21 世纪之初成立了私人设计工作室或公司。按照原中国建筑工业出版社资深编审杨永生的分类，这些人属于第四代中国建筑师。在《中国四代建筑师》一书中，杨永生把辛亥革命前出生的建筑师归为第一代，如留学美国的庄俊、杨廷宝、梁思成、赵深、童寯、陈植等人；出生于 20 世纪 10 和 20 年代的，如冯纪忠、华揽洪、莫伯治、徐中、张开济、戴念慈等人归为第二代；出生于 20 世纪 30 和 40 年代并在中华人民共和国成立后接受教育的建筑师，如程泰宁、戴复东、何镜堂、齐康、彭一刚、钟训正、关肇邺等人归为第三代。[6]

在《时代建筑》创刊时，第一代建筑师大都已经过世，第二代建筑师基本上也已经退休，由于“文革”的影响，第三代建筑师刚刚开启职业生涯，而第四代建筑师还在建筑学院学习。在 80 年代中后期，新兴建筑师如程泰宁、齐康、何镜堂等人都选择在《建筑学报》上发表自己首个重要的项目。例如，1988 年 7 月，《建筑学报》与中国建筑学会一起在程泰宁设计的杭州黄龙饭店组织召开了一次建筑设计座谈会，随后发表了与会人员的发言，共计 12 篇评论文章（图 7.1）。[7] 程泰宁将这个大型酒店设施拆分为八座八层高的塔楼，其中，底层的公共空间融合园林山水布局，把八座塔楼连成一个整体。同一年，何镜堂和妻子李绮霞完成了深圳科技馆的项目，并在《建筑学报》上总结介绍了他们的设计思路（图 7.2）。[8] 深圳科技馆主楼富有形式感的水平长窗和明亮中庭设计不同于当时盛行的后现代主义装饰，让人联想到美国建筑大师弗兰克·劳埃德·赖特设计的纽约古根海姆美术馆。建筑师保留原有场地上的三棵荔枝树，而且创造了具有动感的内部空间秩序。这两个例子证明了《建筑学报》在 20 世纪后期所拥有的学术声望。

然而，在 21 世纪初期，《时代建筑》引领了当代中国建筑创作的转型。它对实验建筑的推介在很大程度上提升了张永和、王澍和刘家琨等新兴建筑师的声誉。这些人对建筑文化的探索不但激发了一大批青年学生和专业人士，也重新定义了该期刊的批评性。更重要的是，

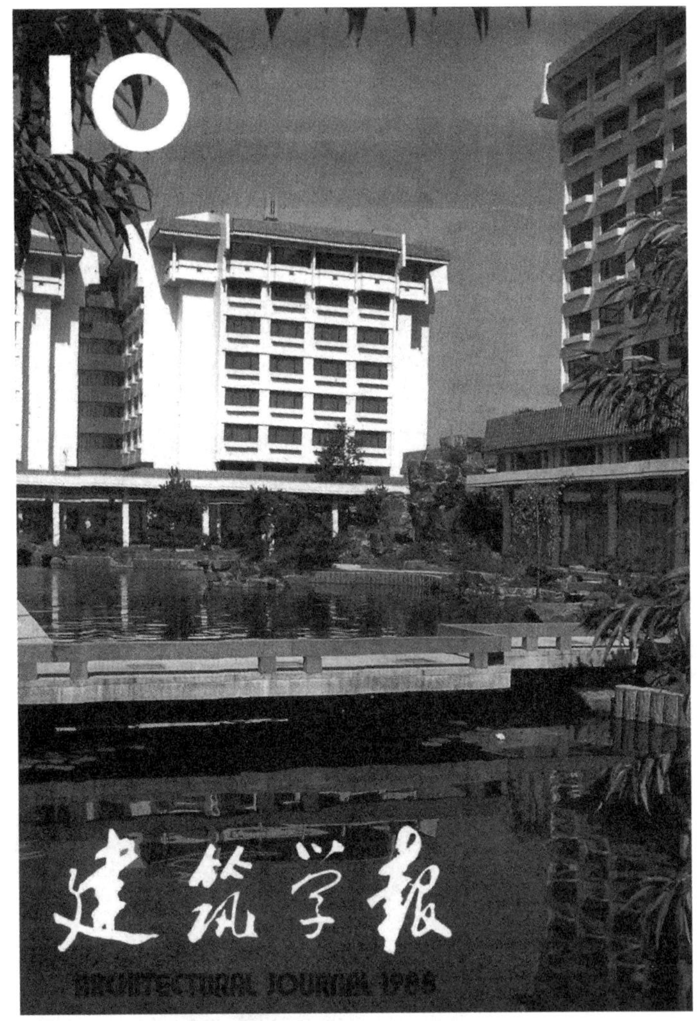

图 7.1　程泰宁，杭州黄龙饭店

资料来源：《建筑学报》，1988 年第 10 期，封面

蓬勃发展的建筑行业和市场为建筑师、编辑和出版商等不同的从业者提供了巨大的机会。在快速的城市化进程中，一批年轻建筑师很快就加入了建筑创作的阵营，这表现在 2005 年出版的"中国年轻一代的建筑实践"专刊里。对此，支文军在《编者的话》中写道：

中国最近 20 年来的建筑实践，为年轻一代建筑师的成长提供了绝无仅有的发展舞台，这绝不仅仅是因为巨大的建设量和超快的建设速度，更重要的是如此大规模的建造对中国城市文化的改变，以及由此再度引发关于如何设计有中国特色的当代建筑的思考。适逢这场史无前例的城市变革中的年轻建筑师，正面临着文化思想和职业水准双重的考量。本刊秉持一贯的学术精神，始终关注着年轻建筑师的进步，本期的努力就是集中介绍和推荐一批充满活力与创新精神的年轻建筑师。[9]

图 7.2 何镜堂、李绮霞，深圳科技馆

资料来源：《建筑学报》，1988 年第 8 期，内页

杂志编辑在本期专辑中委托了九名新兴评论人和建筑师对九名年轻建筑师（组合）的实践进行了评述。在短短几年的时间里，朱竞翔、周凌、朱涛、祝晓峰、陈凌、李麟学、标准营造（张珂，张闳）、华黎和陈旭东等建筑师已经展现出了应对各种复杂状况的设计能力。虽然编辑认为他们的探索性项目还不够成熟，但却呈现一种活力。[10] 这些年轻建筑师出生于 20 世纪 60 年代末和 70 年代初，大多数拥有中西方的建筑教育背景。与他们的前辈张永和、刘家琨相比，这些年轻人在 30 岁出头就创立了私人设计公司，完成了一些备受赞誉的项目，当然这也得益于建筑行业的进步以及意识形态的变化和科技的发展。

或许祝晓峰的建筑实践较为典型的代表了年轻一代建筑师的成长经历以及在行业内的摸

爬滚打过程。1994 年，祝晓峰毕业于深圳大学建筑系，之后在深圳大学设计院工作，并作为马清运的助手留校任教。1996 年，马清运和祝晓峰均参与了哈佛大学教授库哈斯牵头的珠江三角洲城市研究项目（后来这项研究成果得以出版，书名为 *The Great Leap Forward*）。大概由于这种工作经历，一年后祝晓峰进入哈佛大学设计研究生院学习，于 1999 年完成硕士学位。之后，他曾在纽约市的科恩·佩德森·福克斯事务所（Kohn Pedersen Fox Associates，KPF）工作了五年。2004 年，祝晓峰在上海成立了山水秀建筑师事务所。第二年，他的作品就登上了《时代建筑》杂志。

在本期专辑中，建筑师刘宇扬发表了《熟悉与不熟悉的景致：谈祝晓峰与他的建筑作品》的评论文章，详细阐述了祝晓峰设计的一些小型项目，包括一座由两个小型工厂改造的茶馆。[11] 祝晓峰运用常见的、熟悉的木材，砖，玻璃和白墙等材料和元素创造出了新颖的、陌生化的表皮肌理，特别是其立面上的杉木格栅，灰砖和瓦的创意组合，其灵感或许可以追溯到瑞士建筑师赫尔佐格和德梅隆的作品。[12] 刘宇扬认为，祝晓峰的工作与中国惊人的城市化形成鲜明的对比，意味着建筑师试图通过探索另一条路来摆脱目前的“焦虑”处境。[13] 这种探索体现在祝晓峰写的题为《寻求自己的步调》一文中。由于这段简短的说明澄清了建筑师的一些理论立场，因此这里值得提一提：

有两件工作目前称得上是有意义的应对。一是在全球背景下对中国城市化过程的积极回应。在浓缩式的巨变中，中国的城市化所迸发的问题和能量同样巨大。建筑师应当将这些在当今世界独有的，带有引领性的特质视为设计思考的资源，以期在社会生产和城市化的层面上给建筑学注入新的进步力量。

二是从建筑本体上寻找有中国文化品质的现代建筑语言。这是一个地域性的命题，但无须落入“批判性地域主义”的狭义圈子……通过实践创造新的建筑语言，既享受创新，又能为完成传承文化的历史使命添砖加瓦。这是有趣的工作，也是必须完成的工作。[14]

在这篇文章中，祝晓峰认同文化批评家詹姆逊对当代消费社会普遍存在的“深度的丢失”的担忧。[15] 不过，他反思了自己对后现代性的否定态度，同时承认真正的意义不在抵制，而在于贡献或影响。祝晓峰在上海朱家角古镇设计的一个 1800m^2 的人文艺术博物馆切实地表达这一立场。杂志编辑戴春在她的评论中认为，该项目表明祝晓峰有意把这个现代化的文化设施精心地嵌入到具有江南水乡传统的城市景观之中（图 7.3）。戴春在文章的标题中使用了“嵌入”一词，暗示了该建筑谦逊而低调的姿态。[16] 在室内，画廊空间围绕中庭和庭院来布置；在室外，图书馆的二层体量微微错动、一端出挑，不但与底部的街道建立了微妙关系，其大面积的玻璃立面也在视觉上呼应着入口广场上具有 400 年历史的古老银杏树。坐在被木条包裹的图书馆内部，人们可以轻松地观察街头的人来人往。通过选择简单的形式和普通材料，如白墙和镀锌屋面，建筑师试图构建一个多重空间体验的场所。正如戴春所说，祝晓峰的工

嵌入

山水秀设计的上海青浦朱家角人文艺术馆

Insertion

Zhujiajiao Museum of Humanities and Arts Designed by Scenic Architecture

摘要 文章通过对山水秀建筑事务所设计的朱家角人文艺术馆的介绍，分析了建筑师祝晓峰在传统文脉中嵌入新建筑的设计策略，该设计营造了一种艺术参观的体验，它根植于朱家角，而建筑是这一体验的载体。

关键词 嵌入；水乡古镇；关联；散落；院落；古树；艺术参观体验

ABSTRACT By introducing Zhujiajiao Museum of Humanities and Arts designed by Zhu Xiaofeng (Scenic Architecture) in Shanghai, this article analyzes the design strategy of how to insert a new building into a traditional context. This design approach is to delineate an art-visiting experience that is rooted in Zhujiajiao, and the architecture is the carrier of this experience.

KEY WORDS Insertion; Water-town; Relationship; Decentralization; Courtyard; Ancient Trees; Art-visiting Experience

中图分类号：TU201; TU242.5(251)

文献标识码：B

文章编号：1005-684X(2011)01-0096-08

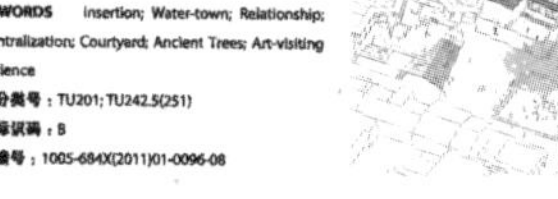

图 7.3 戴春对朱家角人文艺术博物馆的评述

资料来源：《时代建筑》，2011 年第 1 期，96 页

作与当地的文化传统相呼应，不仅反映了他的教育背景、个性和品位，而且代表了年轻建筑师在探索植根于地域建筑文化的智慧。[17]

在本期专辑的主题文章中，来自同济大学的年轻学者李翔宁用“权宜建筑”一词来描述新兴建筑师的工作。[18] 对他来说，权宜建筑可能不是最好的，但在中国却是最适宜的，因为它不是对贪婪市场的妥协，而是一种机智的策略，充分了解实践的可能性和限制，是建筑理想与社会现实之间的巧妙平衡。[19] 李翔宁以建筑师朱涛和李抒青设计的华存希望工程小学为例——由华存公司捐赠并在四川德阳偏远农村建立的一个项目——来解释他的概念。建筑师采用本地常见材料（砖）并依靠当地工人，建造了一个灵活适应场地地形和微气候的建筑，展现了评论人朱亦民所说的一种现实主义态度（图 7.4）。[20] 尽管建筑师的设计思想受到有限预算和落后施工技术的限制，李翔宁认为这个得体的项目仍然为学生和教师创造了一个富有意义的场所。[21]

为了阐明“权宜建筑”的合法性及其意义，李翔宁还以建筑师马清运的实践为例。他指出，虽然马清运不过分重视质量，但在短短几年之内，他设计的诸多大型项目彻底改变了城市的

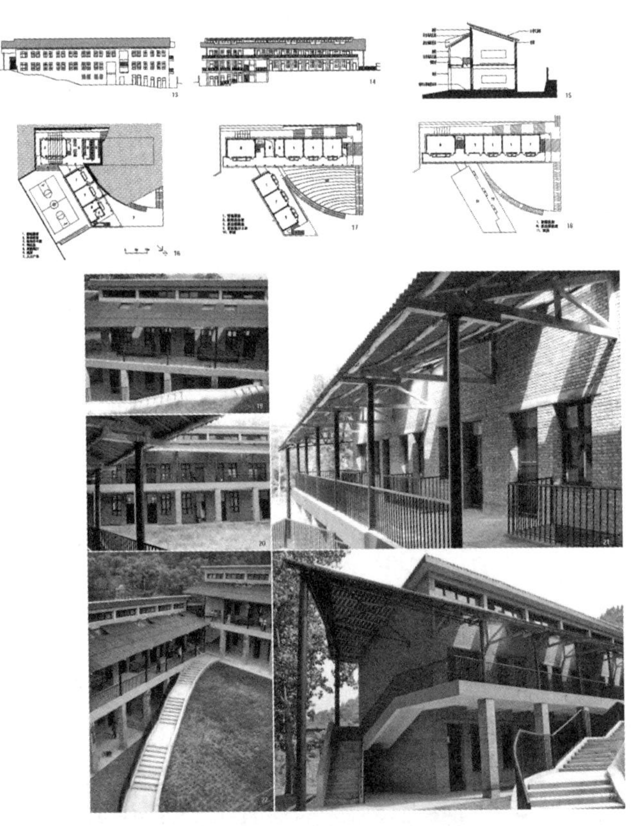

图 7.4　朱涛、李抒青，四川德阳华存希望工程小学

资料来源：《时代建筑》，2005 年第 6 期，39 页

外观（在文中，他没有提到任何具体的项目，但在插图里选择了马达思班设计的宁波天一广场）。[22] 李翔宁试图制定一个新的标准来评估当下中国的建筑实践——充满不确定性并面临速度和数量的巨大压力，而不是盲目地复制西方的判断标准。这种看法似乎是为当代建筑实践而辩护，但是仅仅在中国的语境下来看待当前的问题可能会有失偏颇，毕竟中国的建筑实践也是全球建筑生产的一部分。无论如何，它为评估中国空前快速的建筑和城市转型提供了另一个参考框架。

在 2011 年出版的"观念与实践：中国年轻建筑师的设计探索"的专辑里，《时代建筑》再一次推介了包括魏娜、张西、直向建筑（董功和徐千禾）、宋刚、王飞、王振飞和王鹿鸣在内的年轻建筑师。这些人大都具有中西方的教育背景，并拥有不同的设计方法。正如刘涤宇所说，与明星建筑师张永和、王澍和刘家琨相比，年轻建筑师的作品更强调建筑实践的日常性，但缺少了一种启蒙精神。[23] 在这里，"启蒙"一词是指实验建筑师的作品挑战了具有"布札"美术传统的建筑文化，传播了建筑学的自主性。"日常性"一词表明了年轻建筑师的工作已经从"思想革命"的角色中脱离出来，但是侧重于建筑的完成度和对日常生活的介入。

这种立场的转变应该放在不断变化的社会、经济和文化背景下来理解。张永和的一席话曾经简明扼要地解释了建筑文化的戏剧性转型。在与建筑评论人周榕的对谈中，张指出，特别有趣的是，当我们开始实践时，我们的工作乍一看与设计院的完全不同，而在今天，设计院、大公司或小型工作室制作的作品往往相同。[24] 由于实验性建筑的美学叛逆促成了抽象现代主义的广泛接受，批评性建筑的任务将回归到对形式的细腻操控和对社会的精准介入。

在许多方面，本期发表的天津市张家窝小学项目展示了年轻建筑师对实践问题的应对思路（图 7.5）。[25] 作为直向建筑事务所最重要的作品之一，该建筑融合了极具动态感的公共空间和多样化的教室布局，打破了传统常见的、线性无趣的教育机构空间配置。该项目的形式语言让人联想起美国建筑师斯蒂文·霍尔（Steven Holl）的作品，因为主创建筑师董功曾经在霍尔事务所工作过。这所学校为教师和学生之间非等级和非正式的交流提供了各种机会，代表了年轻建筑师对创造一个具有人文关怀的优质建筑的努力。

董功 徐千禾 DONG Gong，HSU Chien-Ho

在中国盖房子

直向建筑事务所设计的两个建筑

To Build in China

Two Buildings Designed by Vector Architects

摘要　文章以直向建筑事务所的两个建成项目为例，从年轻一代建筑师的视角出发，阐述在当下的中国从事建筑设计实践的一些关于设计观念和实际操作方面的切实体会。

关键词　关注“问题”；建构；材料；控制

ABSTRACT　This essay reflects on the conceptual and operational issues faced by practicing architects in today's China by looking into two completed projects by Vector Architects in Beijing from the perspective of a younger generation of architects.

KEY WORDS　Addressing "issues"; Construction Logic and Detail; Material; Control

中图分类号：TU244.2(221); TU247(254)

文献标识码：B

文章编号：1005-684X(2011)02-0080-06

1 引子：“宏大的建筑”和“正常的房子”

2005 年 2 月，一个阳光明媚的中午，在纽约曼哈顿 9 大道和 33 街的交叉口的一个快餐店里，时任斯蒂文·霍尔建筑师事务所（Steven Holl Architects）中国区负责人的李虎正在神采奕奕地向我（笔者之一董功）描述斯蒂文·霍尔在北京的“Linked Hybrid”项目的设计理念（该项目后来被甲方冠名“当代 MOMA”）。正是这次午餐间的谈话，使我下决心从理查德·迈耶事务所（Richard Meier & Partners）转奔斯蒂文·霍尔建筑师事务所，并最终以 Linked Hybrid 项目经理的角色回到北京，开始了在中国的建筑实践。2006 年到 2007 年的两年间，斯蒂文·霍尔建筑师事务所两个重要的中国项目——北京当代 MOMA 和深圳万科中心，同时以“中国速度”推进。两个项目都以宏大叙事的方式鲜明地表达了斯蒂文·霍尔对于城市的态度，其前瞻性的理念、夸张的建筑形式空间语言和相应的复杂的结构、机电等专业系统，都使这两

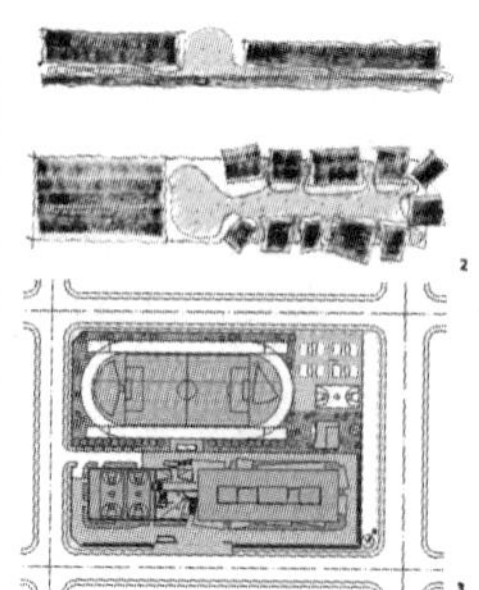

图 7.5　董功 / 直向建筑，天津市张家窝小学

资料来源：《时代建筑》，2011 年第 2 期，80 页

批评性建筑的生产

崭露头角的年轻一代建筑师倾向于抵制那些占统治地位的大型商品化建筑生产。《时代建筑》对批评性建筑的关注没有局限于仅仅介绍他们的工作，而且该杂志还试图在特定的理论框架中来解读他们作品的美学和社会意义。在诸多的专题讨论中，"建构"（tectonics）是能够明确揭示中国建筑实践状况的最重要的话语之一。肯尼思·弗兰姆普敦在 1995 年出版的《建构文化研究》（*Studies in Tectonic Culture: The Poetics of Construction in Nineteenth and Twentieth Century Architecture*）一书中强调了建筑形式的本体论意义。王群在对该书的介绍性导读文章中，将建构话语作为一个批判风格泛滥趋势（如当时流行的欧陆风格等）的理论策略。[26] 需要指出的是，20 世纪 90 年代社会主义市场经济的出现使得建筑创作突然被卷入到商品化的潮流，各种肤浅的折中主义建筑形式语言的出现就是其中一个结果。新兴的权贵资本在房地产市场上攻城略地，建筑风格的激烈竞争生动地反映了资本疯狂逐利的天性。

建筑学者对建构话语的讨论以及新兴建筑师对基本建筑或纯粹建筑的追求，似乎提供了一个抵制那些以历史元素为参考的折中主义统治的强有力工具，并为建筑创作提供了一个"有说服力"的解决方案。然而，《时代建筑》对建构的关注也揭示了建筑实践中难以避免的困境，用朱涛的话来说，就是在传统的建筑工艺几乎消失殆尽，先进的施工技术还没有得到广泛应用的条件下，如何建造高品质的建筑？[27]

尽管如此，丁沃沃认为，中国建筑师只关注建构话语对形式生成的启发，而忽视了对潜在知识体系的反思。[28] 实际上，理论话语被迅速地转变为实践性的修辞，并被市场力量所利用以生产具有差异性的建筑风格。在中国建筑史上，这种现象并不是第一次出现，例如，20 世纪 80 年代后现代主义的输入以及 90 年代对解构主义的引进，更不必提 50 年代采用的民族形式、社会主义内容。[29]

出现这种事与愿违的现象可能存在两个原因。首先，公平地说，中国学者介绍西方最新理论话语的目的在于促进学术讨论，80 年代的周卜颐和李大夏对后现代主义著作的翻译就是这种努力的体现。然而，由于中西方之间的社会背景和语言文化的巨大差异，他们的介绍或翻译无法全面触及产生这些理论话语的整个学术土壤或生态景观。在翻译的过程中，不可避免地会出现一些词语意义的简化或理解上的偏差。[30] 一些复杂甚至有争议的话语，更是如此。例如，"建构"一词就让许多中国建筑师感到十分困惑。相当多的建筑从业者缺乏对思想或理论深入钻研的兴趣或者说有一种智力上的懒惰（intellectual laziness），这也是不容忽视的重要原因。在市场和形势的双重压力下，大量的职业建筑师倾向于复制各种流行的建筑风格以满足客户的要求，而不是艰难地探索理论与实践之间的互动，也缺乏对形式精雕细刻的技巧和耐心。显然，许多业主对长期的文化投资并不感兴趣，而是寻求快速的商业回报。[31] 因此，"建构"像其他话语一样很快变成了一个具有差异性的商品，这一点并不奇怪。

在这种情况下，2004 年，丁沃沃及其同事在南京大学组织了一次主题为《结构，肌理和地形学》的国际研讨会，邀请弗兰姆普敦主持，试图重新思考学科和行业的现实。除了丁沃沃的会议评述文章，《时代建筑》在过去几年中也发表过几篇由知名学者如爱德华·赛克勒（Eduard Sekler），卡尔斯·沃霍莱特（CarlesVallhonrat），戈特弗里德·森佩尔（Gottfried Semper），约瑟夫·里克沃特（Joseph Rykwert），汉斯·科尔霍夫（Hans Kollhoff），弗里茨·纽迈耶（Fritz Neumeyer）等人撰写的建构文献。2011 年，同济大学举行了一次《建造诗学：建构理论的翻译与扩展讨论》国际研讨会。一年后，《时代建筑》以此为主题出版了一期专辑，发表了与会人员的会议论文。

在这一期发表的题为《循环建造的诗意——建造一个与自然相似的世界》的文章里，王澍和陆文宇总结了他们的设计理念和立场。[32] 在设计、理论和教学实践中，王和陆扩展了建构的含义：他们强调建构与自然之间的关系，重视自然、人、材料、建造技术、设计和生活世界之间的相互作用。对于他们来说，经过近几十年来的城市化，古代存在的那种和谐互动的建造关系已经荡然无存，并被迅速转变成为资本主导的世界体系。基于对重建当代中国本土建筑的执着信念和抱负，他们写道：

> 我们身处一种由疯狂、视觉奇观、媒体明星、流行事物引导的社会状态中，在这种发展的狂热里，伴随着对自身文化的不自信，混合着由文化失忆症带来的惶恐和轻率，以及暴富导致的夸张空虚的骄傲。但是，我们的工作信念在于，我们相信存在着另一个平静的世界，它从来没有消失，只是暂时的隐匿。我们相信，一种超越城市和乡村区别，打通建筑与景观、专业与非专业界限、强调建造与自然的关系的新建筑活动必将给建筑学带来一种触及其根源的变化。[33]

中国美术学院的象山校区便是一个探索建构诗学的典型例子，因为建筑师和施工人员致力于整合传统建筑技术与当代文化和美学吸引力，尽管其显示出了稍显粗糙的建造质量。《时代建筑》对建构的讨论展示了编辑和学者对当前建筑生产条件的批判性态度，因为提倡建构则直接或间接地抵制了普遍存在视觉倾向——将建筑简化为纯粹的形式游戏并突出视觉表现而忽视建造质量。有趣的是，一些年轻建筑师的实践也致力于提升建筑的本体意义。由北京迹·建筑事务所设计的高黎贡手工造纸博物馆是最近的一个例子（发表在 2011 年的《时代建筑》杂志上）（图 7.6）。[34] 该项目位于云南省腾冲高黎贡山下新庄村边的田野中，展示了本地手工造纸和建筑制作工艺。建筑师华黎将博物馆拆分为一系列小尺度的、具有差异化的建筑单元，以此来回应周边村庄的自由式布局结构。建筑师选择当地杉木、竹子等材料和本地的建造施工技术，在当代中国农村的背景下探索了传统建筑原则的新的可能性。这种建筑方式也类似于刘家琨强调“此时此地”的建造策略。

新兴建筑师的实践常常面临着预算和建造技术的制约，因此，探索当地可行的施工方法以及便宜材料的表现力成为一个普遍的策略。许多年轻建筑师展现了将各种局限性转化为建筑特有品质的能力，这种潜在的能力类似于英国建筑师和学者杰瑞米·提尔（Jeremy Till）所

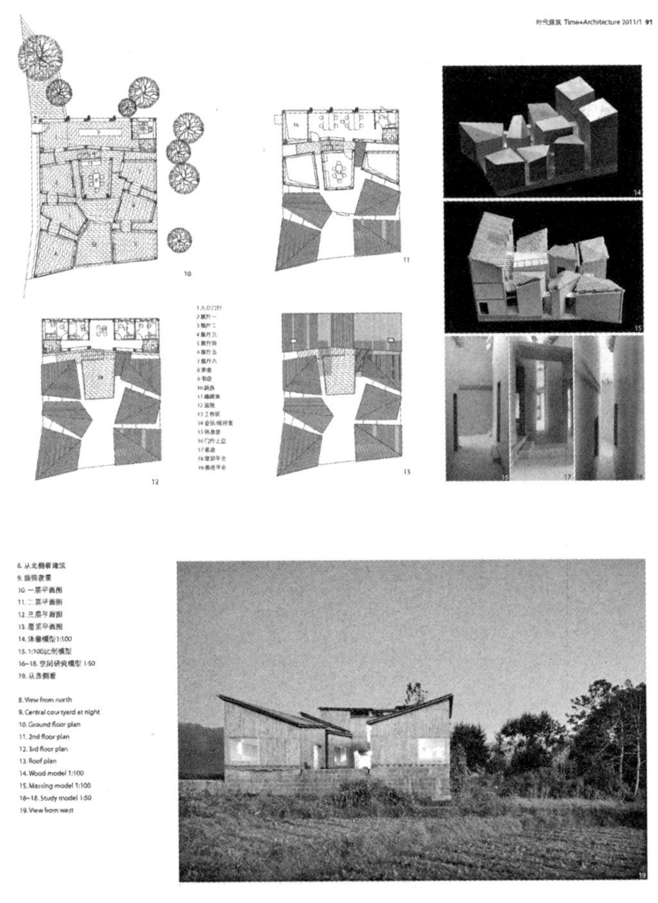

图 7.6　华黎，云南高黎贡手工造纸博物馆

资料来源：《时代建筑》，2011 年第 1 期，91 页

倡导的积极利用实践中产生的各种偶然因素（engagement with the contingent）。[35] 强调建构的重要性和抗议视觉的统治并不是仅仅为了突出形式本身；相反，建立主客体之间、环境与身体感知之间的关系，在当今充满异化的世界里将显得更加迫切。[36]

无论是弗兰姆普敦强调建构概念中的身体隐喻，还是冯纪忠认为诗意的建造关乎情感的表达，他们都格外重视建筑实践里的身体体验和情感因素，并提醒人们注意形式实验过程中的现象学思考。[37] 在过去 30 年的《时代建筑》出版物中，人们可能会发现，一些建筑师和学者对设计和教学中的身体作用非常敏感，试图抵制占主导地位的图像霸权。[38] 2008 年，《时代建筑》杂志与中国现象学会、中山大学现象学研究所联合举办了“现象学与建筑”专题研讨会，在此基础上出版了《建筑与现象学》的专辑，表达了对这一理论议题的关切。支文军指出，近年来国内外召开了一系列关于“建筑与现象学”的会议，表明了专家学者对 20 世纪末以来的建筑实践充满焦虑和疑虑，试图创新评估建筑的本质和基础。[39] 该刊物对建构和现象学的报道和关注揭示了其促进批评性建筑的编辑立场。

英语学术界已有大量的建筑现象学文献，但很少有中国建筑师和学者触及这一议题。[40] 虽然上述建筑现象学会议无法直接促进批评性建筑的生产，但是这种坦率的对话以及该杂志关于这一主题的出版物，都有助于传播建筑现象学的知识，深化人们对建成环境的现象学思考。除了一些学者撰文介绍建筑、建筑师、建筑史与现象学之间关系，本期专辑还发表了一些设计作品，如广州土楼公寓，北京常梦关爱中心餐厅，以及位于西藏的雅鲁藏布江码头，这些项目都展示了建筑师对在混沌世界中创造有意义场所的敏感性。

然而，深圳都市实践设计的广州土楼低收入公寓似乎表现出更多的现象学意义。由房地产公司万科集团开发，该项目是在城市周边地区以传统民居——土楼为原型而建造的集合住宅，旨在为低收入家庭提供广泛的经济适用房和多元化的公共空间（图 7.7）。传统土楼民居有一种防御性很强的外观，表现出对外界不稳定环境的强烈抵制态度，而它内部的开放性强调社区内的公共交往。[41] 建筑师刘晓都和孟岩采用预制的混凝土构件来包围外立面，创造了一个象征性的开放姿态和半公共、半私密的阳台空间。[42] 在每个居住单元内，身体被限制在一个紧凑但有效的空间里。而在室外，一系列的走廊和平台等公共空间却鼓励人们相互交流和沟通。身体在运动的过程中能够体验各种空间极限，从胶囊般的私人住宅单元到开放舒适的公共空间。

都市实践 URBANUS

土楼公舍

Urban Tulou

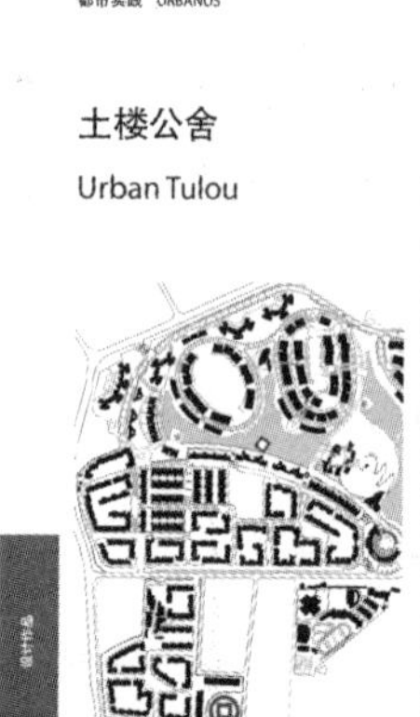

ABSTRACT The recently completed Tulou project, developed by the Vanke Group and designed by the Urbanus, was exhibited in Cooper-Hewitt National Design Museum titled as *Solos: Tulou / Affordable Housing for China*, opened on Oct. 3rd. The New York Times reported a review on the design concept. Inspired by the traditional vernacular form of Tulou and the process of adopting modern urban life style by recreating the inner space. The project also extends a discussion on the possibility of mass construction using Tulou form by using corners loto of the city for low-income housing.

KEY WORDS Architectural Design; Urbanus; Tulou; Traditional Fujian Hakka Residence; Vanke; Affordable House; Cooper-Hewitt National Design Museum

图 7.7 都市实践，广州土楼低收入家庭公寓

资料来源：《时代建筑》，2008 年第 6 期，48 页

《时代建筑》对批评性建筑的关注没有局限于学科内部的理论话语和建筑设计的形式实验，同时它还经常关注那些具有强烈社会含义的建筑议题。如果说它对建构和建筑现象学的讨论明确地反映了杂志对当前以视觉图像为核心的建筑实践的思想抵抗，那么，以下这些专辑——新城市空间（2007/1）、让乡村更乡村：新乡村建筑（2007/4）、适宜与适度：中国当代生态建筑与技术（2008/2）、震后重建（2009/1，2011/6）、社区营造（2009/2）、中国式的社会住宅（2011/4）——则反映了杂志编辑对建筑实践的社会影响的关切。这种意识形态的微妙转向或许与学科自身状况和行业快速发展有关，但更重要的背景是当代中国的社会现实——快速的城市扩张和城乡之间的差距加大。

最近在杂志上发表的一些项目则展现了建筑师通过实践来干预和改善居民生活质量的意图。在这些作品中，毛寺生态小学和无止桥项目令人信服地展示了建筑师致力于创造美好环境的努力（图 7.8—图 7.9）。这两个小型项目都位于甘肃省西部的农村地区，是由香港建筑师和学者吴恩融和他的博士研究生穆钧牵头设计，来自香港中文大学和西安交通大学的学生与

吴恩融　穆钧　Edward Ng Yan-yung, MU Jun
基于传统建筑技术的生态建筑实践
毛寺生态实验小学与无止桥
Practical Study of Ecological
Architecture Based on Traditional
Construction Technology
Maosi Ecological Demonstration Primary School and
Bridge Too Far

图 7.8　吴恩融、穆钧，甘肃无止桥项目

资料来源：《时代建筑》，2007 年第 4 期，50 页

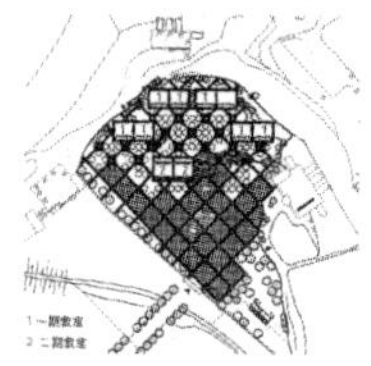

图 7.9　吴恩融、穆钧，甘肃毛寺生态小学

资料来源：《时代建筑》，2007 年第 4 期，54 页

本地村民共同参与建造。建筑师采用了当地的生土材料和经过改良的传统施工方式，运用现代生态技术建造了一个具有显著环境效益和人文精神的独特场所。[43] 同样，建筑师朱竞翔和华黎分别在慈善机构的支持下，为 2008 年四川汶川地震重建设计了新学校。[44] 朱竞翔的新芽小学设计运用了他长期研究的轻型建筑结构体系，而华黎的德阳孝泉民族小学则在现有城市肌理的基础上，置入了一个具有城市结构的公共空间（图 7.10—图 7.11）。

通过与当地社区密切合作，来自台湾地区的建筑师谢英俊在大陆农村地区设计建造了大量造价适中、外观丰富、空间灵活、抗震高效的房屋（图 7.12）。[45] 谢英俊工作的独特之处在于，这些房屋是建筑师、建造工人、用户等人集体参与、共同努力的结果，表现出一定的社会、经济和环境效益。尽管上述项目有着不同的形式，但都有一个共同特点，即这些作品的实现受到各种个人或慈善机构，甚至建筑师本人的赞助。[46] 这种非常规的实践模式为建筑师创造了灵活表达和实验的空间，与常见的来自国家公共部门和私人客户的委托相比，有利于他们发挥个人的创造力。这些在大陆实践的建筑师如吴恩融，朱竞翔，谢英俊，以及城村架构（Rural and Urban Framework）等人与各种基金会合作，有选择地介入建筑实践。[47]

然而批评性建筑并不局限于这些独特的公共项目。居住小区和社会住房的规划、设计和建设也能够体现一定程度的批评性。例如，在《时代建筑》2009 年社区营造专刊中，董屹和

50 时代建筑 Time+Architecture 2011/2

精度，产品的造价得以减低，而构造的精度与速度都可以提升。

在研发这一系统时，团队还大量使用了信息技术与参数设计方法，可以利用自编程式来调整不同层次的构件变化。一方面能在同一结构系统内获得非常自由的平面布局、房屋形态以及材料表现；另一方面团队可以快捷地获得重量、体积、加工周期等信息，便于生产、物流的组织与管理（图 10）。

3 发展平台

这一房屋系统的结构化研究、发展、应用乃至测试集结了不同的专业力量，均基于教学与研究的专长与方向。每个人的工作都对系统有所贡献。

笔者负责系统的发明和第一所新芽学校的空间计划，博士候选人夏珩先生负责两所新芽学校的工艺流程设计，并在第二所达祖新芽学堂负责环境技术。谭善隆先生是香港才华横溢的年轻建筑师，作为设计专业顾问在中文大学致力于空间组织的研究与教学。他为第二所达祖新芽学堂所作的空间计划十分精妙，使这一建筑系统有了丰富的精神内核并适应场所特性。此外，中文大学的 Vito Bertin 教授为团队的信息技术与参数化设计提供了有力支持，香港大学苏启亮教授以及东南大学的吴京教授提供了结构方面的参考意见。不同制造企业的工程师、建造者、项目秘书彭蕾以及学生助理的工作也保证了项目的顺利执行。

作为教育项目，两个建筑在最后的装配期间还吸引了约 60 名来自香港、内地的大学生、建筑师志愿者的参与（图 11，图 12）。大家在为灾区出力的同时，也体验了建筑创新的巨大潜力与社会意义。在两年的工作中我们还得到香港慈善团体的持续捐助并与内地知名设计机构进行项目合作。目前有更多的实习生参与到有关的应用工作中，例如基于系统的乡村住宅原型设计、针对不同气候区的变体研究等；研究生则聚焦于更具挑战性的工作，例如使用中的环保特性与测试、客户自选的工厂预制技术、制造运输过程中的高效与低能耗，等等。

4 介入地方

作为外来的捐助项目，团队致力于在实施过程中将物质干扰减到最小，注重贯彻环保、可持续建造的理念。例如在下寺新芽小学，旧校舍及应急活动板房拆除的旧料被全部运用在室内垫层、室内外铺地以及

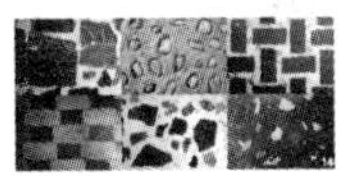

图 7.10 朱竞翔，四川新芽小学

资料来源：《时代建筑》，2011 年第 2 期，50 页

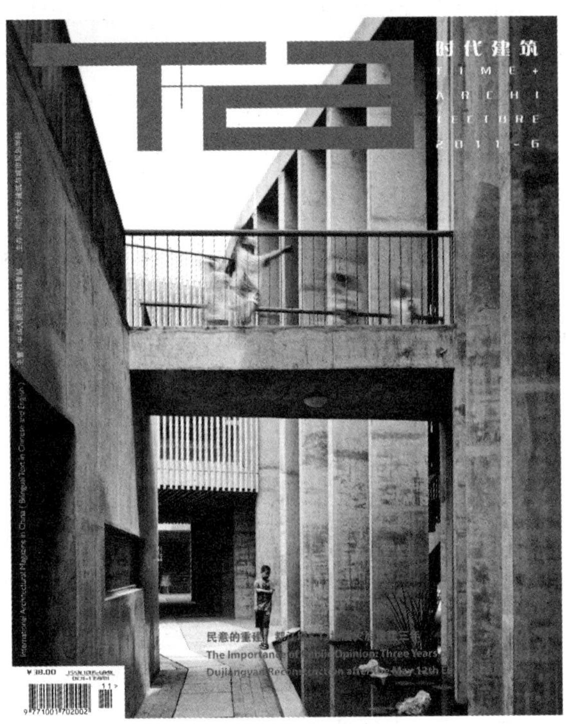

图 7.11 华黎，四川德阳孝泉民族小学

资料来源：《时代建筑》，2011 年第 6 期，封面

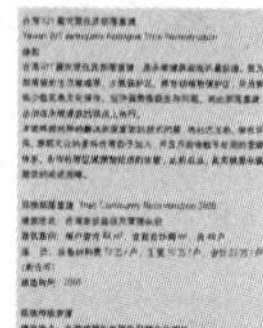

图 7.12　阮庆岳对谢英俊实践的评论

资料来源：《时代建筑》，2007 年第 4 期，38-39 页

平刚，两位来自 DC 国际建筑设计事务所的主持建筑师，发表了《从社会公正到空间公正》的文章，介绍了他们在宁波设计的安置房项目。[48] 2004 年，这家位于上海的公司参与了宁波市政府组织的东部新城拆迁安置房设计（图 7.13）。许多中国新城的建设往往伴随着强制搬迁，但宁波地方当局试图推动“就地安置”的概念，避免本地居民迁移到偏远的城市边缘——那些地方一般缺乏公共交通、学校、医院、市场和商店等公共服务设施。这一原则支撑了建筑师的设计，为他们探索一个资源公平分布的社区留下了灵活的空间。在这个 20 公顷的场地上，建筑师充分利用地形规划了三条街道，安排了数十个造型新颖外观时尚的多层和高层住宅。除此之外，建筑师还设计了一系列开放的公共设施，包括沿河的步行街、学校、社区中心、商店和体育设施，将现有景观转变为富有吸引力的、安静充满活力的社区场所。

董屹和平刚认为，中国当前繁荣的建筑局面并不缺乏“高度”，而是缺乏“态度”。[49] 在城市拆迁重建的过程中，人文关怀的态度对保障低收入居民平等使用公共空间和设施的权利至关重要。[50] 这个项目令人瞩目的社会意义在于，当地普通居民和他们富裕的邻居一起获得了融入城市生活的机会，而不会被社会边缘化。该项目表明，创新性设计或批评性实践能够更好地改变社会。[51] 需要指出的是，像上述项目一样独特的建筑作品是一种例外，而不是普遍现象。中国建筑师在建筑实践中探索社会参与方面还有很长的路要走。然而，《时代建筑》关于这些话题的出版物在某种程度上鼓励建筑师更多地关注建筑实践的社会和环境意义，在美学实验和社会介入方面不断推进和发展批判性话语（critical discourses）。

董屹　平刚　DONG YI, PING Gang

从社会公正到空间公正

关于安置区设计策略的社会意义分析

From Social Justice to Spatial Justice

Analysis on the Social Significance of Design Strategy for Resettlement of Residential Area

摘要　文章通过对DC国际在宁波的安置区设计实践进行分析，反思了安置区设计策略的社会意义，以社会公正理论为背景，提出在设计中体现空间公正原则的观点，并阐述了如何通过设计手段来达到这一目的的过程。

关键词　安置区；社会公正；空间公正；设计创造价值

ABSTRACT　By analyzing the design practice of the resettlement of residential area designed by DC-Alliance in NingBo, the article reviews the social significance of the design strategy for the resettlement of residential area, and puts forward that spatial justice should be reflected in the design based on the theory of social justice. Furthermore, the article elaborated on how to achieve the aim by using design methods.

KEY WORDS　Resettlement of Residential Area; Social Justice; Spatial Justice; Design Creates Value

中图分类号： C912.8; TU241(255)

文献标识码： A

文章编号： 1005-684X(2009)02-0050-06

图 7.13　DC 国际，宁波东部新城社会住房

资料来源：《时代建筑》，2009 年第 2 期，50 页

批评性建筑的演变

通过分析《时代建筑》的出版内容，人们可以发现批评性建筑具有一种进化或演化的特征。“进化”一词指的是批评性的建筑实践，从历史的角度来看，呈现出一种演变的趋势。[52] 更准确地说，当代中国的批评性建筑经历了从纯粹美学抵抗到兼具形式实验和社会承诺的历史性转型。这种转变也是对不断变化的社会物质实践状况的回应。与此同时，批评性的建筑实践作为一个整体也在改变社会现实中发挥变革性的作用。以实验建筑的名义，新兴建筑师的工作在思想层面上抗议了“布札”美术传统的主导性影响，在美学上层面上抵制了当时混乱的商品化建筑生产。《时代建筑》在千禧年之际首次在学术平台上思考和推动了这一新建筑浪潮，以及一系列与此相关的专刊则记载了这一现代运动的历史转型。

在 2003 年出版的第四届上海双年展期间，策展人伍江、建筑评论家王明贤、艺术评论家王南敏围绕新兴建筑师的实践进行了辩论。他们试图利用西方“前卫”（avant-garde）观念来衡量新兴建筑师工作的开拓性程度。其中，伍江明确地认为这种实验并不是真正的“前卫”。

在同一年底，《时代建筑》出版了一期“实验与前卫”特刊，试图比较和讨论所谓实验和前卫之间的区别和联系。从支文军撰写的《编者的话》中，我们可以理解他打算澄清两个不同的概念。他指出，前卫作为具有美学和社会含义的具体术语与20世纪初期欧洲的艺术和建筑运动密切相关。[53] 这期专刊所发表的理论文章集中在对西方前卫运动的背景知识介绍，但缺乏对实验建筑的适当分析，除了秦蕾的一篇文章总结记录了与实验建筑有关的展览。[54]

一个常被忽视的事实是，实验建筑强调建筑自主性，忽视建筑活动的社会政治意义，换句话说它脱离日常生活的实践。在这方面，《时代建筑》对集群设计项目的密集报道提供了一个检验实验建筑矛盾性的适当机会。该杂志在2002年报道的北京长城脚下公社就是一个典型例子。私人房地产开发商SOHO中国邀请了包括张永和、崔愷在内的20位亚洲青年建筑师设计小住宅，以推动当代建筑艺术的名义而搞房地产开发（商业投机）。由于容易吸引眼球，这种新兴建筑师、企业资本和大众传媒之间的合作模式被其他地产商和政府部门所采用——2006年《时代建筑》发表的广东省东莞松山湖新城便是其中之一。

在这些引人注目的城市扩张背后，中央和地方政府大力投资建设建筑和基础设施，既要在城市里生产剩余价值，又能从农村吸收剩余劳动力。因此，许多依赖债务支持的建设项目为新兴建筑师提供了难得的机会，因为他们的形式创新和美学实验更容易得到市场的青睐。实验建筑的“竞争力，剥削和物质占有”等实际价值被其顾主（patrons）用于各种工具性和象征性的需求。[55] 当然可以理解的是，20世纪90年代对自治（纯粹）建筑的呼吁被迅速接受，其自我参照性（self-referentiality）在城市化进程中很快被制度化（institutionalised）。在这个意义上，实验建筑之所以被社会所接受，不是因为人们突然认可了它的形式美学，而是因为它在现实中有助于实现资本积累。[56]

在世纪之交的中国建筑界存在两股意识形态上相对立的力量：独立建筑师开设的私人设计事务所和体制内建筑师工作的国有设计院。法国社会学家皮埃尔·布迪厄（Pierre Bourdieu）曾经区分过艺术领域两种不同的生产方式，有限生产（restricted production）和批量生产（large-scale production）。前者倾向于形式的实验和创新，追求产品的象征价值；后者反映了大规模的生产，密切参与经济资本寻求利润，很多情况下，后者紧跟前者以不断实现自我更新。[57] 这种情况同样适用于建筑领域，一些独立建筑师执着于文化的创新，多数建筑师忙于生产性实践。

实验建筑的纯粹形式受到广泛的接受还与其他因素有关。比如说，国际明星建筑师在中国的实践，他们设计的形式新颖、理念超前的作品受到国家机构和大型企业的认可。另外，一大批海归和年轻一代的建筑师对抽象建筑语言的偏爱有加。这里从《时代建筑》出版的一些专刊就可以很容易看出——2004年的“海归建筑师的实践”，2005年的“为中国而设计：海外建筑师实践”，2006年的“年轻一代建筑师及其实践”。以前那种抽象简洁的美学很快被职业建筑师和客户所接受，因此在很大程度上不再具有批评性。

当前，全球化、工业化、信息化和城市化四股力量共同驱动着中国社会经济的转型和社会主义市场经济的发展。在这种情况下，实验建筑的反抗立场被“招安”并转化为新的主导意识形态的重要组成部分，新兴建筑师也从边缘逐步走向主流。与此同时，20 世纪 80 年代和 90 年代流行的“布札”美术传统以及各种现代和后现代的混合风格也逐渐让位于以自我为中心的形式迷恋——一种对视觉奇观的拜物教（the fetishism of self-referential language of architecture）。

考虑到不断变化的外部条件以及建筑师的代际变迁（越来越多的年轻建筑师加入到这种“实验”趋势），建筑评论人史建在 2009 年的《实验性建筑的转型：后实验性建筑时代的中国当代建筑》文章中，试图用“当代建筑”代替“实验建筑”来重新定义当下的建筑景观。[58] 尽管“当代建筑”一词含糊不清且不乏争议，他试图重新审视实验建筑的意图仍然很重要。对于他来说，“当代建筑”的提出“并非欣喜于实验性建筑的终结和拥抱当代建筑的众生喧哗，而是忧虑于面对日益强势的意识形态 / 市场综合体，当代建筑在学科建设、空间实验和社会批评方面日益萎缩的现状”。[59]

为了更好地阐明自己的观念，史建将“当代建筑”划分为六个层面 / 趋向：建筑教育变革，本土语境的建筑，都市语境的建筑，场所语境的建筑，未来语境的建筑和景观语境的建筑。实际上，这种有点矛盾和重叠的分类涵盖了《时代建筑》发表的大量项目。他认为，由于市场压力、立场的弹性和策略的多变，许多建筑师的设计品质处于不稳定的状态，只有部分具有“当代性”。[60]

对于他来说，“当代建筑”这个术语接近于张永和提到的“批判性参与”，或者是景观设计师孔祥伟所说的“当代性”。[61] 这几个具有微妙差异的关键词（批判式参与、当代性和批判性）一起出现在史建的文章里，但没有精确的定义和区分。这些词均在各自的写作背景下强调了实践的批评立场，仔细比较它们将有助于我们更好地了解其内在含义。史建认为当代建筑仍然具有一种修辞意义上的批评性，并且具有将批评性话语转化为当前批评性行动的潜力和可能性。孔祥伟心目中的“当代性”探索是指一些景观设计师的作品对当代社会、环境、自然和文化存在的尖锐问题作出了回应。[62]

孔祥伟和史建从第三方的角度对这些景观和建筑项目进行了评述，而张永和的“批判性参与”则透露了建筑师自己的实践立场。2004 年，张永和在《建筑师》杂志上发表了题为《第三种态度》的宣言式文章，总结了建筑师面对市场经济的三种态度：1）无条件参与到生产和消费过程中；2）批评和（如有可能）抵制参与；3）批判式参与，一种处于第一种和第二种之间的态度。[63] 对他来说，第一种态度倾向于怀疑或否定设计研究，并不质疑市场经济，而第二种则倾向于参与非物质实践或参与筛选的项目。

张永和强调，第三种态度认为研究和市场不一定矛盾，研究型设计与市场是兼容的。他从四个主要方面定义了批判式参与：政治（突出民主意识），经济（辩证地分析市场经济的积极和消极作用），社会（强调公共空间的意义和城市经济适用房）和文化（承认后现代的状况以及高度不确定的文化走向）。[64] 他的设计理念意味着，通过组织各种资源，包括优点和缺点，能够将限制转化为可能性。[65] 这个立场在他一年前发表在《建筑师》杂志上的文章中有进一步的解释，其中他提出了从空间到社会为突破口变革中国建筑的可能性。[66] 他写道：

也许，传统意义上的设计一词过多地暗示了一种建筑师并不具有的主动性，本应被组织的概念取代，组织更多体现了条件 / 限制的作用。除了空间需要组织，材料也需要组织以围合空间，等等。又也许，建筑的实践活动可以用对资源的组织来概括：对某一工程的业主，规划，基地，使用，造价，规范，时间等因素作为建筑资源进行组合与编织，分配和搭接。[67]

张永和对“组织”一词的强调反映了他试图灵活地驾驭建筑实践中各种不确定因素的雄心。作为一种积极的自我否定，这种立场转变受到社会和建筑转型的影响。一方面，他早期的设计方案和建成项目执着地重新诠释传统建筑的空间组织原则，当这种概念性很强的抽象思维遭遇复杂的行业现实时，建筑师面临着从思维到绘画到建筑的艰难转型。[68] 另一方面，当建筑实践越来越多地介入到城市化进程中，纯粹的空间或形式无法对多样化的需求和挑战作出积极反应。对于张永和这种思想上的转变，也许没有人比建筑评论家周榕的观察更加精准和犀利了。他说：

作为中国新一代建筑师的领军人物，张永和在十年筚路蓝缕的探索中，经历了从基本建筑到复杂建筑、从纯粹建筑到综合建筑、从抽象建筑到具体建筑、从普适性建筑到特殊性建筑的思想嬗变，其自身也完成了从边缘到中心、从非主流到主流、从批判者到建设者的身份转换。然而，在所有的转变中，最令人瞩目的，可能是他从一个国际化的纯现代主义建筑师，向一个具有高度自觉的中国意识的批判地域主义建筑师的立场转化。[69]

应该说，张永和并不是唯一经历这种转变的建筑师。正如我们在前几章中所看到的，其他一些实践者也有类似的变化，包括王澍和刘家琨等人。他们最近在《时代建筑》发表的作品印证了这种立场和意识形态的转变——也代表了实验建筑的转变轨迹。这意味着他们打算从策划到设计，甚至到建成后使用来干预建筑实践，揭示了批评性从单纯的美学抗议过渡到形式实验兼具社会批判。

在某种程度上来说，建筑实践的批评性体现在它对公共领域（public sphere）的介入和贡献上。建筑的空间效能（spatial agency）扮演着连接建筑本体与客观世界的桥梁，能够通过改善日常生活环境进而改变人类自身。[70] 这种能动作用也被哲学家、建筑学家以及都市地理学家所认可。比如，法国马克思主义哲学家亨利・列斐伏尔（Henri Lefebvre）认为空间的生产与社会关系的生产密切相关；空间具有鲜明的政治含义，不仅体现在政治国家层面，也体现在民事和日常生活中。[71] 对于弗兰姆普敦来说，建筑的公共空间仍然是民主思想的载体——体现在德国建筑师和理论家森佩尔强调的建筑四元素之一的火塘（hearth）。[72] 对于唐・米切尔

（Don Mitchell）来说，公共空间是推翻权力和资本统治的潜在地方。[73]

近些年来《时代建筑》发表的建筑项目对城市公共空间的营造格外重视。对此，我们需要在快速的城镇化进程中来理解建筑师谨慎而乐观的干预策略。短短 20 年来，曾经以秩序清晰，结构完整以及肌理连续而著称的传统城市被改造成嘈杂、混乱而缺乏连续感的都市碎片。这种在建成环境中出现的矛盾生动地反映了社会中传统与现代性之间的巨大冲突和紧张关系。

由政府主所导的、以新自由主义为意识形态的城市化进程，出现了一种诡谲的现象——土地的城市化而非人的城市化，这主要是因为决策者倾向于用大规模的出售土地和基建投资来促进宏观经济快速增长，加上当前的城乡二元社会经济结构继续抑制农村移民的公平融入（特别是资源高度垄断的大城市）。[74] 用马克思的话来说，一个不可避免的结果就是资本集聚在小部分人手里，而大多数的人没有从经济增长中公平获益，还要承担环境污染、社会不公的代价。[75]

正是在这样一个复杂的局面下，一些建筑师们通过空间实践来表达自己的社会承诺。张永和认为，建筑设计可以为社会服务，这并不意味着设计可以解决超出建筑之外的社会问题。这使人们反思社会批评的可能性和局限性。在某种程度上，张永和对微观城市主义的倡导和对“客体城市”的批评揭示了他对当前城市问题的理论立场，而他在 2004 年《时代建筑》发表的河北教育出版社大楼项目中则表达了建立具有城市性质的复杂建筑的意图。这种想法实际上体现在一系列嵌入在高层建筑之间的开放垂直平台上。

很明显，这种城市干预策略不是对基本建筑宣言的否定，而是其在复杂社会背景下的丰富和发展。同样，王澍也从业余建筑转向构建一个差异化的世界：前者强调自发性建筑活动的遗产和活力，代表着他对职业建筑实践美学的抗议；后者意味着他努力建立一个完全不同的、没有等级秩序的生活世界。虽然具有自相矛盾的性质，这个世界却迥异于现代世界的同质空间，在当前的形势下，是一个具有强烈审美和社会影响的公共领域。《时代建筑》以各种形式发表王澍的作品，不但展示了他自己的建筑思想，也有同行的评论。从这个意义上讲，这本杂志展现了自己促进和繁荣批评性建筑和建筑批评的努力，尽管这些项目和评论很少渗透到社会层面。

通过阅读《时代建筑》以及其他一些同类期刊，人们可以发现中国建筑师的作品呈现出对公共空间关注的思想转向。其中，OPEN 建筑（由李虎和他的妻子黄文菁创立），正如公司名称所暗示的那样，是一个努力营造公共领域的典型代表。在北京四中房山校区项目里（广泛刊登在《建筑学报》、《时代建筑》和《建筑实录》等期刊上），他们通过将一系列非正式、动态的公共空间与常规的教学空间结合起来，试图重新定义学校建筑的类型（图 7.14）。[76] 李虎对公共空间的关注可能来自于他在史蒂芬·霍尔建筑事务所的工作经验，当时，他负责该公司在中国建设的几项大型城市项目，如北京的当代 MOMA 社区，深圳万科中心和成都来福士广场等。北京四中房山校区的建设得益于建筑师、长阳镇政府、万科集团和北京四中的紧密合作——通过建设高品质的教育设施，地方政府、开发商和教育机构合力推动新城建设。[77]

青锋 QING Feng

体制内的变革者

北京四中房山校区设计

Reformer within the Institution

The Design of Beijing No.4 High School Fangshan Campus

摘要 文章讨论了OPEN建筑事务所设计完成的北京四中房山校区与现代主义传统的关系，解析了设计的主要结构与特征。此后，着重讨论该项目中所蕴含的变革设想，进而分析了这种设想的前提、与制度的关联以及面对的困难。

关键词 OPEN建筑事务所；现代主义；田园学校；制度；变革

ABSTRACT This essay discusses the relationship between OPEN's Fangshan Campus project and the modernist tradition. It analyzes the general structure and distinct characteristics of the design. Special attention is paid to the reform intentions imbedded in this design. The author thus discusses the premises, institutional interconnections and future difficulties faced by such reform intentions.

KEY WORDS OPEN; Modernism; Garden School; Institution; Reform

中图分类号：TU-86(21); TU244.2

文献标识码：B

文章编号：1005-684X(2014)06-0098-010

图 7.14 青锋对北京四中房山校区的评述

资料来源：《时代建筑》，2014 年第 6 期，98 页

建筑师对营造公共空间的兴趣接近于政治哲学家汉娜·阿伦特（Hannah Arendt）对建构公众空间或显现空间（the space of public appearance）的强调。在阿伦特看来，这种空间是让人展示自己行动的地方，是人不同于其他生物或无生命的事物之所在，也是实现民主的载体。[78]然而在现实生活中，由于许多精心设计的公共空间受到业主或管理方的限制，无法发挥应有的作用来改变社会。这一点在许多发表的建筑项目往往被忽视，毕竟，光鲜靓丽的建筑照片无法反映残酷的现实。[79] 2007 年在《时代建筑》发表的深圳大芬美术馆是反映公共空间设计、使用和管理状况的一个典型例子（图 7.15—图 7.16）。美术馆位于深圳大芬村——以大批量的油画生产而出名。为了创造一个没有等级化、机构化感觉的公共艺术机构，都市实践的建筑师试图将艺术展览活动，商业设施和日常生活融为一体，从上到下形成一个三明治状的结构，其中，一层是一个开放的油画交易市场，二层是常规的艺术展览空间，一条大坡道连接广场和二层的美术馆，屋顶部分是可以向公众开放的艺术家工作室，通过连廊与周边社区相联系。[80]

作为社会催化剂，该项目为大芬这个城中村的居民提供了一个特殊的、富有意义的社会互动场所。然而，令人遗憾的是，由于各种管理原因，这座建筑的公共空间策略在现实中并没有

孟岩　都市实践　MENG Yan, URBANUS

“城中村”中的美术馆

深圳大芬美术馆

A Museum in the “Village Amidst the City”

Dafen Art Museum, Shenzhen

摘要　在大芬村——一个似乎最不可能出现美术馆的地方，大芬美术馆试图在另一层面上促成当代艺术的介入，并且通过这一公众设施将周边的城市功能进行调整，使日常生活、艺术活动与商业设施混合，形成新型的文化产业基地。

关键词　城中村；大芬村；美术馆；可穿越性；街道体验

ABSTRACT　A typical art museum would be considered out of place in the context of Dafen's peculiar urban culture. Dafen Art Museum can be a breeding ground for contemporary art and take on the more challenging role of blending with the surrounding urban fabric in terms of spatial connections, art activities, and everyday life.

KEY WORDS　Village amidst the City; Dafen Village; Art Museum; Traversing; Street Experience

中图分类号：TU-86(265)

文献标识码：A

文章编号：1005-684X(2007)05-0100-08

图 7.15　都市实践，深圳大芬美术馆

资料来源：《时代建筑》，2007 年第 5 期，100 页

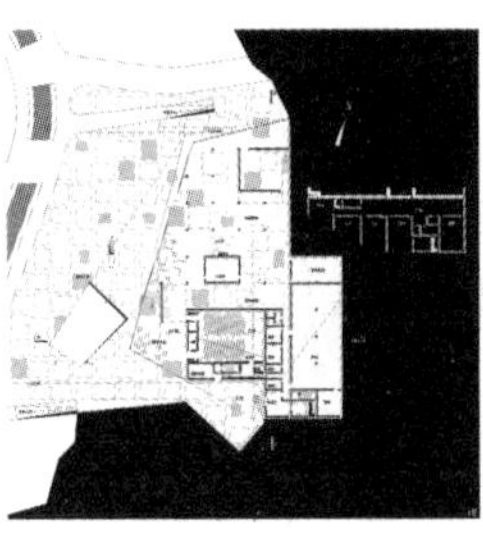

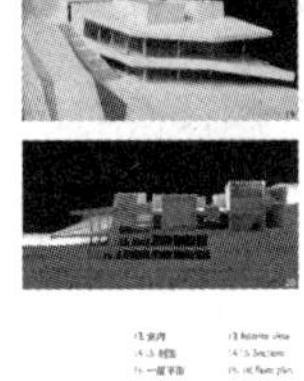

图 7.16　都市实践，深圳大芬美术馆

资料来源：《时代建筑》，2007 年第 5 期，105 页

实现。一方面，底层空间并没有真正成为一个艺术品交易市场；另一方面，周边的封闭小区也拒绝和它建立便捷的联系。该建筑的混合功能和开放姿态尚未完全实现。建筑师试图调和“大众文化与高雅文化，私人与官方，建筑与城市之间”复杂矛盾的意图没有得到应有的支持，大芬美术馆所强调的批评性仅限于修辞层面。[81] 这个作品体现了建筑师和不同利益相关者之间可见的和隐形的斗争。除了不可预测的功能要求外，许多建筑师的创造性想法在设计、施工和使用的过程中经常大打折扣，而这些现实因素在很大程度上限制了建筑的美学和社会批评。

上述项目明确表明，没有业主或赞助方的理解和支持，单独的建筑师个人很难主导批评性的实践。换句话说，批评性建筑是集体而非个人行为，是由不同的个人和机构之间的合作而完成。建筑师、编辑、评论家和业主等人皆可以是批评性建筑的倡导者、贡献者和实践者，并致力于利用社会经济结构中的进步力量，巧妙地挑战占主导地位的制度。这种矛盾的立场，在文化雄心与经济现实之间摇摆，呈现出一种介于抵抗与合作的折中特征。

注释：

[1] Friedrich Engels, *Anti-Dühring: Herr Eugen Dühring's Revolution in Science*（London: Lawrence & Wishart, 1975）, 168-169. 原文：Dialectics is nothing more than the science of the general laws of motion and development of nature, human society and thought.

[2] 支文军 . 建筑时代与《时代建筑》:《时代建筑》与当代中国建筑的互动 [J]. 时代建筑 2008（2）: 无页码 .

[3] László Moholy-Nagy, “Production-Reproduction,” in *Photography in the Modern Era: European Documents and Critical Writings, 1913-1940*, ed. Christopher Phillips（New York: Metropolitan Museum of Art / Aperture, 1989）, 79-82.

[4] Theodor W. Adorno, “Cultural Criticism and Society,” in *Prisms*, trans. Samuel and Shierry Weber（London: Spearman, 1967）, 17-34.

[5] Fredric Jameson, *Marxism and Form: Twentieth-Century Dialectical Theories of Literature*（Princeton, N.J.: Princeton University Press, 1971）, 406-7; Fredric Jameson, *Valences of the Dialectic*（London: Verso, 2009）.

[6] 杨永生 . 中国四代建筑师 [M]. 北京：中国建筑工业出版社，2012.

[7] 张开济等 . 黄龙饭店设计座谈会 [J]. 建筑学报 . 1988（10）: 6-19.

[8] 何镜堂，李绮霞 . 形式、功能、空间与风格：深圳科技馆设计特征 [J]. 建筑学报，1988（7）: 10-15.

[9] 支文军 . 编者的话 . 时代建筑 [J]. 2005（6）: 1.

[10] 同上 .

[11] 刘宇扬曾经在美国留学、工作，之后在香港中文大学任教 . 他可能在参与库哈斯的珠三角研究项目的时候与祝晓峰认识 .

[12] 刘宇扬 . 熟悉与不熟悉的景致：谈祝晓峰与他的建筑作品 [J]. 时代建筑，2005（6）：42-49.

[13] 同上，49.

[14] 同上 .

[15] 祝晓峰 . 寻找自己的步调 // 徐洁，支文军主编 . 建筑中国：当代中国建筑师事务所 40 强（2002-2005）[M]. 沈阳：辽宁科学技术出版社，2006：302-303.

[16] 戴春 . 嵌入：山水秀设计的上海青浦朱家角人文艺术博物馆 [J]. 时代建筑，2011（1）：96-103.

[17] 同上，103.

[18] 李翔宁 . 权宜建筑 [J]. 时代建筑，2005（6）：16-21.

[19] 同上，20.

[20] 朱亦民 . 一种现实主义 [J]. 时代建筑，2005（6）：36-41.

[21] 李翔宁 . 权宜建筑，20.

[22] 同上 .

[23] 刘涤宇 . 从“启蒙”回归日常：新一代前沿建筑师的建筑实践运作 [J]. 时代建筑，2011（2）：36-39.

[24] 同上，37.

[25] 董功，徐千禾 . 在中国盖房子：直向建筑事务所设计的两个建筑 [J]. 时代建筑，2011（2）：80-85.

[26] 王群（又名王骏阳）毕业于南京工学院，之后前往瑞典查尔莫斯理工大学留学，1995 年获得博士学位。之后前往纽约哥伦比亚大学访学，旁听了弗兰姆普敦的建构理论课程 . 回国后他先在同济大学做博士后研究，之后任教于南京大学建筑研究所 . 他后来把《建构文化研究》翻译成中文 .

[27] 朱涛 .‘建构’的许诺与虚设：论当代中国建筑学发展中的‘建构’观念 [J]. 时代建筑，2002（5）：30-33.

[28] 丁沃沃 . 再度审视建筑文化：结构肌理和地形学国际研讨会综述 [J]. 时代建筑 . 2004（6）：86-89.

[29] 邹德侬 . 两次引进外国建筑理论的教训：从‘民族形式’到‘后现代建筑’[J]. 建筑学报，1989（11）：47-50；王炜炜 . 从‘主义’之争到建筑本体理论的回：1930 年代以来西方建筑理论的引进与讨论 [J]. 时代建筑，2006（5）：30-34.

[30] 本雅明认为，翻译是原文的后续生命 . 这种“来世”（afterlife）将在新的背景下承担新的意义 . 更重要的是，翻译只是以一种临时的方式与外来语言达成一致 . 参见 Walter Benjamin，“The Task of the Translator：An Introduction to the Translation of Baudelaire’s Tableaux Parisiens，” in *Illuminations*，ed. Hannah Arendt；trans. Harry Zohn（London：Pimlico，1999），70-82.

[31] 这种追求短期物质回报的做法也出现在其他文化领域，比如电影，参见 Amy Qin，“China Fears India May Be Edging It Out in Culture Battle，” *New York Times*，September 30 2017. https：//www.nytimes.com/2017/09/30/world/asia/china-india-dangal-bollywood.html.

[32] 王澍，陆文宇 . 循环建造的诗意：建造一个与自然相似的世界 [J]. 时代建筑，2012（2）：66-69.

[33] 同上，69.

[34] 华黎．高黎贡造纸艺术博物馆 [J]. 时代建筑，2011（1）：88-95.

[35] Jeremy Till, *Architecture Depends*（Cambridge：MIT Press，2009）.

[36] Maurice Merleau-Ponty, *Phenomenology of Perception*, trans. Donald A. Landes（Abingdon：Routledge，2012）；Maurice Merleau-Ponty, *The World of Perception*, trans. Oliver Davis（London and New York：Routledge，2004）；Jonathan Hale, *Merleau-Ponty for Architects*（London and New York：Routledge，2017）.

[37] Kenneth Frampton, *Studies in Tectonic Culture：The Poetics of Construction in Nineteenth and Twentieth Century*（Cambridge, Mass.；London：MIT Press，1996），10-12；冯纪忠．关于"建构"的访谈．A+D，2001（1）：67-68.

[38] 建筑师冯纪忠和王澍都曾强调建筑设计中身体介入的重要性．同样，学者李巨川也在教学中带入对身体的关注，参见李巨川．南大教学笔记 [J]. 时代建筑，2003（5）：94-99.

[39] 支文军．编者的话：建筑与现象学 [J]. 时代建筑，2008（6）：1.

[40] 近些年来，一些西方的建筑现象学著作被介绍到国内，比如挪威建筑理论家诺伯格·舒尔茨（Norberg-Schulz）的著作．但是，在设计、理论和教学实践中探索建筑现象学，特别是身体的体验依然是一个有待深入的课题．

[41] 关于土楼民居的详细论述，参见 Ronald G. Knapp, *China's Old Dwellings*（Honolulu：University of Hawai'i Press，2000）.

[42] 刘晓都，孟岩．都市土楼 [J]. 时代建筑，2008（6）：48-57.

[43] 吴恩融，穆钧．基于传统建筑技术的生态建筑实践：毛寺生态实验小学与无止桥 [J]. 时代建筑，2007（4）：50-57.

[44] 朱竞翔．新芽学校的诞生 [J]. 时代建筑，2011（2）：46-53；茹雷．断裂与延续：四川德阳市孝泉镇民族小学灾后重建设计 [J]. 时代建筑，2011（6）：86-95.

[45] 阮庆岳．谢英俊以社会性的介入质疑现代建筑的方向 [J]. 时代建筑，2007（4）：38-43.

[46] 比如，刘家琨自己出钱设计修建了四川都江堰胡慧珊纪念馆；类似的是，建筑师李晓东也自筹资金设计修建了云南玉湖小学和北京怀柔的图书馆，只是这些项目更多发表在国际杂志上，而非《时代建筑》．

[47] 城村架构是由林君翰（John Lin）和他的同事约书亚·波霍夫（Joshua Bolchover）在香港大学建立的非营利设计机构。

[48] 董屹．平刚．从社会公正到空间公正：关于安置区设计策略的社会意义分析 [J]. 时代建筑，2009（2）：50-55.

[48] 同上，55.

[50] 同上．

[51] 2008 年，这个项目获得美国《商业周刊》和《建筑实录》共同颁发的"好设计创造好效益"大奖．DC 国际对保障房的探索还体现在他们设计的宁波鄞州区人才公寓项目上．同样是与宁波当地政府合作，建筑师借鉴马赛公寓的错层处理方法，创造了灵活多变的室内空间．参见崔哲，

董屹，平刚 . 浅论保障性住房的城市精神：宁波市鄞州区人才公寓设计 [J]. 时代建筑，2011(4)：76-81.

[52] 达尔文的演化论也可以运用到社会经济领域，参见 Geoffrey Hodgson and Thorbjørn Knudsen, *Darwin's Conjecture: The Search for General Principles of Social and Economic Evolution* (Chicago: University of Chicago Press, 2010) .

[53] 支文军 . 编者的话：实验与先锋 [J]. 时代建筑，2003（5）：1.

[54] 对先锋的论述，参见 Peter Bürger, *Theory of the Avant-Garde*, trans. Michael Shaw (Minneapolis: University of Minnesota Press, 1984) .

[55] 这里的"竞争力，剥削和物质占有"(competitiveness, exploitation and material possessiveness) 等术语来自于特里· 伊格尔顿的论述，见 Terry Eagleton, *The Ideology of the Aesthetic* (Oxford: Blackwell, 1990), 9.

[56] 此处表述同样受到伊格尔顿对美学的唯物主义阐释的启发 .

[57] Pierre Bourdieu, *The Field of Cultural Production: Essays on Art and Literature*, ed. Randal Johnson (Cambridge: Polity Press, 1993), 115.

[58] 史建 . 实验性建筑的转型：后实验性建筑时代的中国当代建筑 // 朱剑飞主编，中国建筑 60 年，1949-2009：历史理论研究 [M]. 北京：中国建筑工业出版社，2009：296-313.

[59] 同上，302.

[60] 同上 .

[61] 同上，第 301.

[62] 孔祥伟 . 过去十年的中国当代景观设计探索 [J]. 景观设计学，2008（2）：19-22.

[63] 在这里，张永和提及美国建筑师伯纳德・屈米以更加清晰的语言表述过类似的立场，但是没有给出参考。见张永和 . 第三种态度 [J]. 建筑师，2004（4）：24-26.

[64] 同上，24.

[65] 同上，26.

[66] 张永和 . 浮出空间 [J]. 建筑师，2003（10）：14-15.

[67] 同上，15. 另见张永和 . 作文本 [M]. 北京：三联书店出版社，2005：208.

[68] 朱亦民 . 建造一种语言 [J]. 建筑师，2004（4）：48-49.

[69] 周榕 . 建筑师的两种言说：北京柿子林会所的建筑与超建筑阅读笔记 [J]. 时代建筑，2005（1）：90-97.

[70] Nishat Awan, Tatjana Schneider, and Jeremy Till, *Spatial Agency: Other Ways of Doing Architecture* (Abingdon: Routledge, 2011) .

[71] Henri Lefebvre, *The Production of Space*, trans. Donald Nicholson-Smith (Oxford: Blackwell, 1991) .

[72] Kenneth Frampton, *Modern Architecture: A Critical History*, fourth edition (London: Thames & Hudson, 2007), 380; Kenneth Frampton, "Reflections on the Autonomy of Architecture: A Critique of Contemporary Production," in *Out of Site: A Social Criticism of Architecture*, ed.

Diane Ghirardo（Seattle：Bay Press，1991），17-26.

[73] Don Mitchell，*The Right to the City：Social Justice and the Fight for Public Space*（New York；London：Guilford Press，2003）.

[74] 文贯中 . 吾民无地：城市化、土地制度与户籍制度的内在逻辑 [M]. 北京：东方出版社，2014.

[75] Karl Marx，*Economic and Philosophic Manuscripts of 1844*，ed. Dirk J. Struik；trans. Martin Milligan（London：Lawrence & Wishart，1970）.

[76] 青锋 . 体制内的变革者：北京四中房山校区设计 [J]. 时代建筑 . 2014（6）：98-107；史永高 . 建筑的力量：北京四中房山校区 [J]. 建筑学报，2014（11）：19-26；Clare Jacobson，"Branching Out：Garden School，Beijing，" *Architectural Record*，1（2015），110-117.

[77] 引进北京四中这样优质的教育资源，对于开发商来说，能够起到吸引潜在业主的作用 .

[78] 对阿伦特来说，古希腊的城邦（polis）是民主或者公众显现空间的代表 . 在现实中，她所期望的这种空间十分脆弱，受到各种因素的限制限制 . 参见 Hannah Arendt，*The Human Condition*，second edition（Chicago and London：University of Chicago Press，1998），198-199.

[79] 比如说，刘家琨设计的广州时代玫瑰园小区的景观走廊一度被物业管理公司封锁，导致公众无法使用 .

[80] 孟岩 .'城中村'中的美术馆：深圳大芬美术馆 [J]. 时代建筑，2007（5）：100-107.

[81] 朱涛 . 圈内十年：从三个事务所的三个房子说起 [J]. Domus 中文版 . 2010（41）：112-114.

第8章
结论：中间阶段的批评性

对于任何批评性活动来说，最关键的是要有一个具体的战略计划，健全完整而又合乎自身逻辑。可是现在几乎普遍缺乏这种活动，因为政治性的和批判性的策略只有在最典型的情况下才会同时发生，然而，这样的巧合应该是终极目标。[1]

——瓦尔特·本雅明（Walter Benjamin）

本书探讨了同济大学出版的《时代建筑》杂志与批评性建筑实践之间的关系，追溯了20世纪90年代到21世纪头10年间中国建筑界的思想转型，涉及一系列主题，如建筑设计、出版、批评和展览等。本书对当代中国建筑批评性的调查一直在两个重要领域之间来回移动：期刊出版和批评性建筑本身。然而，讨论的主题部分仍然聚焦在该杂志如何努力推介和生产批评性话语和项目。

这项研究的特殊挑战在于运用辩证的阐释方法，把《时代建筑》作为一个核心的媒介来理解杂志出版与建筑实践之间的关系，同时注重与其他建筑期刊的比较。这种注重整体性的辩证思维，有助于笔者把握社会实践的总体状况和建筑生产的特殊性，分析建筑形式或内容以及背后隐藏的经济、文化和意识形态语境，同时考虑学科问题和社会因素。

改革开放以来，中国社会经历了史无前例的巨大变革，经济发展，社会稳定。在这个过程中，人们不禁会问，建筑期刊能够发挥什么样的作用来改变社会文化现状。事实上，《时代建筑》已经为建筑师、学者、官员、经理人和其他相关人士提供了一个讨论学科、专业、社会和文化问题的机会，创造了一个公共领域。作为一个建筑媒体平台，该杂志整合了专题讨论，设计项目，批评和历史回顾，力图把每一期都塑造成一个具有强烈意识形态导向、内容充满差异性并且相互关联的研究项目，帮助专业人士加强对话交流，为理解当代中国的建筑实践作出了重要贡献。自1984年以来，杂志自身的发展可以被认为是对不断变化的社会、政治、经济和建筑行业的持续关切和回应。

《时代建筑》里的理论和项目栏目展现了编辑和作者对当下建筑历史（architectural history of the immediate present）的批判性反思，呈现了建筑实践的焦虑、挣扎、冲突、可能性和局限性，代表了另一种意识形态的认知方式，体现了一种看待和描绘世界的方法。当然，这种意识形态并不完全被其他从业者（例如大型国有设计院和其他商业设计公司的职业建筑师）所认可，这一点并不奇怪。在目前的出版实践背景下，明星人物的作品往往成为热切追捧的目标，媒体和期刊争先恐后地以一种中立（或者说没有选择）的方式参与报道。然而，该杂志对批评性建筑两个基本方面的关注——形式美学实验和社会参与——显示出一定的抵抗性。换句话说，《时代建筑》的批判精神主要在于其主动的选择主题、项目、作者、照片和其他素材，与常规的报道方法有所不同。

《时代建筑》对批评性建筑和建筑评论的选择和接受巧妙地反映了编辑的权力——对作品和评论人的选择。与此同时，批评性思想的生产和流通过程也反映着编辑、建筑师和评论人自己在建筑生产领域的地位。正如英国学者史蒂夫·帕内尔（Steve Parnell）最近所说的那样，权力斗争一直不断地存在于建筑领域之中，杂志编辑和作者激烈争夺定义这个领域和品位的特权。[2] 编辑、建筑师和评论人通过选择、发表和评述项目和作品，试图表达自己的声音并扩大行业影响力。特别重要的是编辑的选择权，这从近期来看，直接影响了作者的挑选，以及从远期来看，决定了期刊本身的声誉。

在该杂志出版的与批评性建筑有关的专辑中，可以发现职业实践主题仍然占据主导地位。虽然杂志对学术话语的关注代表了其内在的学术承诺，但是这些与实践有关的专辑揭示了其专业性。由于作者群体来源十分丰富，包括来自私人设计公司和国有设计机构的建筑师，来自高校的教师，独立策展人和评论人等，《时代建筑》成为连接理论和实践、学术和专业、官方与民间之间的关键桥梁。

仔细分析近年来发表的项目、评论以及作者的分布情况时，读者可以发现，独立建筑师和大学教师是批评性建筑活动的主要角色。除此之外，许多刊登的大型设计项目来自国有设计院，特别是该刊的三大主要协办单位——华东建筑设计研究院，上海建筑设计研究院和同济大学建筑设计研究院。这种作者构成和内容分布明确地阐明了该刊在中国建筑出版界的策略，更具体地说，保持一种学术独立性，同时兼顾办刊方的利益。

从最广泛的意义上来看，建筑实践的主要驱动因素是眼前的物质利益；而纯粹的学术出版物受制于科研生产质量和资金投入的限制，因而仅局限于学术界内的少数人群。对于学院办刊的《时代建筑》来说，有必要与办刊的编辑议程保持一致，而完全的职业化似乎不太符合各种内部和外部的期望。归根结底，建筑学的专业与职业双重性，以及编辑的文化追求和赞助单位的财务支持，在塑造杂志的学术和行业双重性方面发挥了决定性的作用。

当代中国的实验性建筑抗议主流建筑实践的美学形式，力图与“布札”美术传统和各种现代和后现代建筑风格保持距离。这种学科内部批评，忽略了社会政治关切，在意识形态上弥补了中国现代主义建筑观念的缺乏。然而，当新兴建筑师的实践被卷入快速的城市化进程时，他们纯粹抽象的形式语言被转化为主流意识形态的重要部分。为了应对现存的城市问题，一些建筑师在努力解决各种挑战——包括预算有限，建造技术落后，设计周期短，项目体量庞大，功能要求不稳定——同时致力于城市公共领域的营造。他们试图在美学和社会政治方面探索新的形式和空间，揭示了对现有空间逻辑的不满和抵制。尽管如此，由于上述因素，这些公共空间的质量受到不同程度的抑制。同时，许多公共空间受到人为干预导致无法形成有效的公共活动和对话，批评性建筑的局限性被大大放大——其社会意义需要各方努力共同建构，包括建筑师、客户、官员、管理部门、公众和其他利益相关者。

如果说批评性建筑的表达方式受到限制，那么建筑批评的情况如何？美国建筑理论家迈克尔·海斯（Michael Hays）认为，如果批评性的建筑设计是反抗和反对的，那么建筑批评——作为一种活动和知识——也应该是引起公开争议的和反对的。[3] 当今高速而不均衡发展的社会给建筑师的形式实验和社会参与提供了很多机会和挑战。由于新兴建筑师的设计项目大都不太起眼，远非政府投资的大型公共工程，他们的社会介入即使没有得到各方力量的支持，也不大可能受到干预或阻挠，正是因为这些活动很难引起巨大的争议；相反，一旦完工它们却可以促进社会和谐。然而，建筑批评并不是这样，因为批评性写作往往会揭露现实的缺点和不足，批评现状，因此会挑战一些人的既得利益和主导地位。

相对日益繁荣的建筑出版和设计实践，建筑批评依然面临着不少危机：仅有少数期刊致力于建筑评论，不但数量较少，而且也缺乏深度分析。建筑批评的文本里充满过多的主观描述而缺乏严密的形式和社会分析。大部分的评论倾向于就事论事，焦点集中在孤立的建筑物上，忽略了比较和对比；更多的是赞美性言论，缺乏一定程度的否定性。建筑批评的贫瘠，或者说更广泛意义上的批评萎缩，还与传统、文化和社会、政治等因素有关。另外，杂志发表的建筑摄影作品也倾向于故意将建筑物与其建造的背景分开，并忽视建筑与具体使用者的生活方式之间的联系。

鉴于普遍缺乏充满革命性的设计和写作，在什么层面上可以有革命性的出版实践？[4] 这种"革命"性质的缺席在一定程度上与当前"反对革命"的观念产生了共鸣，同时也与中国社会的革命遗产背道而驰。[5] 杂志的编辑和作者，正如本雅明笔下所说的生产者（producers），致力于把原材料转变成一个新的社会产品，一个富有深度的项目。[6] 这种转变是通过一定的人力劳动，使用一定的生产手段来实现的。[7] 在这方面，杂志作为一种文化商品，具有两个矛盾的特征：消费和生产。作为一个机构，这本杂志有能力吸引读者到建筑领域。杂志的主题编辑策略是一种积极的介入——最初选择一个明确的主题，然后邀请认可的专家来撰写论文，之间可能会给作者提供一些反馈意见。这个过程类似于德国戏剧家贝尔托·布莱希特（Bertolt Brecht）提倡的史诗戏剧，试图把各种贡献者转变为合作者，避免文化生产过程中产生的专业化趋势。[8] 在这个意义上，杂志作为一种媒介或戏剧舞台，是由编辑（导演），作者（演员）和读者（观众）共同建构的，同时创造性地构建和再现了社会现实，其目的是从美学和社会角度来改变现实。

《时代建筑》对社会问题的广泛讨论清楚地表明了其对生产关系的态度。换句话说，它的立场体现在，它试图通过反思一系列典型的建筑和城市现象来批判性地介入建筑实践，力争在改变复杂现实中发挥变革作用。毫无疑问，期刊出版要维护政治正确，但与此同时，《时代建筑》把关注的重点放在建筑实践的困境、焦虑和矛盾等方面。因此可以说，它是建筑生产的渐进改革者，而不是一个激进的评论者或反叛的革命者。

在中国建筑出版界，《时代建筑》致力于展示批评性建筑和建筑评论以及生产批评性话语，形成了一种独具特色的出版模式。作为一种文化商品，它要努力应对广泛而复杂的挑战，包括文化责任和商业压力；作为一种社会产品，其质量受原材料（文本、项目和建筑照片）以及处理或编辑这些素材方式的影响。由于杂志编辑和作者的立场大都摇摆于文化探索和社会现实之间，它所揭示的批评性在某种程度上是介于改革和革命之间的中间状况。

要理解这种中间立场，有必要在当前的社会、经济和文化背景下考察建筑出版（文化生产）是如何运作。《时代建筑》诞生在改革开放初期，此时的中国正经历社会、经济、意识形态和文化的巨大变革。20 世纪 90 年代以来，随着社会主义市场经济制度的逐步确立，市场力量进一步渗透到文化生产过程中,任何实践都要面对权力和资本的影响。批评性的建筑实践(包括设计、写作和出版等活动）试图抵抗建筑领域资本主义生产方式的主导；而批评性的实现则依赖于个人和机构的资助。这种内在的矛盾要求建筑从业人员不仅要巧妙地挑战商品化霸权和权力统治，而且巧妙地利用系统内的资本来改造客观现实。在这里，大卫·哈维的论述非常有启发性：

通过寻求交易真实性、地域性、历史、文化、集体记忆和传统的价值，这种过程也为政治思考和行动开辟了空间，在此蕴涵了新的可能性。通过反抗性的运动可以深入探索和培育这种空间。它也是构建新型全球化的希望空间之所在。其中进步的文化力量利用资本而不是被资本利用。[9]

相比之下,寻求和利用这种空间对于批评性的建筑实践也至关重要。对于《时代建筑》来说，加强与商业设计公司（国有设计机构和私人设计事务所）之间的联系可以利用其资金支持更好地办刊；而关注批评性话语和项目也展示了其文化承诺；在主管部门的监督管理下，杂志加强自身的政治立场；而对建筑和城市问题的思考并不意味着它纯粹地赞美或赞同现状。在这种局面下，杂志编辑，像其他批评性活动从业者一样，包括建筑师和评论家，类似走钢丝的人，需要时刻保持平衡。

在全球化高度发展的今天,《时代建筑》通过推出理论思辨、设计作品、建筑评论和历史回顾等一系列栏目来记录批评性话题和项目，特别是新兴建筑师的创新性和探索性设计。该杂志基于主题的编辑策略倾向于有选择性地关注一些典型而具体的现象，通过报道与特定主题相关的设计项目，拓展了建筑学的知识边界和视野。通过巧妙整合批评性建筑和建筑批评，该杂志不仅积极推介而且参与生产了一种新形式的批评性实践。

批评性建筑与建筑杂志十分类似,它们不仅是一种文化产品,也是市场上生产的一种商品。作为建筑生产过程中的一种特殊实践，批评性建筑的出现离不开建筑师、业主、施工人员和其他人的支持，他们试图在文化和经济层面上创造不一样的建筑作品，这种愿望驱动着彼此间的沟通和合作。批评性建筑往往会挑战主流的建筑意识形态，反抗资本和权力的支配地位。但也要承认，资本和权力的存在绝不是一个单一的实体。在主导力量的结构之中，固有的竞争或利益斗争仍然允许从业者寻求差异化。在这种情况下，批评性建筑可能被各种赞助人用作资本积累的工具。

21 世纪之初的实验建筑，其独特、差异化的美学被新兴资本所欣赏。这也意味着，批评性建筑是文化资本的一个体现，它在某些条件下可以转化为经济资本。为了构建一个差异化的（在市场上有显著可识别性的）形象，资本和权力结构中的进步力量曾经大力支持新兴建筑师探索新的可能性。这种创造差异化产品的共同信念促使建筑师、施工方、业主等人在生产过程中密切合作，以便在各自的领域建立竞争力。英国城市设计学者伊恩・本特利（Ian Bentley）从资本积累周期的角度中看待城市转型，而批评性的建筑实践则代表了土地、劳动力和建筑材料向可销售商品（建筑物或图像）的转变过程。[10]

创新性的设计探索，既区别于常见的实践模式，也是对现状的一种批判，但对于业主来说，它只是生产资本或创造利润的其中一环。批评性建筑的投资收益是一个长期的过程，而在当今市场化背景下，绝大多数投资者往往追求即时回报，只有极少数业主会花费大量的金钱和精力来建造具有永久文化价值的建筑。本书前几章的讨论表明，批评性建筑的实现在很大程度上取决于客户的惠顾和信任；然而，只有业主的支持还是不够的。如果我们重新考虑王澍的象山校园建设过程，应该承认，数千名建筑工人师傅在短时间内为出色地完成这项工程付出了心血、汗水和智慧，虽然他们精彩的创意和低廉的收入并不匹配。考虑到建筑师负责制还没有真正建立，良好的设计理念经常在施工过程中没有得到严格执行。在这种情况下，追求较高的完成度意味着建筑师、施工方和业主要投入更多的劳动、资金和时间。同样，没有地方政府的大力支持（且不考虑其背后动机），新兴建筑师参与的集群设计项目也很难实现。

批评性的建筑实践需要多方面的协作，但如果缺乏适当的管理，建筑的社会和环境意义也无法充分体现。[11] 例如，由于受到业主的严格监管和控制，许多精心设计的公共空间受到限制而无法发挥应有的作用。虽然这令人沮丧的现实体现了批评性建筑在社会批评方面的内在局限性，然而，人们不应该放弃努力来创造和使用更多有意义的空间和场所。对城市公共空间使用权的斗争，同争取更多的清洁空气、食品安全、流动性、平等教育、平等医疗保健和民主参与决策等"草根运动"一样，表达了对某些现状的抗议和不满。[12] 建筑师、编辑、评论家、出版商、客户、施工方和用户也应该加入这一运动之中，他们有责任创造更人性化的物质环境，这种努力也是法国哲学家亨利・列斐伏尔所称的"进入城市的权利"（the right to the city）。[13]

值得注意的是，像任何其他抗议运动一样，批评性建筑倾向于强调日常的抵抗行为，而非直接否定目前的政治制度。正是持有这样一个微妙的立场，许多批评性实践者努力挑战现状，推动强势的一方接受他们正当的诉求。在这个意义上，作为一种在具体历史条件的产物，中间阶段的批评性接近于意大利马克思主义理论家安东尼奥・葛兰西（Antonio Gramsci）所谓的"被动革命"，即由底层引发，受上层控制的渐进而微小的变化。[14]

笔者将《时代建筑》呈现的批评性定义为中间阶段，正是因为它既不彻底又不激进，而表现为温和而适中。这种实践立场以内在的形式实验和外部的社会批评为特征，摇摆于个人美学抵抗和群众思想革命之间。这个定义为调查和讨论批评性活动开辟了一个广阔的中间地带，同时又避免静止、僵化的分类。[15] 中间阶段的批评性是中国社会环境中出现的一种特殊的“批判模式”，得到支配力量的支持，同时也倾向于以微妙的方式挑战他们的统治和压迫。这种批评性行动，作为一种渐进的改革或平衡的批评，融合了知识分子钱理群所称的“思想批判的彻底”和“社会实践的妥协”。[16]

《时代建筑》与政府部门，市场和社会有着微妙而复杂的联系，它的出版活动明确地体现了这一批评性策略（图 8.1）。通过有效的市场运作，《时代建筑》获得了主办方、协办方以及读者的支持；同时，该杂志也努力满足他们的要求，并保持编辑自身的文化立场。在遵守国家出版条例的同时，杂志编辑还邀请作者关注当下的建筑和城市问题。重大社会事件是杂志一个重要的主题来源，其专辑也是对这种社会状况的直接反映。在这个意义上，这本杂志在弥合政府——市场——社会三大重要部门之间发挥了批评性作用。作为这个复杂、脆弱且相互依赖的生态系统的调解人，《时代建筑》很少直接表达对政府和市场的对抗态度。虽然没有否定它们的合法性，但它对批评性话语和项目的介绍却暗含了对现状的担忧。

这种立场既不是极端的个人表达或批判，也不是无条件地屈服资本和权力的意志，而是融合了美学抵抗和社会介入，维持了建设与批评之间的平衡，整合了个人文化雄心并兼顾社会经济和专业现实。换句话说，这种“中间阶段的批评性”鲜明地体现在《时代建筑》杂志的页面中。

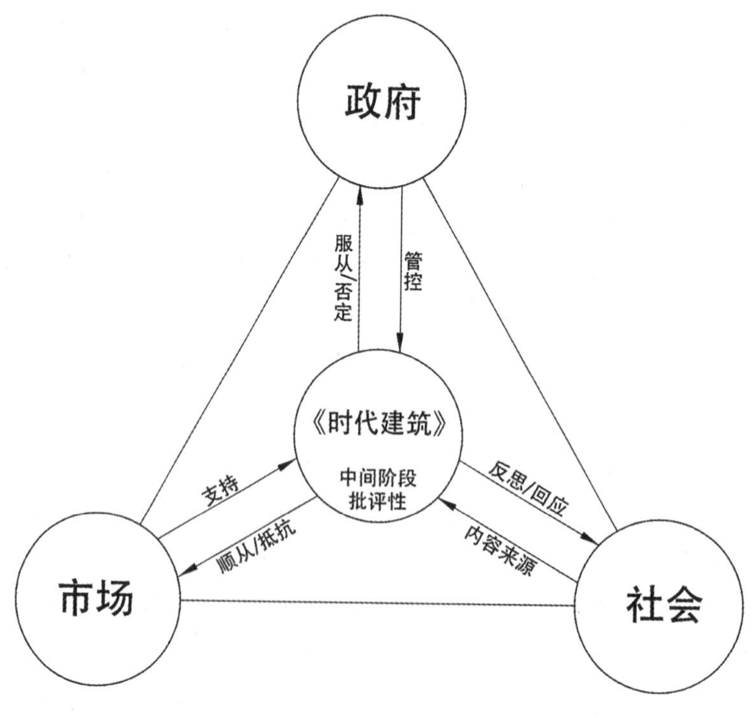

图 8.1 《时代建筑》与政府部门，市场和社会的关系

该杂志对批评性建筑和建筑批评的一贯重视表明了一种“双重批判或抵制”——一方面反对建筑实践中庸俗、过分商品化的倾向，另一方面抵制建筑出版过程中缺乏社会责任的编辑态度。通过积极的编辑策略，《时代建筑》推介设计作品和建筑批评，在一定程度上将两种不同形式的活动（建造和写作）整合到一个全新的批评性实践。鉴于该杂志的干预策略主要局限于主题选择和平面排版，其基于视觉的图文组合方式缺乏深入的社会批评（对比西方期刊经常在文字和图片组合中展示隐含的信息和含义），但这种出版实践在很大程度上没有增加批评性或进一步提升批评的潜力。[17] 这种批评性活动因缺乏彻底性而呈现中间立场，部分是因为实践者不追求透彻或没有彻底的意识，部分是因为目前的社会和专业环境限制了批评的尺度。

应该特别强调的是，当代中国建筑界出现的“双重抵制”和“中间批评性”是一种新的文化现象。其历史意义在于，一个具有明确编辑议程的建筑学杂志可以构建一个阐述批判性思想的地方。由于杂志编辑和作者的努力，包括建筑师、评论家、学者、客户和官员等，这个公共领域有可能将批评性声音转化为实践动力。《时代建筑》对批评性建筑的报道和讨论清晰地展示了日益活跃的设计、写作、教育、摄影和策展等活动。考虑到中国的实际情况——现代主义建筑传统薄弱和社会上虽没有抑制但至少没有鼓励批判性思维的发展，这种新兴的批评倾向依然展现了一定的进步意义。

中间阶段的批评性表现为一种建设性、充满正能量或者迂回的批评，而非直接的对抗。这种特殊形式的批评混合了文化探索与社会责任，受个人主观能力和客观社会情境的影响。[18] 它反映了实际批评状况和预期表现之间的差距。[19] 但这并不意味着中间阶段的批评性应该是建筑创作的最终目标。自由的形式实验和积极的社会参与，或者内部学科批评和外部社会批评的紧密结合才是应该追求的。要提升批评的质量和层次（把中间的批评性转化为一个彻底的批评性），实践者需要应对和解决建筑文化和社会体制的双重困境。恰恰是人们处理这两个艰巨挑战的能力，在过去、现在以及将来决定建筑实践的批评性潜力。在这个意义上，本雅明强调的（本章开头引用）政治性和批判性战略的结合对人们来说仍是一个有益的提醒。

注释：

[1] Walter Benjamin, “Program for Literary Criticism,” in *Selected Writings*, volume 2: 1927-1934, eds. Michael W. Jennings, et al.（Cambridge, Mass.; London: Belknap Press of Harvard University Press, 1999）, 289-96. 原文：What is crucial about any critical activity is whether it is based on a concrete sketch（strategic plan）that has its own logic and its own integrity. This is missing almost universally nowadays, because political and critical strategies coincide only in the most outstanding cases. Nevertheless, such a coincidence should be the ultimate goal.

[2] Steve Parnell, *Architectural Design, 1954-1972: The Architectural Magazine's Contribution to the Writing of Architectural History*（Ph.D. thesis, The University of Sheffield, 2011）, 356.

[3] Michael Hays, “Critical Architecture: Between Culture and Form,” *Perspecta* 21, (1984), 15-29.

[4] Teary Eagleton, *Walter Benjamin, or Towards a Revolutionary Criticism* (London: NLB, 1981), 97.

[5] Arif Dirlik, “Back to the Future: Contemporary China in the Perspective of Its Past, Circa 1980,” in *China and New Left Visions: Political and Cultural Interventions*, eds. Ban Wang and Jie Lu (Lanham, Boulder, New York, Toronto, Plymouth, UK: Lexington Books, 2012), 3-42.

[6] Walter Benjamin, “The Author as Produce,” in *Selected Writings*, volume 2: 1927-1934, eds. Michael W. Jennings, et al. (Cambridge, Mass.; London: Belknap Press of Harvard University Press, 1999), 768-82.

[7] Louis Althusser, *For Marx*, trans. Ben Brewster (London: Verso, 2005).

[8] See Peter Brooker, “Key Words in Brecht's Theory and Practice of Theatre,” *in The Cambridge Companion to Brecht*, eds. Peter Thomson and Glendyr Sacks (Cambridge: Cambridge University Press, 1994), 185-200.

[9] David Harvey, “The Art of Rent: Globalization and the Commodification of Culture,” in *Spaces of Capital* (New York: Routledge, 2001), 394-411. 原文：By seeking to trade on values of authenticity, locality, history, culture, collective memories and tradition, they open a space for political thought and action within which alternatives can be both devised and pursued. That space deserves intense exploration and cultivation by oppositional movements. It is one of the key spaces of hope for construction of an alternative kind of globalization. One in which the progressive forces of culture appropriate those of capital rather than the other way round.

[10] Ian Bentley, *Urban Transformation: Power, People and Urban Design*, (London: Routledge, 1999).

[11] 关于对话（dialogue）与合作（collaboration）的区别，参见 Darren Deane, “The Recovery of Dialogue,” *South African Journal of Art History* 25, no. 3 (2010), 129–140.

[12] Peter Marcuse, “Whose Right (s) to What City,” in *Cities for People, Not for Profits: Critical Urban Theory and the Right to the City*, eds. Neil Brenner, Peter Marcuse, and Margit Mayer (London and New York: Routledge, 2012), 24-41.

[13] Henri Lefebvre, “The Right to the City,” in *Writings on Cities*, trans. Eleonore Kofman and Elizabeth Lebas (Oxford: Blackwell, 1996), 147-159.

[14] Antonio Gramsci, *Selections from the Prison Notebooks of Antonio Gramsci*, ed. and trans. Quintin Hoare and Geoffrey Nowell Smith (London: Lawrence and Wishart, 1971), 109. Carlos Nelson Coutinho, *Gramsci's Political Thought*, trans. Pedro Sette-Camara (London and Boston: Brill, 2012).

[15] Richard G. Fox and Orin Starn, “Introduction,” in *Between Resistance and Revolution: Cultural Politics and Social Protes*, eds. Richard G. Fox and Orin Starn (New Brunswick, New Jersey and London: Rutgers University Press, 1997), 1-16.

[16] 钱理群 . 我的精神自传 [M]. 桂林：广西师范大学出版社，2007.

[17] Robin Wilson，*Image，Text，Architecture：The Utopics of the Architectural Media.*（Farnham，Ashgate Publishing Limited，2015）.

[18] 与中间（或者适宜）技术（intermediate technology or appropriate technology）相比，中间阶段的批评性不是一个意识形态目标，而是一个实际结果 . 尽管中间技术和中间阶段的批评性都是由客观环境（包括社会，经济和技术发展水平）决定的，但主观因素在塑造批评性建筑实践中发挥核心作用 . 当前，很多新兴建筑师的作品都采用了一些适宜技术——包括低科技含量、劳动密集型和本地控制的建造方式以及节能建筑材料，对中间阶段批评性的形成做出了重大的贡献 . 但是使用这些技术不能直接保证中间阶段批评性的出现，更不用说一种彻底的批评性 .

[19] 项目的实际情况与公众对项目期望是有差别的，这种区别与审计领域所谓的“期望差距”相似 . 注册会计师受客户邀请进行独立审计，既要为雇主提供职业服务，同时也要肩负社会责任为公众提供客观数据 . 无独有偶，批评性实践的建筑师受雇于业主并为其创造良好的环境，同时也要考虑和维护公众和社会利益 . 在业主和社会之间，批评性建筑师处于中间人地位，要对两方面负责 . 在很大程度上，建筑的实践批评程度与其如何平衡各方要求的方式有关 .

参考文献

英文

Adorno, Theodor W. "Cultural Criticism and Society." In *Prisms*, translated by Samuel, and Shierry Weber, 17-34. London: Spearman, 1967.

Adorno, Theodor W. *Aesthetic Theory*. Edited by Gretel Adorno, and Rolf Tiedemann; newly translated, edited, and with a translator's introduction by Robert Hullot-Kentor. London: Athlone Press, 1997.

Adorno, Theodor W. and Max Horkheimer. *Dialectic of Enlightenment*. Translated by John Cumming. London: Verso, 1997.

Althusser, Louis. *Essays on Ideology*. London: Verso, 1984.

Althusser, Louis. *For Marx*. Translated by Ben Brewster. London: Verso, 2005.

Arendt, Hannah. *The Human Condition*. Second edition. Chicago & London: University of Chicago Press, 1998.

Awan, Nishat, Tatjana Schneider, and Jeremy Till. *Spatial Agency: Other Ways of Doing Architecture*. Abingdon: Routledge, 2011.

Baird, George. "'Criticality' and Its Discontents." *Harvard Design Magazine* 21 (Fall 2004/Winter 2005): 16-21.

Barthes, Roland. *Critical Essays*. Translated by Richard Howard. Evanston, Illinois: Northwestern University Press, 1972.

Benjamin, Walter. "The Task of the Translator: An Introduction to the Translation of Baudelaire's *Tableaux Parisiens*." In *Illuminations*, edited and with an introduction by Hannah Arendt; translated by Harry Zohn, 70-82. London: Pimlico, 1999.

Benjamin, Walter. "Program for Literary Criticism." In *Selected Writings*, volume 2: 1927-1934, edited by Michael W. Jennings, et al., 289-296. Cambridge, Mass.; London: Belknap Press of Harvard University Press, 1999.

Benjamin, Walter. "The Author as Producer." In *Selected Writings*, volume 2: 1927-1934, edited by Michael W. Jennings, et al., 768-782. Cambridge, Mass.; London: Belknap Press of Harvard University Press, 1999.

Bentley, Ian. *Urban Transformation: Power, People and Urban Design*. London: Routledge, 1999.

Bloomer, Kent C., and Charles Moore. *Body, Memory, and Architecture*. New Haven: Yale University Press, 1977.

Broekman, J. M. *Structuralism: Moscow-Prague-Paris*. Translated by J. F. Beekman and B. Helm. Dordrecht and Boston: D. Reidel Publishing Company, 1974.

Brooker, Peter, "Key Words in Brecht's Theory and Practice of Theatre." In *The Cambridge Companion to Brecht*, edited by Peter Thomson and Glendyr Sacks, 185-200. Cambridge: Cambridge University

Press, 1994.

Bourdieu, Pierre. "The Forms of Capital." In *Handbook for Theory and Research for the Sociology of Education*, edited by John G. Richardson, 241–258. Westport, Conn.; London: Greenwood Press, 1986.

Bourdieu, Pierre. *The Field of Cultural Production: Essays on Art and Literature*. Edited by Randal Johnson. Cambridge: Polity Press, 1993.

Calhoun, John C. *A Disquisition on Government and Selections from the Discourse*. Edited with an introduction, by C. Gordon Post; foreword by Shannon C. Stimson. Indianapolis: Hackett Publishing Co., 1995.

Chase, John, Margaret Crawford, and John Kaliski. *Everyday Urbanism*. New York: Monacelli Press, 2008.

Cody, Jeffrey W. *Building in China: Henry K. Murphy's "Adaptive Architecture", 1914-1935*. Hong Kong: The Chinese University Press; Seattle: University of Washington Press, 2001.

Cody, Jeffory W., Nancy S. Steinhardt, and Tony Atkin. *Chinese Architecture and the Beaux-Arts*. Honolulu: University of Hawaii Press/Hong Kong: Hong Kong University Press, 2011.

Colomina, Beatriz. *Privacy and Publicity: Modern Architecture as Mass Media*. Cambridge, Mass: MIT Press, 1994.

Colomina, Beatriz, Craig Buckley. *Clip, Stamp, Fold: The Radical Architecture of Little Magazines, 196X - 197X*. Barcelona: Actar, 2010.

Conrads, Ulrich. *Programs and Manifestoes on 20th-Century Architecture*. Translated by Michael Bullock. Cambridge, Mass.: MIT Press, 1975.

Crysler, Greig C. *Writing Spaces: Discourses of Architecture, Urbanism, and the Built Environment, 1960-2000*. New York and London: Routledge, 2003.

Deane, Darren. "The Recovery of Dialogue." *South African Journal of Art History* 25 (2010): 129–140.

Denison, Edward, and Ren Guang Yu. *Modernism in China: Architectural Visions and Revolutions*. Chichester: John Wiley, 2008.

Dikötter, Frank. *The Age of Openness: China before Mao*. Berkeley, Calif.: University of California Press, 2008.

Dikötter, Frank. *Mao's Great Famine: The History of China's Most Devastating Catastrophe, 1958-62*. London: Bloomsbury, 2011.

Dirlik, Arif. "Back to the Future: Contemporary China in the Perspective of Its Past, Circa 1980." In *China and New Left Visions: Political and Cultural Interventions*, edited by Ban Wang and Jie Lu, 3-42. Lanham, Boulder, New York, Toronto, Plymouth, UK: Lexington Books, 2012.

Dovey, Kim. "I Mean to be Critical, But." In *Critical Architecture*, edited by Jane Rendell, Jonathan Hill, Murray Fraser and Mark Dorrian, 252-268. London and New York: Routledge, 2007.

Dukes, Ashley. "Tradition in Drama." In *Tradition and Experiment in Present-day Literature*, 98-148. London: Oxford University Press, 1929.

Eagleton, Terry. *Marxism and Literary Criticism*, London: Methuen, 1976.

Eagleton, Terry. *Walter Benjamin, or Towards a Revolutionary Criticism*. London: NLB, 1981.

Eagleton, Terry. *The Function of Criticism: From the Spectator to Post-Structuralism*. London: Verso, 1984.

Eagleton, Terry. *The Ideology of the Aesthetic*. Oxford: Blackwell, 1990.

Editorial. "A Magazine of Neither: Twenty-five Years of *OASE*." *OASE*, 75, (2008): 2-7.

Elkins, James. *What Happened to Art Criticism?* Chicago: Prickly Paradigm Press, 2003.

Eisenman, Peter. "Critical Architecture in a Geopolitical World." In *Architecture beyond Architecture*, edited by Cynthia Davidson and Ismail Serageldin, 78-81. London: Academy Editions, 1995.

Engels, Friedrich. *Dialectics of Nature*. 2nd rev., Moscow: Progress Publishers, 1954.

Engels, Friedrich. *Anti-Dühring: Herr Eugen Dühring's Revolution in Science*. London: Lawrence & Wishart, 1975.

Erten, Erten. *Shaping" The Second Half Century":* The Architectural Review*, 1947-1971*. PhD Thesis, Massachusetts Institute of Technology, 2004.

Fischer, Ole W. "Atmospheres – Architectural Spaces between Critical Reading and Immersive Presence." *Field: A Free Journal of Architecture*, 1 (2007): 24-41.

Foucault, Michel. "Of Other Spaces." Translated by Jay Miskowiec, *Diacritics*. 1 (1986): 22-27.

Foucault, Michel. "Practicing Criticism." In *Politics, Philosophy, Culture: Interviews and Other Writings 1977-1984*, edited by Lawrence D. Kritzman, translated by Alan Sheridan and others, 155. London and New York: Routledge, 1988.

Foucault, Michel. *Archaeology of Knowledge*. Translated by A. M. Sheridan Smith, London: Routledge, 2002.

Føllesdal, Dagfinn. "The *Lebenswelt* in Husserl." In *Science and the Life-World: Essays on Husserl's Crisis of European Sciences*, edited by David Hyder and Hans-Jörg Rheinberger, 27-45. Stanford, Calif.: Stanford University Press, 2010.

Frampton, Kenneth. "Reflections on the Autonomy of Architecture: A Critique of Contemporary Production." In *Out of Site: A Social Criticism of Architecture*, edited by Diane Ghirardo, 17-26. Seattle: Bay Press, 1991.

Frampton, Kenneth. *Studies in Tectonic Culture: The Poetics of Construction in Nineteenth and Twentieth Century*, Cambridge, Mass.; London: MIT Press, 1996.

Frampton, Kenneth. *Labour, Work and Architecture: Collected Essays on Architecture and Design*, London: Phaidon, 2002.

Frampton, Kenneth. *Modern Architecture: A Critical History*. London: Thames & Hudson, 2007.

Frampton, Kenneth. "Beneath the Radar: Rocco Yim and the New Chinese Architecture." In *Reconnecting Cultures: The Architecture of Rocco Design*, edited by Jessica Niles DeHoff, 10. London: Artifice books on Architecture, 2013.

Fraser, Murray. "The Cultural Context of Critical Architecture." *The Journal of Architecture*, 3 (2005): 317-322.

Fromonot, Francoise. "Why Start an Architecture Journal in an Age That is Disgusted with (Most of) Them?" *OASE*, 81 (2010): 66-78.

Fung, Stanislaus. "Orientation: Notes on Architectural Criticism and Contemporary China." *Journal of Architectural Education*, 3 (2009): 16–17.

Gasché, Rodolphe. *The Honor of Thinking: Critique, Theory, Philosophy*. Stanford: Stanford University Press, 2007.

Gell, Alfred. *Art and Agency: An Anthropological Theory*. Oxford: Oxford University Press, 1998.

Goldman, Merle. "The Party and the Intellectuals." In *The Cambridge History of China, vol. 14, The People's Republic, Part I: The Emergence of Revolutionary China 1949-1965*, edited by Roderick MacFarquhar and John K. Fairbank, 218-258. Cambridge: Cambridge University Press, 1987.

Goldman, Merle. *China's Intellectuals: Advise and Dissent*, Cambridge, Mass.: Harvard University Press, 1981.

Gramsci, Antonio. *Selections from the Prison Notebooks of Antonio Gramsci*, edited and translated by Quintin Hoare and Geoffrey Nowell Smith, London: Lawrence and Wishart, 1971.

Groom, Simon. "The Real Thing." In *The Real Thing: Contemporary Art from China*, edited by K. W. Smith, 8-15. London: Tate, 2007.

Gu, Edward, and Merle Goldman. *Chinese Intellectuals between State and Market*. London and New York: Routledge, 2004.

Guo, Qinghua. "*Yingzao Fashi*: Twelfth-Century Chinese Building Manual." *Architectural History* 41 (1998): 1-13.

Gutierrez, Laurent, and Valerie Portefaix. *Yung Ho Chang/Atelier Feichang Jianzhu: A Chinese Practice*, Hong Kong: Map Book Publishers, 2003.

Habermas, Jürgen. *The Structural Transformation of the Public Sphere: An Inquiry into a Category of Bourgeois Society*. Translated by Thomas Burger with the assistance of Frederick Lawrence, Cambridge, Mass.: MIT Press, 1989.

Hale, Jonathan. *Building Ideas: An Introduction to Architectural Theory*. Chichester: John Wiley & Sons, 2000.

Hale, Jonathan. *Merleau-Ponty For Architects*. London and New York: Routledge, 2017.

Harbeson, John F. *The Study of Architectural Design*. New York: W. W. Norton, 2008.

Harvey, David. "The Urban Process under Capitalism: A Framework for Analysis." In Michael Dear and Allen J. Scott (eds.) *Urbanization and Urban Planning in Capitalist Society*, 91-121. London and New York: Methuen, 1981.

Harvey, David. *The Condition of Postmodernity: An Enquiry into the Origins of Cultural Change*. Malden, Mass.; Oxford: Blackwell, 1990.

Harvey, David. *Justice, Nature and the Geography of Difference*. Cambridge, Mass.: Blackwell Publishers, 1996.

Harvey, David. "The Art of Rent: Globalization and the Commodification of Culture," In *Spaces of Capital: Towards a Critical Geography*, 394-411. Edinburgh: Edinburgh University Press, 2001.

Harvey, David. "The Right to the City." *New Left Review* 53, (2004): 23-40.

Harvey, David. *A Brief History of Neoliberalism*. London and New York: Oxford University Press, 2007.

Hays, Michael. "Critical Architecture: Between Culture and Form." *Perspecta* 21, (1984): 15-29.

Hays, Michael., Kogod, Lauren and the Editors "Twenty Projects at the Boundaries of the Architectural Discipline Examined in Relation to the Historical and Contemporary Debates over Autonomy." In *Mining Autonomy*, edited by Michael Osman, Adam Ruedig, Matthew Seidel and Lisa Tilney. A special issue of *Perspecta*, 33(2002): 54-71.

Hazeltine, Barrett, and Christopher Bull. *Appropriate Technology: Tools, Choices and Implications*. San Diego, CA: Academic Press, 1999.

Heidegger, Martin. *Being and Time*. Translated by John Macquarrie and Edward Robinson. New York: Harper Perennial, 2008.

Heynen, Hilde. "A Critical Position for Architecture." In *Critical Architecture*, edited by Jane Rendell, Jonathan Hill, Murray Fraser and Mark Dorrian, 48-56. London and New York: Routledge, 2007.

Hodgson, Geoffrey, and Thorbjørn Knudsen. *Darwin's Conjecture: The Search for General Principles of Social and Economic Evolution*. Chicago: University of Chicago Press, 2010.

Horkheimer, Max. "Traditional and Critical Theory." In *Critical Theory: Selected Essays*, 188-235. Trans. Matthew J. O'Connell and others, New York: Continuum, 1982.

Jacobson, Clare. *New Museums in China*. New York: Princeton Architectural Press, 2013.

Jacobson, Clare. "Catalytic Converter: Long Museum West Bund." *Architectural Record*, 8(2014): 64-71.

Jacobson, Clare. "Branching Out: Garden School, Beijing." *Architectural Record*, 1(2015): 110-117.

Jameson, Fredric. *Marxism and Form: Twentieth-Century Dialectical Theories of Literature*. Princeton, N.J.: Princeton University Press, 1971.

Jameson, Fredric. "Architecture and the Critique of Ideology." In *Architecture, Criticism, Ideology*, edited by Joan Ockman, 51-87. New York: Princeton Architectural Press, 1985.

Jameson, Fredric. *Postmodernism, or, the Cultural Logic of Late Capitalism*. London: Verso, 1991.

Jameson, Fredric. "Is Space Political?" In *Rethinking Architecture: A Reader in Cultural Theory*, edited by Neil Leach, 255-269. London and New York: Routledge, 1997.

Jameson, Fredric. *Valences of the Dialectic*. London: Verso, 2009.

Janniere, Helene. "Architecture Criticism: Identifying an Object of Study." Translated by Michael Jameson, *OASE*, 81(2010): 34-54.

Jenkins, Frank. "Nineteenth-Century Architectural Periodicals." In *Concerning Architecture: Essays on*

Architectural Writers and Writing Presented to Nikolaus Pevsner, edited by John Summerson, 153-160. London: Allen Lane, 1968.

Koolhaas, Rem. "City of Exacerbated Difference." In *Great Leap Forward*, edited by Judy Chung Chui hua, Jeffrey Inaba, Rem Koolhaas and Sze Tsung Leong, 29. Cologne: Taschen, 2002.

Kraus, Richard. "Let a Hundred Flowers Blossom and a Hundred Schools of Thought Contend." In *Words and Their Stories: Essays on the Language of Chinese Revolution*, edited by Wang Ban, 249-262. Leiden and Boston: Brill, 2011.

Lai, Delin. "Searching for a Modern Chinese Monument: The Design of the Sun Yet-sen Mausoleum in Nanjing." *Journal of the Society of Architectural Historian*, 1 (2005): 25-55.

Leatherbarrow, David. "The Craft of Criticism." *Journal of Architectural Education* 3 (2009): 21+96-99.

Lefebvre, Henri. *The Production of Space*. Translated by Donald Nicholson-Smith. Oxford: Blackwell, 1991.

Lefebvre, Henri. "The Right to the City." In *Writings on Cities*, selected, translated, and introduced by Eleonore Kofman and Elizabeth Lebas, 147-159. Oxford: Blackwell, 1996.

Li, Shiqiao. "Reconstituting Chinese Building Tradition: The *Yingzao fashi* in the Early Twentieth Century." *Journal of the Society of Architectural Historians* 4 (2003): 470-489.

List, Christian, and Philip Pettit. *Group Agency: The Possibility, Design, and Status of Corporate Agents*, Oxford: Oxford University Press, 2011.

Lu, Duanfang. *Remaking Chinese Urban Form: Modernity, Scarcity and Space, 1949-2005*. London and New York: Routledge, 2006.

Mabe, Michael. "The Growth and Number of Journals." *Serials: The Journal for the Serials Community*, 2 (2003): 191-197.

Marcuse, Peter. "Whose Right (s) to What City." In *Cities for People, Not for Profits: Critical Urban Theory and the Right to the City*, edited by Neil Brenner, Peter Marcuse, and Margit Mayer, 24-41. London and New York: Routledge, 2012.

Marx, Karl, and Friedrich Engels. "Theses on Feuerbach." In *Selected Works I*. Translated by W. Lough, 13–15. Moscow: Progress Publishers, 1969.

Marx, Karl. *Economic and Philosophic Manuscripts of 1844*. Edited by Dirk J. Struik, translated by Martin Milligan, London: Lawrence & Wishart, 1970.

Marx, Karl, and Friedrich Engels. *The Communist Manifesto*. With an introduction by David Harvey, London: Pluto, 2008.

Merleau-Ponty, Maurice. *The World of Perception*. Translated by Oliver Davis. London: Routledge, 2004.

Merleau-Ponty, Maurice. *Phenomenology of Perception*. Translated by Donald A. Landes. Abingdon: Routledge, 2012.

Mertins, Detlef, and Michael W. Jennings. *G: An Avant-Garde Journal of Art, Architecture, Design, and Film, 1923-1926*. Los Angeles: Getty Research Institute, 2010.

Miao, Pu. "Deserted Streets in a Jammed Town: Gated Communities in Chinese Cities and Its Solution." *Journal of Urban Design*, 1 (2003): 45-66.

Miao, Pu. "Brave New City: Three Problems in Chinese Urban Public Space since the 1980s." *Journal of Urban Design*, 2 (2011): 179-207.

Mitchell, Don. *The Right to the City: Social Justice and the Fight for Public Space*. New York; London: Guilford Press, 2003.

László Moholy-Nagy, "Production-Reproduction." In *Photography in the Modern Era: European Documents and Critical Writings, 1913-1940*, edited by Christopher Phillips, 79-82. New York: Metropolitan Museum of Art / Aperture, 1989.

Ockman, Joan. "Resurrecting the Avant-Garde: The History and Program of *Oppositions*." In *Architectureproduction*, edited by Joan Ockman and Beatriz Colomina, 181-199. New York: Princeton Architectural Press, 1988.

O' Donnell, Mary Ann, Winnie Wong, Jonathan Bach. *Learning from Shenzhen: China's Post-Mao Experiment from Special Zone to Model City*. Chicago: University of Chicago Press, 2017.

Otero-Pailos, Jorge. *Architecture's Historical Turn: Phenomenology and the Rise of the Postmodern*. Minneapolis, Minn.: University of Minnesota Press, 2010.

Pallasmaa, Juhani. *The Eyes of the Skin: Architecture and the Senses*, 3rd edition. Chichester: Wiley, 2012.

Parnell, Steve. Architectural Design, *1954-1972: The Architectural Magazine's Contribution to the Writing of Architectural History*. PhD Thesis, The University of Sheffield, 2011.

Pawley, Martin. *The Strange Death of Architectural Criticism: Martin Pawley Collected Writings*, edited by David Jenkins, London: Black Dog, 2007.

Petersen, Ad. *De Stijl: Volume 1 (1917-1920) and Volume 2 (1921-1932)* . Amsterdam: Athenaeum; Bert Bakker, Den Haag and Polak & Van Gennep, 1968.

Rowe, Peter, and Seng Kuan. *Architectural Encounters with Essence and Form in Modern China*. Cambridge, Mass.: MIT Press, 2002.

Saussure, Ferdinand de. *Course in General Linguistics*. Edited by Charles Bally and Albert Sechehaye, with the collaboration of Albert Riedlinger; trans. and annotated by Roy Harris, London: Duckworth, 1983.

Schafner, Ann C. "The Future of Scientific Journals: Lessons from the Past." *Information Technology and Libraries*, 4 (1994): 239-247.

Schwarting, Jon Michael. "In Reference to Habermas." In *Architecture, Criticism, Ideology*, edited by Joan Ockman. 94-100. Princeton, N. J.: Princeton Architectural Press, 1985.

Schwarzer, Michael. "History and Theory in Architectural Periodicals: Assembling Oppositions." *Journal of the Society of Architectural Historians*, 3 (1999): 342-348.

Schumacher, E. F. *Small is Beautiful: A Study of Economics as if People Mattered.* New edition. London: Vintage, 1993.

Sola-Morales, Ignasi de. *Differences: Topographies of Contemporary Architecture.* Cambridge, Mass: MIT Press, 1997.

Somol, Robert, and Sarah Whiting. "Notes around the Doppler Effect and other Moods of Modernism." *Perspecta* 33, (2002): 72-77.

Sornin, Alexis, Helene Janniere, and France Vanlaethem. *Architectural Periodicals in the 1960s and 1970s: Towards a Factual, Intellectual and Material History.* Montreal, Institut de recherche en histoire de l'architecture, 2008.

Speaks, Michael. "Design Intelligence and the New Economy." *Architectural Record*, 1(2002): 72-76.

Speaks, Michael. "After Theory." *Architectural Record*, 6(2005): 72-75.

Stead, Naomi. "Criticism in/and/of Criticis: The Australian Context." In *Critical Architecture*, edited by Jane Rendell, Jonathan Hill, Murray Fraser and Mark Dorrian, 76-83. London and New York: Routledge, 2007.

Stephens, Suzanne. "Assessing the State of Architectural Criticism in Today's Press." *Architectural Record*, 3(1998): 64-69+194.

Tafuri, Manfred. *Architecture and Utopia: Design and Capitalist Development.* Translated by Barbara Luigia La Penta, Cambridge, Mass.; London: MIT Press, 1976.

Tafuri, Manfred. *Theories and History of Architecture.* Translated by Giorgio Verrecchia, London: Granada, 1980.

Tafuri, Manfredo. "There is No Criticism, Only History," an interview conducted in Italian by Richard Ingersoll and translated by him into English. *Design Book Review*, 9(Spring 1986), 8-11.

Tenopir, Carol, and Donald King. "The Growth of Journals Publishing." In *The Future of the Academic Journal*, edited by Bill Cope and Angus Phillips, 105-123. Oxford: Chandos Publishing, 2009.

Till, Jeremy. *Architecture Depends.* Cambridge: MIT Press, 2009.

Vidler, Anthony. "Troubles in Theory Part 1: The State of the Art 1945-2000." *Architectural Review* 1376, (2011): 102-107.

Wang, Haoyu. *Mainland Architects in Hong Kong after 1949: A Bifurcated History of Modern Chinese Architecture.* PhD Thesis, University of Hong Kong, 2008.

Wu, Jinglian. *Understanding and Interpreting Chinese Economic Reform.* Mason, Ohio: Thomson/South-Western, 2005.

Wu, Hung. *Exhibiting Experimental Art in China.* Chicago: University of Chicago Press, 2001.

Wu, Hung. *Transience: Chinese Experimental Art at the End of the Twentieth Century*, 2nd edition. Chicago: University Of Chicago Press, 2005.

Wigley, Mark. "Post-operative History," *ANY* 25/26(2000), 47-53.

Xue, Charlie Q. L. *Building a Revolution: Chinese Architecture Since 1980.* Hong Kong: Hong Kong

University Press, 2006.

Zhang, Xudong. *Chinese Modernism in the Era of Reforms: Cultural Fever, Avant-Garde Fiction, and the New Chinese Cinema*. Durham, N.C.; London: Duke University Press, 1997.

Zhu, Jianfei. "Criticality in between China and the West." *The Journal of Architecture*, 5 (2005): 479-498.

Zhu, Jianfei. "Criticality Formal and Social, in China and the West." *The Journal of Architecture*, 2 (2008): 203-207.

Zhu, Jianfei. *Architecture of Modern China: A Historical Critique*. Abingdon: Routledge, 2009.

Zhu, Jianfei. "Opening the Concept of Critical Architecture: The Case of Modern China and the Issue of the State." In *Non West Modernist Past: On Architecture and Modernities*, edited by William S.W. Lim and Jiat-Hwee Chang, 105-116. Singapore: World Scientific, 2012.

Zhu, Tao. "The 'Criticality' Debate in the West and the Architectural Situation in China." *The Journal of Architecture*, 2 (2008): 199-203.

中文

艾定增 . 神似之路——岭南建筑学派四十年 [J]. 建筑学报，1989(10)：20-23.

编者 . 发刊词 [J]. 建筑月刊，1932(1)：3-4.

编者的话 [J]. 新建筑，1936(1)：1.

编者的话 [J]. 建筑学报，1954(1)：1.

编者的话 [J]. 时代建筑，1(1984)：3.

编者的话 [J]. 时代建筑，2(2000)：5.

编辑委员会 . 建议 [J]. 时代建筑，1996 (4)：4-6.

大舍建筑设计事务所 . 上海青浦夏雨幼儿园 [J]. 时代建筑 2005(3)：100-105.

蔡晓丰，支文军 . "城市客厅" 的感悟——上海人民广场评析 [J]. 时代建筑，2000(1)：34-37.

陈登鳌 . 在民族形式高层建筑设计过程中的体会 [J]. 建筑学报，1954(2)：104-107.

陈鲛 . 评建筑的民族形式：兼论社会主义建筑 [J]. 建筑学报，1981(1)：38-46.

陈可石 . 关于阙里宾舍的思考 [J]. 新建筑 1986(2)：24-26.

陈薇 .《中国营造学社汇刊》的学术轨迹与图景 [J]. 建筑学报，2010(1)：71-77.

陈占祥 . 建筑师还是描图机器 [J]. 建筑学报，1957(7)：42.

陈兆福 . 一词之译 七旬 半世纪（之一）[J]. 博览群书，2001(5)：25-26.

崔愷 . 关于集群设计 [J]. 世界建筑，2004(4)：12-13.

崔勇 . 中国营造学社研究 [M]. 南京 东南大学出版社，2004.

戴念慈 . 现代建筑还是时髦建筑 [J]. 建筑学报，1981(1)：24-32.

戴念慈 . 阙里宾舍的设计介绍 [J]. 建筑学报，1986(1)：2-7.

戴念慈 . 论建筑的风格、形式、内容及其他——在繁荣建筑创作学术座谈会上的讲话 [J]. 建筑学报，1986(2)：3-16.

邓焱．清除建筑实践中的非科学态度 [J]. 建筑学报，1955（6）：52-55.
戴蒙斯丹著，黄新范译．访贝聿铭 [J]. 建筑学报，1985（6）：62-67.
丁沃沃．再度审视建筑文化——结构肌理和地形学国际研讨会综述 [J]. 时代建筑，2004（6）：86-89.
董功，徐千禾．在中国盖房子：直向建筑事务所设计的两个建筑 [J]. 时代建筑，2011（2）：80-85.
董烜．土生土长——中国国际建筑艺术实践展中国建筑师小住宅方案综述 [J]. 时代建筑，2004（2）：70-79.
都市实践．南山婚礼堂设计 [J]. 建筑学报，2012（2）：17.
范诚，王群．建筑师市场策略发展趋势的展望——考察当代中国实验建筑师的活动 [J]. 建筑学报，2005（11）：78-81.
范迪安．演绎都市——关于“2002 上海双年展策展方案”的几点注解．时代建筑，2003（1）：24-27.
范文照．欧游感想 [J]. 中国建筑，1936（24）：11-19.
冯纪忠．何陋轩答客问 [J]. 时代建筑，1988（3）：4-5+58.
冯纪忠．同济大学建筑系名誉系主任冯纪忠教授发言（摘要）[J]. 时代建筑，1985（1）：5-6.
冯纪忠．关于“建构”的访谈 [J]. A+D，2001（1）：67-68.
冯路，柳亦春．关于西岸龙美术馆形式与空间的对谈 [J]. 建筑学报，2014（6）：37-41.
傅丹林．建筑评论中的“病症”[J]. 时代建筑，1997（1）：25-26.
冯仕达．建筑期刊的文化作用 [J]. 时代建筑，2004（2）：43-47
高华．革命年代 [M]. 广州 广东人民出版社，2012.
高名潞等．中国当代美术史，1985-1986[M]. 上海：上海人民出版社，1991.
葛明．学院的研究与建造 [J]. 时代建筑，2005（4）：114.
顾大庆．作为研究的设计教学及其对中国建筑教育发展的意义 [J]. 时代建筑，2007（3）：14-19.
顾大庆．中国的“鲍扎”建筑教育之历史沿革——移植、本土化和抵抗 [J]. 建筑师．2007（4）：5-15.
顾孟潮．从香山饭店探讨贝聿铭的设计思想 [J]. 建筑学报，1983（4）：61-64.
过元熙．博览会陈列各馆营造设计之考虑 [J]. 中国建筑，1934（2）：2.
过元熙．新中国建筑之商榷 [J]. 中国建筑，1934（6）：15-22.
韩冬青等．东南大学建筑教育发展思路新探 [J]. 时代建筑，2001（增刊）：16-19.
胡海涛．建国初期对唯心主义的四次批判 [M]. 南昌百花洲文艺出版社 2006
胡绳．中国近代历史的分期问题 [J]. 历史研究，1954（1）：5-15.
华揽洪．谈谈和平宾馆 [J]. 建筑学报，1957（6）：41-46.
华揽洪．北京幸福村街坊设计 [J]. 建筑学报，1957（3）：16-35.
华揽洪著，李颖译，华崇民校．重建中国三十年，1949-1979[M]. 北京：生活读书新知三联书店，2006.
华黎．云南高黎贡手工造纸博物馆 [J]. 时代建筑，2011（1）：88-95.
荒漠．香山饭店设计的得失 [J]. 建筑学报，1983（4）：65-71.
霍然．国际建筑与民族形式——论新中国新建筑“型”的建立 [J]. 新建筑，1941（1）：9-11.
吉国华．20 世纪 50 年代苏联社会主义现实主义建筑理论的输入和对中国建筑的影响 [J]. 时代建筑，2007（5）：66-71.

姜梅．意义性的建筑解构——解读王澍的《那一天》及中国美术学院象山新校园 [J]. 新建筑，2007（6）：113-119.

蒋妙菲．建筑杂志在中国 [J]. 时代建筑，2004（2）：20-26.

蒋维泓，金志强．我们要现代建筑 [J]. 建筑学报，1955（6）：58.

姜涌．中国现代建筑的话语与思潮——建筑杂志研究方法论初探 [J]. 建筑史，2006（22）：206-214.

姜涌．职业与执业——中外建筑师之辨 [J]. 时代建筑，2007（2）：6-15.

金秋野．文人建筑师的两副面孔 [J]. 建筑师，2006（4）：37-40.

孔祥伟．论过去十年中的中国当代景观设计探索 [J]. 景观设计学 2008（2）：19-22.

赖德霖．中国现代建筑史研究 [M]. 北京清华大学出版社，2007.

赖德霖．文化观遭遇社会观：梁刘史学分歧与 20 世纪中期中国两种建筑观的冲突．朱剑飞主编，建筑中国 60 年（1949-2009）：历史，理论与批评 [A]，246-263. 北京中国建筑工业出版社，2009.

赖德霖．中国文人建筑传统现代复兴与发展之路上的王澍 [J]. 建筑学报，2012（5）：1-5.

李承德．中国美术学院整体改造 [J]. 建筑学报，2004（1）：46-51.

李大夏．后现代思潮与后现代建筑 [J]. 美术，1987（6）：64-69.

李大夏．上海证券大厦解读 [J]. 时代建筑，2000（1）：38-41.

栗德祥．清华大学建筑系的建筑教育特色 [J]. 时代建筑，2001（增刊）：10-12.

李海清．中国建筑现代转型 [M]. 南京东南大学出版社，2004.

李巨川．建筑师与知识分子 [J]. 时代建筑，2002（5）：36-37.

李巨川．南大教学笔记 [J]. 时代建筑，2003（5）：94-99.

李凯生，彼得・李兹堡，彼得・泰戈瑞．内外山南中国美术学院象山校园山南二期建筑访谈 [J]. 时代建筑，2008（3）：86-89.

李武英，彭谏．一波三折，双珠落盘——评上海国际会议中心 [J]. 时代建筑，2000（1）：29-33.

李翔宁．权宜建筑——青年建筑师与中国策略 [J]. 时代建筑，2005（6）：16-21.

梁思成．中国建筑的特征 [J]. 建筑学报，1954（1）：36-39.

梁思成．“为什么研究中国建筑”．梁思成全集 [M]，第 3 卷，北京：中国建筑工业出版社，2001：377-380.

梁思成．给梅贻琦的信．梁思成全集 [M]，第 5 卷，北京：中国建筑工业出版社，2001：1-2.

梁思成．清华大学营建学系（现称建筑工程学系）学制及学程计划草案．梁思成全集 [M]，第 5 卷，北京中国建筑工业出版社，2001：46-54..

梁思成．《城市计划大纲》序．梁思成全集 [M]，第 5 卷，北京：中国建筑工业出版社，2001：115-117..

梁思成．民族形式，社会主义内容．梁思成全集 [M]，第 5 卷．北京：中国建筑工业出版社，2001：169-174..

梁思成．祖国的建筑．梁思成全集 [M]，第 5 卷．北京：中国建筑工业出版社，2001：197-234.

林克明．国际新建筑会议十周年纪念感言 [J]. 南方建筑，蔡德道编辑，2010（3）：10-11.

刘涤宇．从“启蒙”回归日常——新一代前沿建筑师的建筑实践运作 [J]. 时代建筑，2（2011）：36-39.

刘东洋 . 重温一次主角缺席的座谈会 [J]. 时代建筑，2009（3）：52-54.

刘东洋 . 到方塔园去 [J]. 时代建筑，2011（1）：140-147.

刘敦桢 . 批判梁思成先生的唯心主义建筑思想 [J]. 建筑学报，1955（1）：69-79.

刘光华 . 不能光顾着盖高楼大厦了 [J]. 建筑学报，1957（9）：42-44.

刘家琨 . 叙事话语和低技策略 [J]. 建筑师，1997（10）：46-50.

刘家琨 . 关于我的工作 . 此时此地 [M]. 王明贤，杜坚主编 . 北京中国建筑工业出版社，2002：12-14.

刘家琨 . 关于"中国国际建筑艺术实践展"的问答 [J]. 时代建筑，2004（2）：52-55.

刘家琨 . 中国国际建筑艺术实践展接待与餐饮中心 [J]. 时代建筑，2004（2）：84-87.

刘家琨 . 象山三好 [J]. 时代建筑，2005（4）：113.

刘家琨 . 私园与公园的重叠可能——家琨建筑工作室设计的广州时代玫瑰园三期公共文化交流空间系统及景观 [J]. 时代建筑，2007（1）：56-61.

刘开济等 . 北京香山饭店建筑设计座谈会 [J]. 建筑学报，1983（3）：57-64.

刘晓都，孟岩，王辉 . 城市填空——作为一种城市策略的都市造园计划 [J]. 时代建筑，2007（1）：22-31.

刘秀峰 . 创造中国的社会主义的建筑新风格 [J]. 建筑学报，1959（z1）：3-12.

柳亦春 . 窗非窗、墙非墙——张永和的建造与思辩 [J]. 时代建筑，2002（5）：40-43.

柳亦春 . 介入场地的解构——龙美术馆的设计 [J]. 建筑学报，2014（6），34-37.

柳亦春，陈屹峰 . 情境的呈现——大舍的郊区实践 [J]. 时代建筑，2012（1）：44-47.

刘源 . 中国大陆建筑期刊研究 [D]. 广州华南理工大学，2007.

鲁迅，景宋 . 两地书 [M]. 北京人民文学出版社，2006.

露易 . 双年展——一种建筑批评的开始 [J]. 时代建筑，2003（1）：46-50.

卢永毅 . 同济外国建筑史教学的路程——访罗小未教授 . 时代建筑，2004（6）：27-29.

罗小未，李德华 . 原圣约翰大学的建筑工程系，1942-1952[J]. 时代建筑，2004（6）：24-26.

罗小未，支文军 . 国际思维中的地域特征与地域特征中的国际化品质——时代建筑杂志 20 年的思考 [J]. 时代建筑，2004（2）：28-33.

毛泽东 . 在延安文艺座谈会上的讲话 // 毛泽东选集 [M]，第 3 卷，北京人民出版社，1970：804-835.

梅蕊蕊 . 中国国际建筑艺术实践展概述 [J]. 时代建筑，2004（2）：55-56.

孟岩 ."城中村"中的美术馆——深圳大芬美术馆 [J]. 时代建筑，2007（5）：100-107.

孟岩 . 城市礼仪空间的再生——深圳南山婚姻登记中心 [J]. 时代建筑，2012（4）：117-124.

缪朴 . 城市生活的癌症——封闭式小区的问题及对策 [J]. 时代建筑，2004（5）：46-49.

缪朴 . 谁的城市？ 图说新城市空间三病 [J]. 时代建筑，2007（1）：37-39.

名可 . 图说西南生物工程产业化中间试验基地 [J]. 时代建筑，2002（5）：52-57.

莫伯治 . 白云珠海寄深情——忆广州市副市长林西同志 [J]. 南方建筑，2000（3）：60-61.

吴恩融，穆钧 . 基于传统建筑技术的生态建筑实践——毛寺生态实验小学与无止桥 [J]. 时代建筑，2007（4）：50-57.

倪天增 . 上海市副市长倪天增同志讲话（摘要）[J]. 时代建筑，1986（1）：4.

彭长歆，杨晓川．勷勤大学建筑工程学系与岭南早期现代主义的传播和研究 [J]. 新建筑，2002（5）：54-56.
彭华亮．《建筑学报》片段追忆 [J]. 建筑学报，2014（z1），90-93.
彭怒．在“安静”的“建造”与不懈的实验之间——席殊连锁书屋系列访谈 [J]. 时代建筑，2000（2）：20-25.
彭怒．在“建构”之外——关于鹿野苑石刻博物馆引发的批评 [J]. 时代建筑，2003（5）：48-55.
彭怒．“类型建筑”与个人意味的中国式建造 [J]. 时代建筑，2005（4）：114.
彭怒，支文军．中国当代实验性建筑的拼图——从理论话语到实践策略 [J]. 时代建筑，2002（5）：20-25.
彭一刚．成就与不足——茁壮成长中的新一代建筑师 [J]. 时代建筑，2002（5）：38-39.
钱锋，伍江．中国现代建筑教育史（1920-1980）[M]. 北京中国建筑工业出版社，2008.
钱海平．以《中国建筑》与《建筑月刊》为资料源的中国建筑现代化进程研究 [D]. 杭州浙江大学，2010.
钱理群．独自远行：鲁迅接受史的一种描述（1936-1949）// 鲁迅著，江力编．鲁迅报告 [A]. 北京：新世界出版社，2004：235-267.
钱理群．我的精神自传 [M]. 桂林广西师范大学出版社，2007.
秦蕾．当代中国实验性建筑展实录 [J]. 时代建筑，2003（5）：44-47.
秦佑国．从宾大到清华——梁思成建筑教育思想（1928-1949）[J]. 建筑史，2012（28）：1-14.
青峰．体制内的变革者：北京四中房山校区 [J]. 时代建筑，2014（6），98-107.
渠箴亮．试论现代建筑与民族形式 [J]. 建筑学报，1981（1）：33-38.
渠箴亮．再论现代建筑与民族形式 [J]. 建筑学报，1983（4）：22-25.
饶小军，姚晓玲．实验与对话——记 5·18 中国青年建筑师、艺术家学术讨论会 [J]. 建筑师，1996（72）：80-83.
饶小军．实验建筑——一种观念性的探索 [J]. 时代建筑，2000（2）：12-15.
阮庆岳．谢英俊以社会性的介入质疑现代建筑的方向 [J]. 时代建筑，2007（4）：38-43.
茹雷．断裂与延续——四川德阳市孝泉镇民族小学灾后重建设计 [J]. 时代建筑，2011（6）：86-95.
茹雷．韵外之致：大舍建筑设计事务所的龙美术馆西岸馆 [J]. 时代建筑，2014（4）：82-91.
阮仪三．保护上海城市空间环境特色 [J]. 时代建筑，2000（1）：20-22.
佘畯南．林西：岭南建筑的巨人 [J]. 南方建筑，1996（1）：58-59.
社论 [N]. 人民日报，1955 年 3 月 28 日．
沈福煦．论建筑评论——“建筑理论的理论”之二 [J]. 时代建筑，1997（1）：22-24.
史建．实验性建筑的转型：后实验性建筑时代的中国当代建筑．朱剑飞主编，建筑中国 60 年（1949-2009）：历史，理论与批评 [A]. 北京中国建筑工业出版社，2009：296-313
石麟炳．建筑循环论 [J]. 中国建筑，3（1934）：1-2.
史永高．建筑的力量——北京四中房山校区 [J]. 建筑学报，2014（11）：19-26.
史永高，仲德崑．建筑展览的“厚度”（下）：论两次中国当代建筑展 [J]. 新建筑，2006（2）：83-86.

司马光 . 司马光奏议 [M]. 太原 山西人民出版社，1986.

孙继伟 . 城市是建筑的集群，但不需要实验性的集群 [J]. 时代建筑，2006（1）：36.

孙施文 . 城市空间与建筑空间——关于上海城市建筑的断想 [J]. 时代建筑，2000（1）：16-19.

同济大学建筑与城市规划学院编 . 黄作燊纪念文集 [M]. 北京：中国建筑工业出版社，2012.

王辉，刘晓都，孟岩，朱锫 . 都市实践 [J]. 时代建筑，2003（5）：58-64.

王建国 . 山水相依、清雅素裹——中国美术学院象山校区建设印象 [J]. 时代建筑，2005（4）：112-113.

王军 . 1955 年，“大屋顶”形式语言的组织批评 . 朱剑飞主编，建筑中国 60 年（1949-2009）：历史，理论与批评 [A]. 北京中国建筑工业出版社，2009：74-98.

王军 . 城记 [M]. 北京：生活读书新知三联出版社，2003.

王铠，董烜 . 十种语言，一个声音——中国国际建筑艺术实践展外国建筑师小住宅方案综述 [J]. 时代建筑，2004（2）：57-69.

王明贤 . 建筑的实验 [J]. 时代建筑，2000（2）：8-11.

王明贤 . 空间历史的片断——中国青年建筑师实验性作品展始末 // 蒋原伦主编，今日先锋 [A]，第 8 期 . 天津：天津社会科学出版社，2000：1-8.

王明贤 . 如何看待中国建筑的实验性——上海双年展杂感 [J]. 时代建筑，2003（1）：42-45.

王明贤 . 可能的建筑 [J]. 时代建筑，2003（5）：36.

王明贤 . 史建九十年代中国实验性建筑 [J]. 文艺研究，1998（1）：118-137.

王群 . 解读弗兰姆普敦《建构文化研究》一 [J]. A+ D，2001（1）：69-79.

王群 . 解读弗兰姆普敦《建构文化研究》二 [J]. A + D，2001（2）：69-80.

王澍 . 旧城镇商业街坊与居住里弄的生活环境 [J]. 建筑师 1984（18）：104-112.

王澍 . 皖南村镇街巷的内结构解析 [J]. 建筑师 1987（28）：62-66.

王澍 . 空间诗话——两则建筑设计习作的创作手记 [J]. 建筑师，1994（61）：85-93.

王澍 . 虚构城市 [D]. 上海同济大学出版社，2000.

王澍 . 业余的建筑 // 蒋原伦主编，今日先锋 [A]，第 8 期 . 天津：天津社会科学出版社，2000：28-31.

王澍 . 教育 / 简单 [J]. 时代建筑，2001（增刊）：34-35.

王澍 . 走向虚构之城 [J]. 时代建筑，2003（5）：40-43.

王澍 . 那一天 [J]. 时代建筑，2005（4）：97-106.

王澍 . 我们从中认出——宁波美术馆设计 [J]. 时代建筑，2006（5）：84-95.

王澍，陆文宇 . 中国美术学院象山校园山南二期工程设计 . 时代建筑，2008（3）：72-85.

王澍 . 循环建造的诗意——建造一个与自然相似的世界 [J]. 时代建筑，2012（2）：66-69.

王炜炜 . 从“主义”之争到建筑本体理论的回归——1930 年代以来西方建筑理论的引进与讨论 [J]. 时代建筑，2006（5）：30-34.

王鹰 . 继承和发展民族建筑的优秀传统 [J]. 建筑学报，1954（1）：32-35.

文贯中 . 吾民无地：城市化、土地制度与户籍制度的内在逻辑 [M]. 北京东方出版社，2014.

吴长福 . 矛盾中的当代中国教育 . 时代建筑，2007（3）：50-51.

伍江．近代中国私营建筑设计事务所历史回顾．时代建筑，2001（1）：12-15.

伍江．上海双年展策展杂感．时代建筑，2003（1）：28-30.

伍时堂．让建筑研究真正地研究建筑：肯尼思·弗兰姆普敦新著《建构文化研究》简介 [J]. 世界建筑，1996（4）：4.

夏昌世．广州鼎湖山教工休养所建筑纪要 [J]. 建筑学报，1956（9）：45-50.

夏昌世．亚热带建筑的降温问题 [J]. 建筑学报，1958（10）：36-39.

许江．象山三望 [J]. 时代建筑，2005（4）：112.

徐洁，华镭．再创海派风格——评华东电业调度大楼 [J]. 时代建筑，1989（1）：8-10.

徐千里．超越思潮与流派——建筑批评模式的渗透与融合 [J]. 时代建筑，1998（1）：56-58.

徐千里．重建思想的能力——批评的理论化与理论的批评化 [J]. 新建筑，1998（1）：35-38.

徐千里．建筑批评与问题意识（上）[J]. 建筑，1998（12）：32-33.

徐千里．建筑批评与问题意识（下）[J]. 建筑，1999（1）：29-30.

徐苏斌．近代中国建筑学的诞生 [M]. 天津天津大学出版社，2010.

杨斌．发展·竞争·多样化——十年来我国杂志事业的回顾和展望 [J]. 复旦学报（社会科学版），1989（3）：106-111.

易吉．上海松江“方塔园”的诠释——超越现代主义与中国传统的新文化类型 [J]. 时代建筑，1989（3）：30-35.

臧庆生．园林建筑的新探索——松江方塔园北大门 [J]. 时代建筑，1984（1）：76-77.

曾坚．从审美变异看当代建筑评论标准的转变 [J]. 时代建筑，1991（4）：3-7.

曾昭奋．后现代主义来到中国 [J]. 世界建筑，1987（2）：59-65.

翟立林．论建筑艺术与美及民族形式 [J]. 建筑学报，1955（1）：46-68.

赵深．编者的话 [J]. 中国建筑，1932（1）：2.

张镈．北京西郊某招待所设计介绍 [J]. 建筑学报，1954（1）：40-51.

张镈等．曲阜阙里宾舍建筑设计座谈会发言摘登 [J]. 建筑学报，1986（1），8-15.

张勃．北京新建筑的时代思考 [J]. 时代建筑，1999（2）：37-39.

张皆正．上海建筑飞速发展之省思 [J]. 时代建筑，1999（2）：42-44.

张雷．本体的建筑观——建筑创作随想 [J]. 建筑师 1995（65）：88-90

张雷．基本空间的组织 [J]. 时代建筑，2002（5），82-86.

张雷．山水之间的策略化操作 [J]. 时代建筑，2005（4）：113.

张钦楠．历史地回顾过去，开拓地迎接未来——重读刘秀峰《创造中国的社会主义的建筑新风格》后几点体会 [J]. 建筑学报，1989（8）：9-13.

张钦楠．对中国当今建筑设计体制的认识 [J]. 时代建筑，2001（1）：28-29.

张文武．对中国大陆实验建筑的认识 [J]. 时代建筑，2000（2）：16-19.

张轶伟．中国当代实验性建筑现象研究——十年的建筑历程 [D]. 深圳：深圳大学，2012.

张永和．谈在美国建筑教育中我所看到的三个问题 [J]. 新建筑 1989（1）：70-72.

张永和．非常建筑 [M]. 哈尔滨：黑龙江科学技术出版社，1997.

张永和 . 平常建筑 [J]. 建筑师，1998（10）：27-37.

张永和 . 对建筑教育三个问题的思考 [J]. 时代建筑，2001（增刊）：40-42.

张永和 . 基本建筑 [M]. 王明贤、杜坚主编 . 北京：中国建筑工业出版社，2002.

张永和，张路峰 . 向工业建筑学习 [J]. 世界建筑，2003（7）：22-23.

张永和 . 浮出空间 [J]. 建筑师，10（2003）：14-15.

张永和 . 关于城市研究 [J]. 时代建筑，2（2003）：96.

张永和 . 作文本 [M]. 北京：生活读书新知三联书店，2003.

张永和 . 三个逻辑：河北教育出版社 [J]. 时代建筑，2004（2）：94-99.

张永和 . 第三种态度 [J]. 建筑师，2004（4）：24-26.

张永和 . 我选择 [J]. 建筑师，2006（2）：9-12.

郑时龄 . 建筑批评学 [M]. 北京中国建筑工业出版社，2001.

支文军 . 建筑评论的歧义现象 [J]. 时代建筑，1989（1）：11-13.

支文军 . 编者的话 [J]. 时代建筑，1999（2）：1.

支文军 . 编者的话 [J]. 时代建筑，2000（2）：5.

支文军 . 编者的话：中国当代建筑新观察 [J]. 时代建筑，2002（5）：1.

支文军 . 编者的话 [J]. 时代建筑，2003（3）：1.

支文军 . 编者的话：实验与先锋 [J]. 时代建筑，2003（5）：1.

支文军 . 二元对立与自我命题 [J]. 时代建筑，2005（4）：113.

支文军 . 编者的话 [J]. 时代建筑，2006（1）：1.

支文军 . 建筑时代与《时代建筑》:《时代建筑》与当代中国建筑的互动 [J]. 时代建筑，2008（2）：无页码 .

支文军 . 编者的话：建筑与现象学 [J]. 时代建筑，2008（6）：1.

支文军，徐千里 . 体验建筑：建筑批评与作品分析 [M]. 上海：同济大学出版社，2000.

支文军，吴小康 . 中国建筑杂志的当代图景（2000 ~ 2010）[J]. 城市建筑，2010（12）：18-22.

仲德崑 . 走向多元化与系统的中国当代建筑教育 [J]. 时代建筑，2007（3）：11-13.

周卜颐 . 从北京几座新建筑的分析谈我国的建筑创作 [J]. 建筑学报，1957（3）：41-50.

周卜颐 . 建筑教育改革势在必行 [J]. 建筑学报，1984（4）：16-21+52.

周卜颐 . 清华大学周卜颐教授发言（摘要）. 时代建筑，1985（1）：6.

周卜颐 . 正确对待现代建筑，正确对待我国传统建筑 [J]. 时代建筑，1986（2）：20-25.

周榕 . 建筑师的两种言说——北京柿子林会所的建筑与超建筑阅读笔记 [J]. 时代建筑，2005（1）：90-97.

周榕 . 时间的棋局与幸存者的维度——从松江方塔园回望中国建筑三十年 [J]. 时代建筑，2009（3）：24-27.

周榕，周南 . “典范”是如何炼成的：从《建筑学报》与《时代建筑》封面图像看中国当代“媒体 - 建筑”生态 [J]. 时代建筑，2014（6）：22-27.

朱大明 . “接受美学” 在建筑评论中的地位 [J]. 时代建筑，1991（1）：12-14.

朱海北．中国营造学社简史 [J]. 古建园林技术，1999（4）：10-14.
朱雷，臧峰．差异性的建筑教育——对非工科院校建筑学院的访谈 [J]. 时代建筑，2007（3）：39-47.
朱竞翔．新芽学校的诞生 [J]. 时代建筑，2011（2）：46-53.
朱荣远．集群、共识、合力与设计城市——东莞松山湖新城集群设计有感 [J]. 时代建筑，2006（1）：66-71.
朱涛“建构”的许诺与虚设——论当代中国建筑学发展中的“建构”观念 [J]. 时代建筑，2002（5）：30-33.
朱涛．圈内十年——从三个事务所的三个房子说起 [J]. Domus 中文版，2010（41）：112-114.
朱涛．梁思成和他的时代 [M]. 桂林：广西师范大学出版社，2014.
朱亦民．建造一种语言 [J]. 建筑师，2004（4）：48-49.
朱亦民．一种现实（主义）——读朱涛工作室近期两个作品有感 [J]. 时代建筑，2005（6）：36-41.
朱亦民．从香山饭店到 CCTV：中西建筑的对话与中国现代化的危机 [J]. 今天，2009（85）.
朱永春．从《中国建筑》看 1932-1937 年中国建筑思潮及主要趋势．张复合编，中国近代建筑研究与保护 2，北京清华大学出版社，2001：17-31.
朱正．1957 年的夏季：从百家争鸣到两家争鸣 [M]. 郑州：河南人民出版社，1998
庄慎，陈屹峰．竖向分流，避实就虚：上海科学会堂新楼设计方案 [J]. 时代建筑 1998（4）：89-91.
邹德侬．两次引进外国建筑理论的教训——从“民族形式”到“后现代建筑”[J]. 建筑学报，1989(11)：47-50
邹德侬．中国现代建筑史 [M]. 天津：天津科技出版社，2001.

索引

Adorno，Theodor W. 阿多诺 20，161

amateur architecture 业余（的）建筑 106-7，141

appropriate technology 中间技术 13，197

Architect《建筑师》29，73-4，97-9，104，125，139，147，149，179

Architectural Journal《建筑学报》1，7，23，28-9，31-2，50-6，58-61，72-4，130-2，140，142，162-4，181

architectural journals or periodical(s) 建筑期刊 / 杂志 4，7，25-6，29，31-3，39，57，71-3，79-80

architectural phenomenology 建筑现象学 171-2

Architectural Society of China 中国建筑学会 1，50，54，58，162

Arendt，Hannah 阿伦特 182，188

Beaux-Arts“布札”（美术）7，10，19，41-5，47，49，51，57，62，75，86，105，126，167，179，190

Beijing 北京 29-30，49-50，52，54-5，59，83，101，113，120，129-30，178，181-2

Benjamin，Walter 本雅明 138，151，185，189，195

Biennale 双年展 4，31，115-9，177

Britain 英国 4，41，44，62

Bu，Bing 卜冰 83，162

Builder《建筑月刊》7，27，47

Bulletin of the Society for the Research in Chinese Architecture《中国营造学社会刊》26–7

Chang，Yung Ho 张永和 4-5，10，19-20，62，87-8，98-101，104-9，113-5，120，122-3，125-6，129-33，162，167，178-81

Chen，Boqi 陈伯齐 54，128

Chen，Dengao 陈登鳌 51

Chen，Yifeng 陈屹峰 2，115

Chen，Zhanxiang 陈占祥 22-3

Chen，Zhi 陈植 54

Cheng，Taining 程泰宁 7，162–3

Chengdu 成都 83，107，109，120，127，181

China Academy of Art 中国美术学院 5，62，92，137-141，145-6，148，152

China International Practical Exhibition of Architecture 中国国际建筑实践展 118-21

Chinese Architect《中国建筑》7，28，44-7，93